DIGITAL LOGIC CIRCUIT DESIGN

Verilog HDL을 이용한

디지털 논리회로 설계 및 응용

문대철 · 박인학 지음

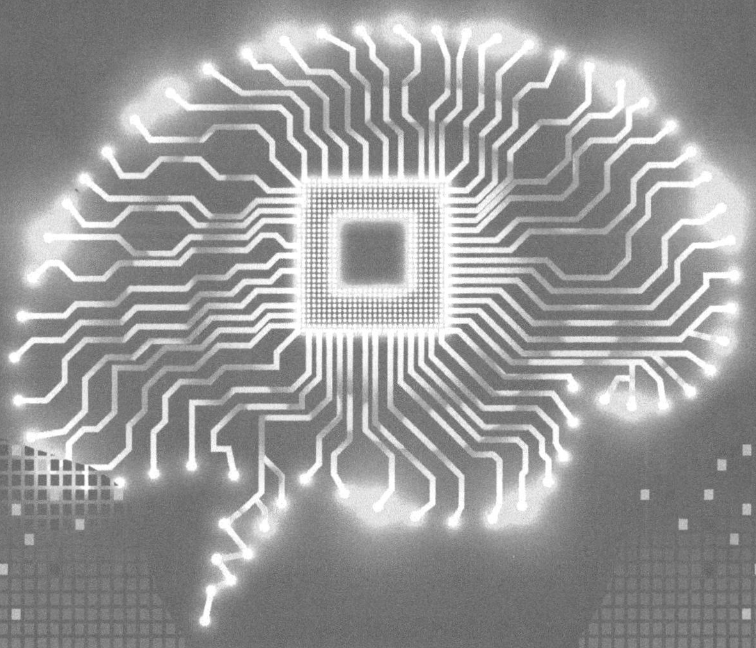

HS 도서출판 한산

머리말

최근 모든 디지털 제품들은 임베디드 시스템으로서 하드웨어는 프로세서와 주변 모듈들로 구성 된다. 디바이스 드라이버, RTOS (Real Time Operating System), 응용 소프트웨어 등의 소프트웨어가 하드웨어 상에서 구동되면서 수려한 그래픽 인터페이스를 사용자에게 제공하여 손쉽게 제품을 사용할 수 있도록 돕는다. 이러한 복잡한 회로의 설계가 가능하게 된 첫 번째 요인은 레지스터 전송수준에서 설계된 Verilog 코드로부터 논리회로도를 자동으로 생성 하는 합성 CAD (Computer Aided Design) 툴이 보편적으로 사용되었기 때문이다. 두 번째 요인은 반도체 IP들을 재사용 하는 플랫폼 기반의 설계방식 때문 이다. 국제 표준 IEEE1364 인 Verilog HDL 언어를 이용하여 설계해야 하고, 코딩 스타일 가이드라인을 준수하여 Verilog HDL 코드를 설계해야만 최적의 회로를 합성할 수 있으며, 테스트가 용이해지고, 다른 응용 회로에도 재사용이 가능하게 된다.

본 교재는 다양한 종류의 회로를 Verilog HDL 언어로 설계 하고 시뮬레이션으로 검증할 수 있도록 만들어진 교재로서 논리회로에 대한 선 지식이 있어야 한다. 본 교재는 크게 두 부분으로 나누어진다. 제 1부는 Verilog HDL 문법에 대한 설명으로 이루어지고, 제 2부는 실습 예제들로 이루어진다. 실습 예제들은 조합논리 및 순서논리, 유한상태머신 및 데이터패스, 그리고 최종적으로 응용 회로 설계의 순으로 설계 완성도를 높여간다. 1 장은 조합논리회로의 기초 모듈들을 설계 하고, 2 장은 순서논리회로의 기초 모듈들을 설계 한다. 3 장은 Mealy 와 Moore 타입의 유한상태머신을 RTL 코드를 설계 하고, 상태도로부터 논리회로 추출 및 최적화를 거쳐 논리회로도를 설계 한다. 4 장은 버스나 멀티플렉서 배선구조를 가지는 데이터패스 회로를 설계 한다. 5 장은 앞장에서 설계된 모듈들을 조합하여 컨트롤러와 데이터패스로 구성되는 계층구조의 응용 논리회로를 설계 하고 검증 한다.

본 실습교재에서 Verilog HDL 코드의 설계 및 시뮬레이션 검증 도구로 사용된 Flowrian 은 ㈜시스템 센트로이드에서 개발한 웹 기반 CAD 시스템으로서 국내 기술자의 독창적인 아이디어와 독자적인 기술로 개발된 제품 이다. Flowrian 을 사용하려면 ㈜시스템 센트로이드 홈페이지 (www.syscen.com) 에서 클라이언트 툴인 Flowrian Professional 프로그램을 다운로드 받아 설치할 수 있다. 설치 후 로그인 창에서 사용자 등록을 할 수 있으며 Flowrian 관리자의 인증을 받아 사용이 가능하다. Flowrian 을 사용하려면 ㈜시스템 센트로이드 홈페이지에 소개 되어 있는 Flowrian-University-SaaS 서비스를 사용할 수 있다.

본 실습교재의 내용은 다 년간 Flowrian을 이용한 Verilog HDL 설계 실험 과목을 여러 대학에 적용 하면서 축적된 경험에 따라 예제들을 선별하고 분류한 것들이다. Flowrian 을 사용 하면서 다양한 아이디어를 제공해주신 여러 대학 교수님들과 본 교재 제작 및 검토 작업에 참여한 이효찬 대학원생에게 감사의 마음을 전한다.

본 교재를 통하여 대학생들이 Verilog HDL 언어를 이용한 디지털 회로 설계 기술을 습득하는 계기가 되고, 시스템칩 설계 전문가로 성장 되어 국내 시스템칩 기술 발전에 기여하고, 동시에 Flowrian 의 가치를 널리 알릴 수 있는 계기가 되기를 기대 한다.

2015.

저자 일동

목 차

PART I. Verilog HDL 문법 ······ 9

1. HDL의 기본 개념 ······ 11

1.1. Verilog HDL 언어 적용 회로 ······ 13
1.2. 디지털 회로 설계방법론의 발전 ······ 14
1.3. HDL 언어의 용도 ······ 17
1.4. HDL 언어에 내장된 기본 개념 ······ 20
1.5. Verilog HDL 언어의 발전 역사 ······ 26
1.6. Verilog HDL 언어의 3가지 모델링 방식 ······ 28

2. Verilog HDL의 기본 개념 ······ 29

2.1. 기본 문법 ······ 31
2.2. 수의 표현 ······ 35
2.3. 모듈 ······ 38
2.4. 단자 ······ 41
2.5. 매개변수 ······ 43
2.6. 데이터 타입 ······ 44
2.7. 연산자 ······ 51
2.8. 타임 단위의 지정 ······ 61

3. 데이터 플로우 수준 모델링 ········ 63

3.1. Continuous 대입문 ········ 65

4. 구조 수준 모델링 ········ 67

4.1. 기초 게이트 모델링 ········ 69
4.2. 인스턴스 ········ 74
4.3. Generated 인스턴스 ········ 76

5. 행위 수준 모델링 ········ 81

5.1. initial과 always 구문 ········ 83
5.2. 순차 실행과 병렬 실행 블록 ········ 87
5.3. Blocking과 Non-Blocking 구문 ········ 89
5.4. if-else 구문 ········ 96
5.5. case 구문 ········ 98
5.6. while 구문 ········ 100
5.7. for 구문 ········ 101
5.8. repeat 구문 ········ 102
5.9. function & task 구문 ········ 103

PART II. Verilog HDL 설계 실습 ········· 109

1. 조합논리회로 ········· 111

1.1. 반가산기 설계 ········· 113
1.2. 전가산기 설계 ········· 115
1.2.1. Dataflow 타입 전가산기 설계 ········· 117
1.2.2. Behavior 타입 전가산기 설계 ········· 119
1.2.3. Structure 타입 전가산기 설계 ········· 121
1.3. 멀티플렉서 설계 ········· 123
1.4. 인코더 설계 ········· 126
1.5. 디코더 설계 ········· 129
1.6. 홀수 패리티 생성기 설계 ········· 132
1.7. Binary to Gray 디코더 설계 ········· 134
1.8. Tri-State 버퍼 설계 ········· 137

2. 순서논리회로 ········· 141

2.1. D형 래치 설계 ········· 143
2.2. D형 플립플롭 설계 ········· 146
2.3. JK형 플립플롭 설계 ········· 149
2.4. 레지스터 설계 ········· 151
2.5. 쉬프트 레지스터 설계 ········· 155
2.6. BCD 카운터 설계 ········· 159

2.7. 링 카운터 설계 ····· 162
2.8. 롬 (ROM) 설계 ····· 165
2.9. 램 (RAM) 설계 ····· 169

3. 유한상태머신 ····· 177

3.1. Level to Pulse 변환기 설계 ····· 179
3.1.1. Mealy 타입의 RTL 설계 ····· 180
3.1.2. Mealy 타입의 논리회로도 설계 ····· 184
3.1.3. Moore 타입의 RTL 설계 ····· 187
3.1.4. Moore 타입의 논리회로도 설계 ····· 191
3.2. 패턴 감지 회로 설계 ····· 195
3.3. 마이크로 시퀀서 설계 ····· 201
3.4. 교통 신호등 제어기 설계 ····· 210
3.4.1. 전역 상수 설계 ····· 212
3.4.2. 타이머 모듈 설계 ····· 214
3.4.3. 제어 모듈의 설계 ····· 217
3.4.4. 최상위 모듈 설계 ····· 224

4. 데이터패스 ····· 229

4.1. ALU 회로 설계 ····· 231
4.2. 버스를 통한 데이터 이동 회로 설계 ····· 241
4.2.1. 8 비트 Tri-State Buffer 설계 ····· 242
4.2.2. 최상위 모듈 설계 ····· 244

4.3. Look-up Table 을 이용한 곱셈 회로 설계 ····· 252
4.3.1. 6 비트 레지스터 설계 ····· 253
4.3.2. Look-up Table 설계 ····· 254
4.3.3. 최상위 모듈 설계 ····· 258

5. 응용 회로 설계 ····· 263

5.1. 8 비트 바이너리 덧셈기 설계 ····· 265
5.1.1. 전가산기 설계 ····· 266
5.1.2. 8 비트 바이너리 덧셈기 최상위 모듈 설계 ····· 267
5.2. 4 자리 십진수 덧셈기 설계 ····· 272
5.2.1. 전가산기 설계 ····· 273
5.2.2. 1 자리 십진수 덧셈기 설계 ····· 274
5.2.3. 4 자리 십진수 덧셈기 최상위 모듈 설계 ····· 280
5.3. Add-Shift 방식 곱셈기 설계 ····· 284
5.3.1. 제어 모듈 설계 ····· 286
5.3.2. Add-Shift 방식 곱셈기 최상위 모듈 설계 ····· 292
5.4. 최대공약수 (GCD) 연산 회로 설계 ····· 296
5.4.1. RT 수준 GCD 설계 ····· 298
5.4.2. 데이터 처리형 구조의 GCD 설계 ····· 303
5.4.2.1. 2 입력 멀티플렉서 설계 ····· 305
5.4.2.2. 비동기 리셋 레지스터 설계 ····· 308
5.4.2.3. 동기 리셋 레지스터 설계 ····· 311

5.4.2.4. 레지스터 설계 ········· 314
5.4.2.5. Ripple Carry Adder 설계 ········· 318
5.4.2.6. Carry Lookahead Adder 설계 ········· 322
5.4.2.7. 비교기 설계 ········· 328
5.4.2.8. 뺄셈기 설계 ········· 338
5.4.2.9. GCD 최상위 모듈 설계 ········· 342
5.4.3. FSMD 형 구조의 GCD 설계 ········· 349
5.4.3.1. 데이터패스 모듈 설계 ········· 356
5.4.3.2. 제어 모듈 설계 ········· 363
5.4.3.3. GCD 최상위 모듈 설계 ········· 372
5.5. 덧셈 전용 프로세서 설계 ········· 377
5.5.1. 8 비트 레지스터 설계 ········· 380
5.5.2. 프로그램 카운터 설계 ········· 381
5.5.3. 메모리 설계 ········· 384
5.5.4. 데이터패스 설계 ········· 388
5.5.5. 컨트롤러 설계 ········· 395
5.5.6. 최상위 덧셈 전용 프로세서 설계 ········· 407

부록 1. 웹 기반 IP 재사용 설계 및 검증 CAD 시스템, Flowrian ···· 413

부록 1.1. Flowrian의 독창성 ········· 415
부록 1.2. 웹 기반 CAD 시스템 ········· 416
부록 1.3. Flowrian의 설치 ········· 417
부록 1.4. Verilog 설계 및 시뮬레이션 검증 흐름 ········· 421

PART I
Verilog HDL 문법

1. HDL의 기본 개념

1.1. Verilog HDL 언어 적용 회로
1.2. 디지털 회로 설계방법론의 발전
1.3. HDL 언어의 용도
1.4. HDL 언어에 내장된 기본 개념
1.5. Verilog HDL 언어의 발전 역사
1.6. Verilog HDL 언어의 3가지 모델링 방식

1.1. Verilog HDL 언어 적용 회로

- 임베디드 시스템(Embedded System)은 특정한 기능을 실시간으로 실행하는 컴퓨터 시스템으로서 프로세서를 내장하고 있기 때문에 임베디드 시스템을 구성하는 전자회로를 크게 구분하여 하드웨어와 소프트웨어로 나눌 수 있다.

- 하드웨어(Hardware)는 컴퓨터의 육체로서 본체, PCB 보드, 반도체칩, 하드 디스크 등을 의미한다. 반면에 소프트웨어는 눈에 보이지 않는 '0'과 '1'로 이루어진 프로그램으로서 디바이스 드라이버(Device Driver), 운영체제(OS, Operating System), 각종 응용 프로그램을 의미한다.

- 반도체칩에 구현된 회로로 범위를 좁혀 살피면 하드웨어는 디지털 회로나 아날로그 회로를 포함하고, 소프트웨어는 프로세서에서 실행되는 프로그램으로 구분할 수 있다.

- 아날로그 회로는 자연에서 연속적으로 발생하는 전기신호를 그대로 사용하여 필터링하거나 변조하거나 증폭하는 회로를 의미한다. 반면에 아날로그 신호는 이진수로 변환하여 각종 연산을 수행하는 회로를 디지털 회로라 한다.

- 임베디드 시스템은 외부에서 입력된 아날로그 신호를 ADC(Analog Digital Converter) 회로로 디지털 신호로 변환한 후에 바이너리 숫자를 처리하고 그 결과를 DAC(Digital Analog Converter) 회로로 아날로그 신호를 복구하여 출력하게 된다.

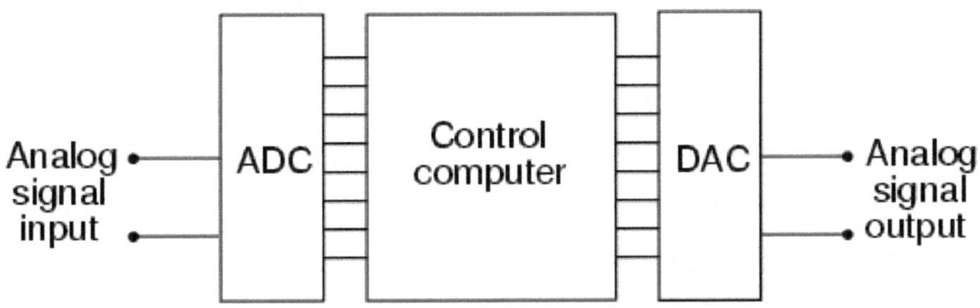

그림 1.1 임베디드 시스템의 아날로그 처리 방식

1.2. 디지털 회로 설계방법론의 발전

- 디지털 회로를 설계하는 가장 직관적인 방법은 논리회로도를 그리는 방법일 것이다. 논리회로의 상태 값을 저장하는 플립플롭은 배치하고 이들의 입출력 간의 논리값 변환을 진리표로 표현하고 논리식을 추출하여 최적화 하여 게이트들로 이루어진 회로도를 추가하면 논리회로도가 완성된다.

- 계층구조의 논리회로도를 그려서 시뮬레이션으로 검증할 수 있는 CAD 시스템이 1980년대에 논리회로 설계에 보편적으로 사용되었다. 트랜지스터나 게이트, 플립플롭과 같은 전기 소자들의 심볼이 라이브러리로 제공되면 사용자는 이 심볼들을 화면에 배치하고 네트(Net)로 연결하여 논리회로도를 완성한다.

- 논리회로도가 너무 크면 여러 페이지에 나누어 그리는 방식도 있었지만 이보다는 계층구조 방식으로, 즉 사용자가 설계한 논리회로를 대응되는 심볼로 정의하고, 이 심볼을 이용하여 한 계층 상위의 논리회로를 완성하는 방식이다. 계층구조 설계방식이 보편적으로 사용된다.

- 논리회로도가 완성되면 전기소자의 연결상태를 기술하는 네트리스트(Netlist)를 추출하고 게이트 레벨 시뮬레이션을 실행하여 논리 동작을 검증하게 된다.

- 이 당시에 설계 데이터의 표준형식이 보편화 되지 못했는데 그럼에도 CAD 툴들이 네트리스트를 서로 호환되도록 정해진 표준 형식으로 EDIF(Electronic Design Interchange Format)이 있었다. 현재도 사용되는 네트리스트의 표준 형식이다.

- 논리회로도를 그리는 설계 방식은 논리회로의 구조(Structure)를 정의하여 설계하는 방식으로서 지금도 보편적으로 사용되고 있다. 논리회로도를 그리는 종전의 설계방식은 기본 게이트들로부터 시작해서 상위 계층의 구조를 완성하는 상향식(Bottom-Up) 설계방식인 반면 Verilog HDL을 이용한 설계방식은 최상위 구조를 먼저 정의하고 하위 계층의 블록을 완성하는 하향식(Top-Down) 설계방식이다. Verilog HDL 언어도 네트리스트를 기술할 수 있을 뿐더러 구조설계에 필요한 구문을 지원하고 있다.

- 전자회로의 복잡도가 점점 높아감에 따라 논리회로도를 그리는 설계 방식도 한계에 다다르게 되었다. 이러한 복잡도를 해결하는 일반적인 방법은 추상화된 상위수준의 언어로 논리회로의 동작을 기술하는 것이다. 왜냐하면 설계 데이터는 상위수준으로 올라갈수록 수십~수백배 데이터 양이 줄어들기 때문이고 추상화가 많이 되어 사람이 내용을 파악하기에 더욱 쉽기 때문이다. 반면에 논리회로까지 변환해야 할 과정이 길어지기 때문에 성능을 정확하게 예측하는 것이 불가능해진다. 이러한 사장의 요구에 따라 나타난 기술이 하드웨어인 논리회로의 행위동작을 기술할 수 있는 HDL(Hardware Description Language) 이다.

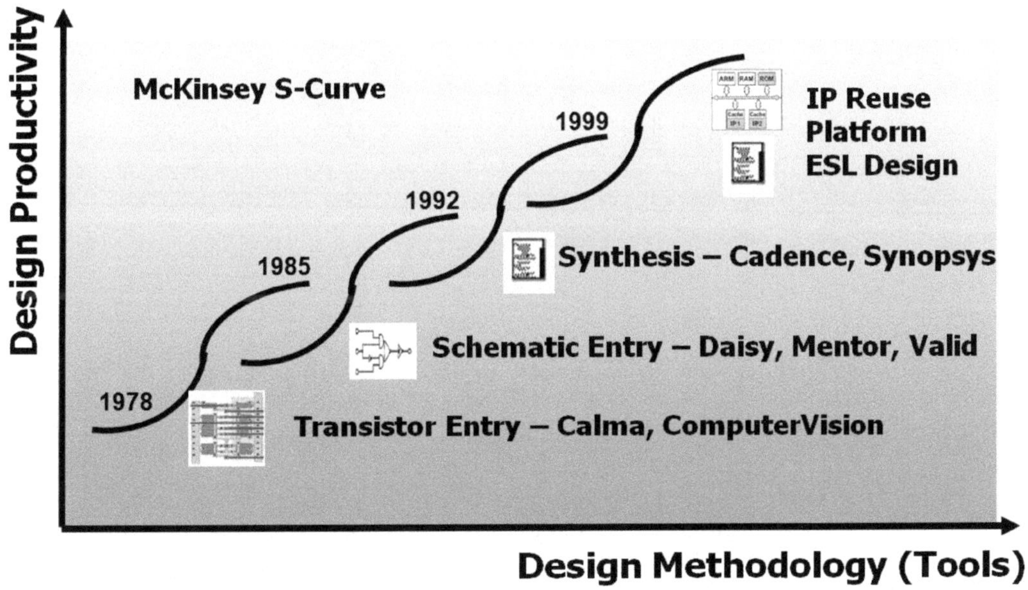

그림 1.2 설계방법론의 진화 (McKinsey의 S-Curve)

- HDL 언어로 기술되면 행위 수준으로 논리동작이 기술되기 때문에 이와 동일하게 동작하는 논리회로로 변환해야 한다. 종래에는 이러한 작업이 설계자의 지능적인 작업이었는데 이를 자동으로 처리하는 CAD 툴이 등장했는데 이러한 툴들을 합성(Synthesis) 툴이라고 부른다. 합성 툴이 사용되기 시작한 초기에는 자동 생성된 회로의 성능이 전문 설계자가 수작업으로 설계한 회로보다 질이 많이 떨어져서 비판을 받기도 했지만 지금은 합성 기술이 많이 발전하여 보편적으로 사용되고 있다.

- HDL 언어에는 2가지 표준 언어가 있다. 하나는 미국 국방성의 VHSIC(Very High Speed Integrated Circuit) 프로젝트에서 만들어지고 IEEE 1076 표준으로 등록된 VHDL 언어이다. 다른 하나는 Gateway Design Automation 업체가 최초에 개발하고, 후에 IEEE 1364 표준으로 등록된 Verilog HDL 언어이다.

1.3. HDL 언어의 용도

- 디지털 회로 설계에 HDL 언어를 사용하는 첫 번째 이유는 회로의 동작을 다양한 관점에서 모델링(Modeling) 함으로써 문서화가 가능하다는 것이다. 다양한 관점이란 회로의 행위적 동작이나 혹은 모듈들의 계층구조 등을 모두 표현할 수 있다는 의미이다.

- HDL 코드는 행위수준의 알고리즘을 표현하기 때문에 소프트웨어의 동작을 표현하는 프로그램과 동일하게 설계자가 쉽게 이해할 수 있는 문서가 된다. HDL 코드에 적절한 코멘트를 추가함으로써 별도의 기술문서를 작성할 필요 없이 HDL 코드의 교환만으로 설계자간의 정보교환이 가능하다.

- 아래 (그림 1.3) 예를 보면 모듈은 입력 단자 A와 출력 단자 Z를 갖는데 A="01"이 입력되면 Z='1'이 출력되고, 아니면 Z='0'이 출력된다. 이러한 행위적 동작을 구현하는 논리회로를 알지 못해도 assign 문장을 이용하여 회로의 동작을 표현하고 있다.

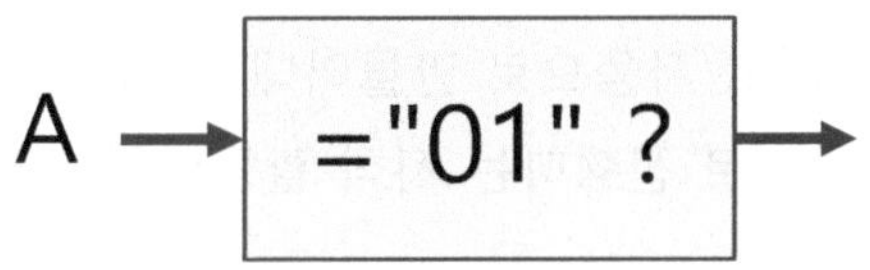


```
assign z = (A == 2'b01) ? 1'b1 : 1'b0;
```

그림 1.3 HDL의 모델링

- 디지털 회로 설계에 HDL 언어를 사용하는 두 번째 이유는 회로의 동작을 시뮬레이션(Simulation)하기 위함이다. 시뮬레이션이란 일종의 가상 검증으로서 반도체칩을 만들기 전에 컴퓨터 상에서 정상 동작을 확인하는 작업이다. 반도체칩을 만들고 난 후에 오류를 찾는 것은 제작 비용 뿐만 아니라 적시에 시장에 진입하지 못함으로 말미암아 막대한 손실을 초래하게 된다. 그러므로 공학의 모든 분야에서는 시뮬레이션으로 가상 검증을 수행하는 것이 필수이다.

- (그림 1.3)에서 설계된 회로를 시뮬레이션 하면 입력과 출력 단자에 나타나는 파형이 시간의 흐름에 따라 어떻게 변하는지를 나타내는 파형(Waveform)을 얻게 된다. 입력 단자 A="01" 이란 A[1]='0' 이고 A[0]='1' 임을 의미한다. 이 경우에만 출력 단자 Z='1' 이 되고 나머지 경우에는 Z='0' 이 된다. 시뮬레이션을 통하여 (그림 1.4)와 같은 파형을 얻게되면 HDL 코드가 올바로 설계됨을 확인할 수 있다.

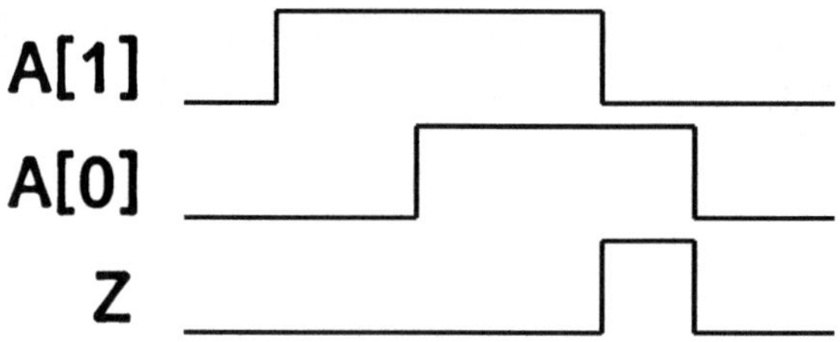

그림 1.4 HDL 시뮬레이션 파형

- 디지털 회로 설계에 HDL 언어를 사용하는 마지막 이유는 반도체칩으로 제작할 수 있는 논리 회로를 합성하기 위함이다. 합성이란 상위수준의 HDL 코드에 정의된 기능을 구현하는 하위수준의 논리회로를 자동으로 만들어내는 과정을 의미한다. 예전에는 이 작업이 전문 설계자가 수작업으로 진행하는 지적 활동이었는데 이제는 합성 툴이 자동으로 논리 회로를 만들어낸다.

- 회로의 복잡도가 높아졌기 때문에 계층구조의 논리회로도를 그리는 설계방식에서 한 단계 상위 수준인 HDL 설계로 발전한 것이다. 그러므로 한 단계 하위 수준인 논리회로도를 자동으로 생성해야만 HDL 설계로 이동한 의미가 가치 있게 되는 것이다.

- 합성 툴이 자동 생성하는 논리회로도의 성능이 전문 설계자의 논리회로보다 좋을 수는 없다. 그러나 오랜 기간 합성 툴이 발전하여 왔기 때문에 성능이 우수해 졌으며, 인간보다 빠르게 논리회로를 자동 생성하는 이점과 함께 합성 툴에 제약사항(Constraints)를 지정함으로써 면적이나 딜레이가 서로 다른 다수의 논리회로를 탐색(Design Space Exploration) 할 수 있는 것이 합성의 장점이다.

- (그림 1.3)에서 설계된 회로의 HDL 코드를 합성 툴에 입력하면 (그림 1.5)와 같은 논리회로가 자동 생성된다. 합성된 논리회로를 구조수준의 HDL 코드로 모델링이 가능하며 HDL 코드 이므로 시뮬레이션이 가능하다. 자동 생성된 회로이므로 (그림 1.4)의 시뮬레이션 결과와 논리상 일치하는 것은 당연하지만 게이트에 내장된 딜레이로 말미암아 타이밍이 달라질 수 있다. 이와 같이 성능 상의 문제를 파악하기 위하여 딜레이를 고려하여 타이밍 시뮬레이셔션도 실행한다.

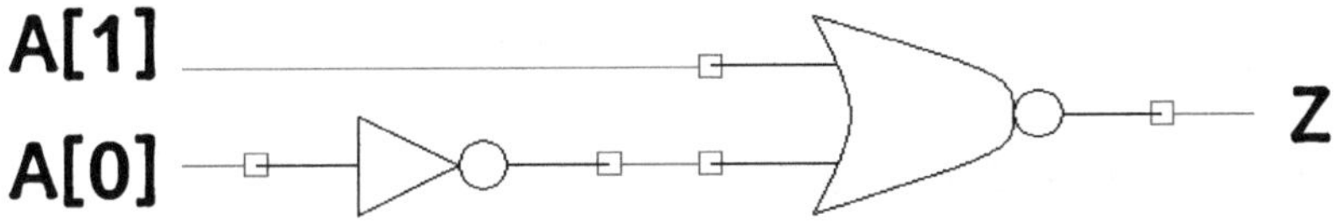

그림 1.5 HDL 합성 논리회로

1.4. HDL 언어에 내장된 기본 개념

- HDL 언어는 소프트웨어 코딩에 사용되는 프로그래밍 언어와 유사점이 매우 많은 반면 하드웨어의 동작을 기술한다는 점에서 태생적으로 다른 개념을 내포할 수밖에 없다. 이러한 개념의 차이점을 분명히 인식하는 것이 하드웨어 설계에서 매우 중요하다. HDL 프로그래밍 그 자체는 소프트웨어 엔지니어가 더욱 빠르게 잘 할 수 있지만 면적이 작고 딜레이가 적은 좋은 하드웨어 회로를 모델링 하는 것은 소프트웨어 프로그래밍 스킬만으로 불가능하다. 하드웨어 동작을 모델링하는 개념이 필수적으로 요구된다.

✓ **순차적 동작과 동시 발생적 동작 개념**

- 고급 언어로 기술된 프로그램은 컴파일 단계를 거치면서 머신 코드로 바뀌는데 머신 코드에 표현된 명령어(Instruction)은 궁극적으로 프로세서에서 실행되기 때문에 한 번에 하나의 명령어만이 실행될 수밖에 없다. 여러 가지 제어문에 의하여 수행되는 순서를 바꾸기는 하지만 한 번에 하나씩 실행되는 순차적 실행에는 변함이 없다.

- 반면에 하드웨어는 회로를 구성하는 모든 모듈이 항상 동작하면서 서로의 전기적 신호를 주고받는 것이다. 모든 모듈이 입력 단자에 가해지는 전기적 레벨이, 다시 표현하면 논리값이 바뀔 때 모듈 고유의 함수를 실행하고 그 결과를 출력 단자로 내보내는 것이다. 논리값이 바뀌는 것을 이벤트(Event)가 발생한다고 표현한다.

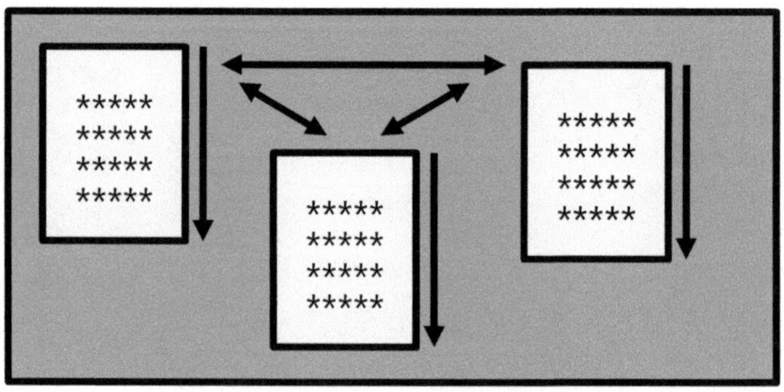

그림 1.6 모듈의 동시 발생적 실행

- 하드웨어를 모델링 하는 HDL 언어는 동시 발생적 동작, 즉 병렬 동작을 기본으로 모델링하고 있다. 논리회로를 구성하는 모든 모듈이 동시에 동작하고 있기 때문에 어느 모듈이 먼저 동작하고 어떤 모듈이 나중에 동작한다는 순서가 일정하게 정해져 있지 않고 경우에 따라 달라질 수 있다.

- HDL 언어를 처음 접하는 사람이, 특히 프로그래밍 언어를 먼저 배운 상태에서 병렬 동작의 개념을 익히는데 시간과 노력이 필요하다. 비유로 설명하면 릴레이 경주에서 여러 명의 선수가 동시에 출발하지만 다음 출발선에 대기하는 선수 중에서 가장 먼저 앞서 뛰어나갈 수 있는 주자는 바톤을 제일 먼저 넘겨 받은 선수이다. 여기서 선수는 게이트에 비유되고, 바톤은 이벤트에 비유될 수 있다. 논리회로에 여러 개의 게이트로 이루어진 경우 게이트의 출력값이 바뀌려면 입력 단자에 이벤트가 발생해야 한다. 모든 게이트는 동작 상태에 있기 때문에 입력에 이벤트가 발생하면 그 순서대로 게이트가 연산하여 출력 단자의 논리값을 결정되는 것이다. 즉 입력 단자의 이벤트 발생 순서가 모듈의 HDL 코드를 실행하는 순서가 된다는 의미이다. 이것이 HDL 언어가 갖고 있는 병렬 동작의 기본 개념이다.

- HDL 언어는 병렬 동작과 함께 순차적 동작도 기술할 수 있다. 소프트웨어의 프로그래밍 언어와 동일한 개념으로 알고리즘을 기술할 수 있는 행위적 구문들이 주어지는데 이 구문들은 순차적으로 실행된다. 문장이 쓰여진 순서대로 실행된다는 의미이다.

- (그림 1.6)에서 가장 외곽의 초록색 네모는 최상위 모듈을 의미하고 그 안의 3개의 노란색 네모는 인스턴스(Instance)로 배치된 모듈들이다. 인스턴스들은 서로 전기적 신호를 주고 받으면서 동시 발생적으로 실행되고 있다. 반면에 인스턴스에 해당되는 모듈은 행위적 구문으로 모델링 되었기 때문에 순차적으로 실행된다.

✓ **추상화 개념**

- 추상화란 단어는 상세하고 정확한 수치를 다루지 않고 대충의 수치를 다룬다는 의미이다. 상위수준으로 올라갈수록 추상화 되는 것일 일반적인 현상이다.

- 추상화의 대상은 논리회로에서 다루어지는 시간이다. 반도체 회로의 설계 데이터는 (그림 1.7)과 같이 크게 나누어 4개의 수준으로 분류한다. 행위 수준은 알고리즘을 모델링한 C 프로그램을 의미하며 기능만을 다루고 타이밍은 다루지 않는다. RTL(Register Transfer Level) 수준은 HDL 언어로 모델링된 회로로서 클럭과 이벤트로 시간 개념을 추상화 한다. 상세한 딜레이는 고려하지 않는다는 의미이다. 로직 수준은 게이트들로 이루어진 논리회로도로서 게이트의 내부 딜레이는 확정된 상태이나 배선 딜레이는 아직 결정되지 않았다. 레이아웃 수준은 게이트에 매핑된 셀과 셀간의 배선이 완성되었기 때문에 게이트 딜레이와 함께 배선 딜레이까지 정확하게 결정된다.

- 상위 수준으로 올라갈수록 시간의 개념은 추상화되어 부정확하지만 설계 데이터 양이 줄어들어 사람이 이해하기 쉬우며 시뮬레이션 시간이 짧아진다. 반대로 하위 수준으로 내려갈수록 딜레이는 정확해지지만 설계 데이터 양이 기하급수적으로 증가하여 시뮬레이션 시간이 대단히 길어진다.

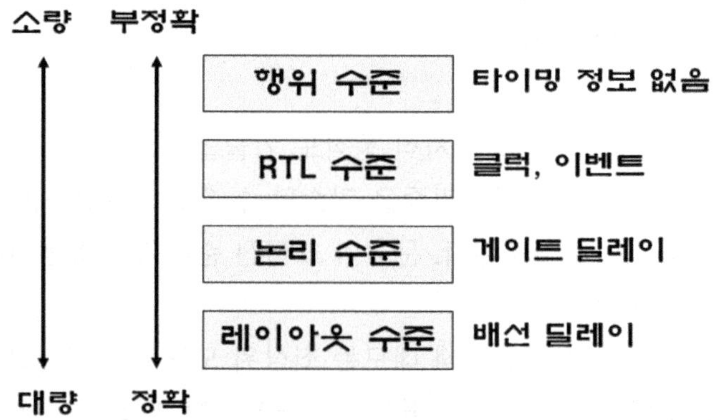

그림 1.7 설계 데이터의 수준

- HDL 언어는 RTL 수준에서 논리회로를 모델링하는 것이다. 그러므로 설계자는 논리회로가 클럭에 동기되어 어떻게 동작하는지에 대한 기본 개념을 가지고 있어야 한다. 또한 이벤트 발생이 회로 동작에 어떤 영향을 미치는지를 알고 있어야 한다. 이러한 개념을 가지고 있어야 합성 툴에 의해 생성되는 논리회로가 최적화 될 수 있도록 HDL 코딩을 할 수 있게 된다.

- RTL은 Register Transfer Level의 약자로서 행위수준과 논리수준의 중간 단계로서 Verilog HDL 언어로 디지털 회로를 모델링하는 수준을 의미한다. 이 단어의 의미를 이해하려면 동기 논리회로의 동작에 대한 이해가 필요하다.

- (그림 1.8)은 동기 논리회로의 일반적인 구조를 간략하게 표현한 것이다. 동기회로는 매 클럭마다 동기되어 데이터를 레지스터에 저장하게 된다. 레지스터에서 출력된 데이터는 조합논리회로를 통과하면서 의미있는 값으로 변환되고 다음 단에 있는 레지스터에 저장된다. 요약하면 동기 논리회로는 매 클럭 마다 조합논리회로(CL)에 의해 변형된 데이터가 다음 단의 레지스에 저장되면서 흘러가게된다. 이러한 구조를 이해하는 수준을 레지스터 전송 수준이라고 부른다.

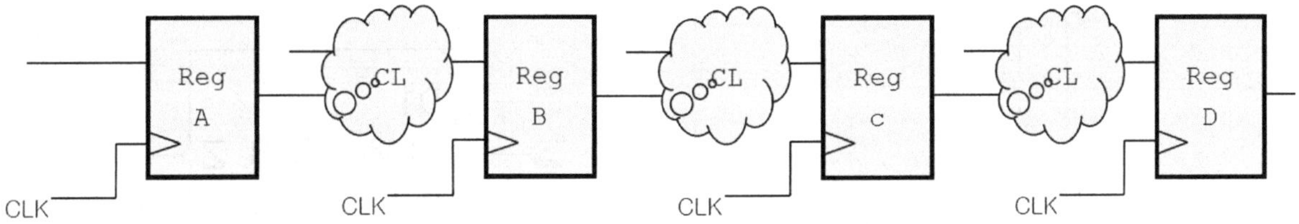

그림 1.8 동기 논리회로의 구조

- Verilog HDL 언어로 설계하려면 레지스터 전송 수준의 동작을 이해해야 한다. 즉 전확한 딜레이 – 게이트 딜레이나 배선 딜레이 – 는 알지 못해도 클럭 단위로 어떻게 동작하는지에 대한 이해가 있어야 올바로 설계할 수 있다는 의미이다.

✓ **모듈화 개념**

- 모듈화란 크기나 복잡도에 상관 없이, 어떤 정보를 일정한 규칙을 따라 독립된 객체로 만들고 이 객체를 복사하거나 혹은 호출하여 계층구조를 완성하는 방식을 의미한다. 소프트웨어 프로그래밍 언어에서는 특정한 기능을 수행하는 서브루틴(Subroutine) – 함수(Function) 혹은 프로시져(Procedure) - 이 모듈의 대응되는 개념이 된다.

● 반면에 HDL 언어에서는 간단한 NOT 게이트 이든지 복잡한 프로세서 이든지 상관없이 모듈(Module)로 모델링 된다. 모듈의 내부를 어떻게 모델링 하는가는 전적으로 설계자의 설계 의도에 의해 결정된다. 모듈이 외부와 정보를 교환하는 인터페이스는 전기적 신호를 주고받는 단자(Port)와 다양한 변형을 결정하기 위한 속성값을 전달받는 매개변수(Parameter)를 통하여 이루어진다. 모듈에 정의된 단자와 인스턴스의 단자는 개수나 속성이 항상 동일하게 유지되어야 한다 (그림 1.9).

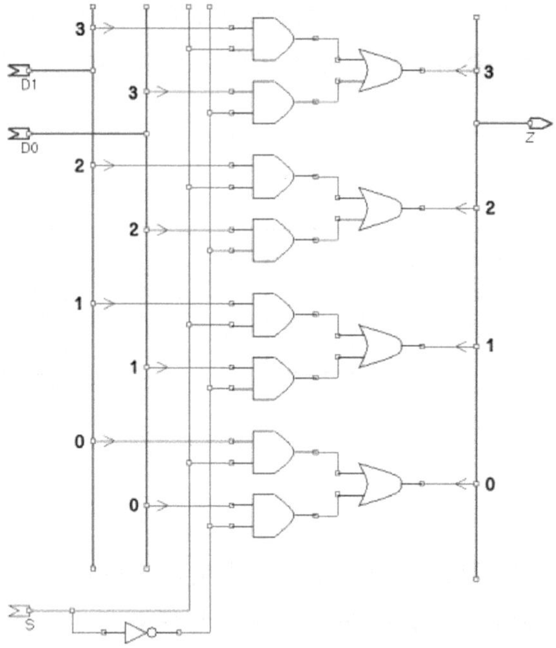

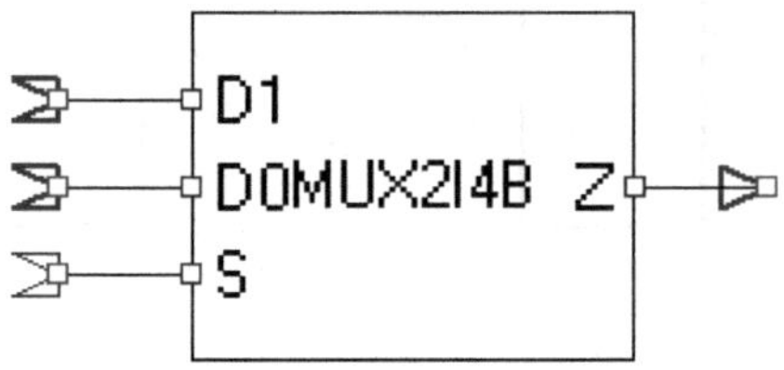

그림 1.9 모듈의 논리회로도와 심볼

✓ **계층구조 개념**

● 계층구조는 상위수준 모듈이 하위수준 모듈의 인스턴스를 이용하여 구성된 회로 구조를 의미한다. 계층구조 설계는 전자회로의 복잡도를 해결하는 방법으로서 종래에 하나의 회로를 여러 개의 도면으로 나누어 설계하던 평면적 구조 보다 효율적인 방법으로서 현재 널리 사용되고 있다.

- HDL 언어가 도입되면서 최상위 모듈을 먼저 설계하고 하위 모듈들을 나중에 설계하는 하향식 설계가 가능해졌다. 다시 설명하면 HDL 언어를 이용하면 하위 모듈은 내부 논리회로가 결정되지 않아도 행위동작으로 기능을 모델링 할 수 있기 때문에 이러한 하위 모듈들을 이용하여 최상위 모듈을 먼저 설계해서 검증한 후에 하위 모듈의 논리회로를 다음 단계로 설계해나가는 것이다.

- (그림 1.10)에는 4개의 모듈 - M1, M2, M3, M4 - 이 있고, 모듈 M1은 최하위 모듈로서 2개의 인스턴스로 복사되었다. 모듈 M2는 모듈 M1의 2개 인스턴스를 포함하고 있다. 모듈 M3는 최하위 모듈이고, 모듈 M4는 최상위 모듈로서 모듈 M2와 M3의 인스턴스를 하나씩 포함하고 있다.

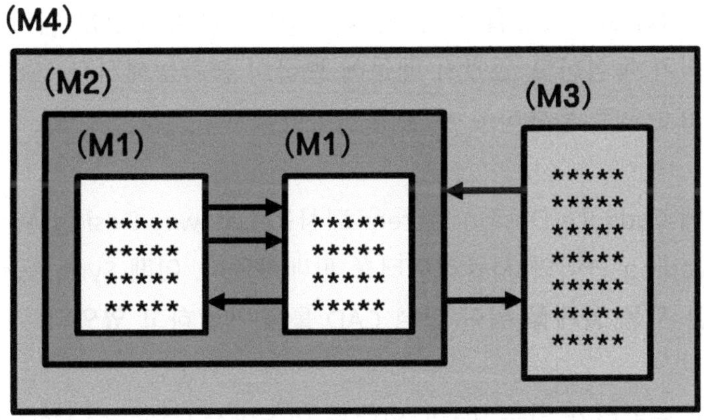

그림 1.10 계층구조의 모듈들

1.5. Verilog HDL 언어의 발전 역사

- Verilog 언어는 1984년 Gateway Design Automation 회사가 최초로 개발한 HDL 언어이다. 하드웨어 모델링 하던 HiLo 언어와 프로그래밍에 널리 사용되는 C 언어의 기능을 모아서 다양한 관점에서 논리회로의 모델링이 가능하도록 만든 최초의 HDL 언어이다. Gateway Design Automation 회사는 Verilog 언어의 라이선스와 시뮬레이터인 Verilog-XL의 판매로 매출을 올렸다.

- 1980년대에 미국 국방성은 VHSIC (Very High Speed Integrated Circuit) 프로젝트를 수행하였다. 군대에서 운영하는 무기체계에 반도체칩이 많이 사용되는데 표준 언어가 존재하지 않아 제조사 간에 호환이 되지 않는 비효율을 해결하기 위하여 새로운 HDL 언어인 VHDL(VHSIC HDL)를 개발하였다. 그러나 EDA 시장은 이미 유사한 기능의 Verilog 언어가 독점하고 있었기 때문에 보급이 불가능해지자 1987년 VHDL 언어를 IEEE 1076 표준으로 등록하고 무상 공개하였다.

- 1989년 말에 Cadence Design System 회사는 Gateway Design Automation 회사를 매입하면서 Verilog 언어와 시뮬레이터를 판매하였다. 이때 Synopsys 회사도 Verilog 언어를 이용한 자동 설계를 위한 합성 CAD 툴을 개발하고 있었다.

- EDA 시장이 로얄티가 없는 VHDL 언어로 이동하자 Cadence Design System 회사는 Verilog 언어가 고립되어 사양될 것을 막기 위하여 1990년 Open Verilog International (OVI)를 설립하고 공개된 Verilog 언어의 발전을 유도하였다. 1995년 Verilog 언어도 IEEE 1364-1995로 표준화 되었고, 그 이후 2001년에 개선된 IEEE 1364-2001을 공개하였다.

- VHDL 언어는 규칙에 엄격한 정규화된 언어인 반면에 Verilog 언어는 태생적으로 하드웨어 모델링에 집중한 HDL 언어이다. 이 차이점은 각 언어를 지원하는 시뮬레이터의 속도 차이를 만들어 내었다. 즉 Verilog 시뮬레이터가 더 빠른 성능을 나타내는데 이는 반도체칩의 복잡도가 높아질수록 더욱 중요한 선택 요인이 되었다.

● 현재는 Verilog 언어가 VHDL 언어 보다 더욱 보편적으로 사용되고 있다. 그러나 VHDL 언어가 더욱 많이 활용되던 시기에 개발된 반도체 IP(Intellectual Property)들은 VHDL 언어로 설계 되었기 때문에 VHDL 언어도 명맥을 유지하고 있다.

● 하드웨어와 소프트웨어가 모두 포함된 임베디드 시스템이 전자 제품을 구성하는 기본 구조가 되면서 복잡도가 매우 높아진 시스템 칩의 개발이 요구되었다. 시스템칩의 복잡도로 인하여 설계 보다 검증에 더욱 많은 개발 시간이 소요되게 되었고 이러한 시장의 요구에 따라 테스트용 언어와 CAD 툴들이 보급되기 시작하였다.

● 태생적으로 회로의 동작이나 구조를 기술한 HDL 코드와 테스트를 위한 프로그램은 서로 데이터를 주고 받으면서 동작해야 하는 매우 밀접한 관계를 갖고 있다. 이러한 요구 사항은 산업체에 보편적으로 사용되는 Verilog 언어와 테스트 언어를 하나의 언어로 통합해야 한다는 필요성에 공감대가 형성되면서 Accellera 협회의 표준화 노력으로 2005년 SystemVerilog 언어가 IEEE 1800-2005 표준으로 결실을 맺게 된다.

● Verilog 언어가 HDL 언어라 불리는 반면에 SystemVerilog 언어는 HDVL (Hardware Design and Verification Language) 이라 불리는 것은 하드웨어를 모델링하여 설계하기 위한 기능과 함께 하드웨어의 동작을 테스트하여 검증하는 기능이 함께 있음을 의미한다. SystemVerilog 은 기본적으로 Verilog 언어의 모든 구문과 호환이 되면서 확장되었기 때문에 Verilog 언어에 구현된 개념과 기술을 그대로 유지하면서 확장되었다.

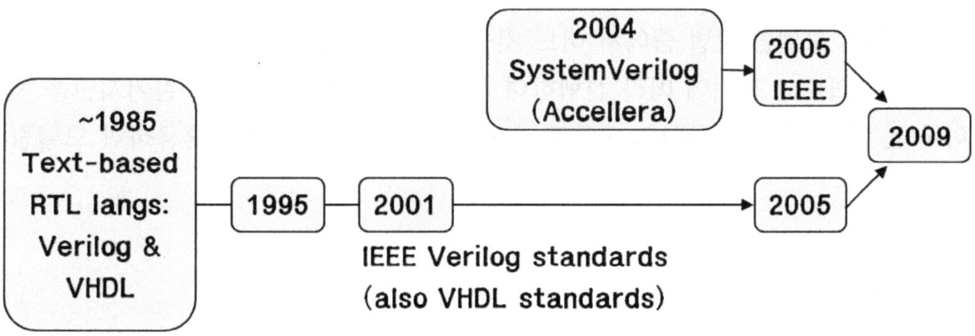

그림 1.11 HDL 언어의 발전

1.6. Verilog HDL 언어의 3가지 모델링 방식

- Verilog HDL 언어는 3가지 스타일의 모델링 방법 - 행위적 표현, 자료 흐름적 표현, 구조적 표현 - 을 제공한다. 모듈이 수행하는 동일한 기능이라도 설계자의 선택에 따라 다른 모델링 방법을 선택하여 사용할 수 있음을 의미한다.

- 행위적 표현은 모듈이 수행하는 동작을 고급 수준의 구문들, 순차적으로 동작하는 프로그래밍 언어의 구문들로 모델링한 것이다. 행위 동작을 표현했기 때문에 논리회로의 구조는 알 수 없지만 무슨 동작을 수행하는지는 설계자가 쉽게 이해할 수 있는 최상위 수준의 모델링 방법이다. 'always' 구문으로 행위동작을 표현하며 포함된 모든 구문은 순차적으로 동작한다.

- 자료흐름적 표현은 입력에서 출력으로 흐르는 데이터에 가해지는 논리 변환을 논리식으로 표현하는 모델링 방법이다. 논리식의 변환을 모델링 하기 때문에 행위적 표현보다는 구체적이지만 게이트를 사용하지 않기 때문에 구조적 표현보다는 추상적이다. 'assign' 구문으로 논리식을 표현하며 모든 구문은 병렬로 동작한다.

- 구조적 표현은 Verilog HDL 언어에 내장된 기본 게이트나 사용자가 정의한 모듈을 이용하여 논리회로도를 모델링하는 방법이다. 모듈이 어떠한 기능을 수행하는지는 알 수 없지만 회로의 구조는 정확하게 파악할 수 있다.

- 위의 3가지 모델링 방법 중에서 어느 것을 절대적으로 사용해야 한다는 제약은 없다. 설계자의 의도와 편의에 따라 선택하여 사용하면 된다. 또한 어느 한가지만을 사용해야 하는 제약도 없다. 하나의 모듈을 위의 3가지 모델링 방법을 혼용하여 모델링 할 수도 있다.

2. Verilog HDL의 기본 개념

2.1. 기본 문법
2.2. 수의 표현
2.3. 모듈
2.4. 단자
2.5. 매개변수
2.6. 데이터 타입
2.7. 연산자
2.8. 타임 단위의 지정

2.1. 기본 문법

- Verilog HDL 언어에서 화이트 스페이스(White Space)로 활용되는 문자는 space, tab, newline 과 formfeed 등 이다. 화이트 스페이스는 Verilog HDL 코드의 문장을 해석할 때 토큰을 분리하는데 사용되고 문자로서 코드에서는 제거되고 무시된다.

- 주석(Comment)은 C 언어와 동일하게 2가지 방식을 지원한다. 주석은 하드웨어를 모델링 하는 구문으로 간주되지 않고 단지 설명으로 간주되에 모델링에서 제외된다. "//"로 시작되면 그 문장의 끝까지가 주석인 한 줄 주석이다. 여러 줄 주석은 "/*"로 시작해서 "*/"로 끝나는 문장이 모두 주석이다.

```
/*
   Revision History
   Filename : processor.v
   Revision : 2015.2.4 20:04:40 By Richard
   Contents : Updated cache controllers and MMUs.
*/

// Instantiation of TAG RAM block.
```

- Verilog HDL 언어는 C 언어와 같이 대문자와 소문자를 구분한다. 대소문자가 다르면 서로 다른 단어로 간주되지만 이런 방식으로 단어를 구분하는 것은 좋은 코딩 습관이 아니다. 대소문자가 아니라 단어의 의미를 예측할 수 있는 알파벳 조합으로 작명을 하는 것이 좋은 코딩 습관이다.

```
// wire 변수로 사용된 3개의 단어 Mem, mem, MEM은 서로 다른 변수이지만
// 대소문자로 단어를 구분하는 것은 좋은 코딩 습관이 아니다.
wire Mem, mem, MEM;
```

- Verilog HDL 언어의 예약어(Reserved Word)는 언어 자체가 미리 선택하여 사용하는 단어들로서 소문자로 구성된다. 사용자는 예약어를 자신의 단어로 사용할 수 없다.

● Verilog HDL 언어의 1995 버전이 사용하는 예약어는 아래 표와 같다.

always	ifnone	rpmos
and	initial	rtran
assign	inout	rtranif0
begin	input	rtranif1
buf	integer	scalared
bufif0	join	small
bufif1	large	specify
case	macromodule	specparam
casex	medium	strong0
casez	module	strong1
cmos	nand	supply0
deassign	negedge	supply1
default	nmos	table
defparam	nor	task
disable	not	time
edge	notif0	tran
else	notif1	tranif0
end	or	tranif1
endcase	output	tri
endmodule	parameter	tri0
endfunction	pmos	tri1
endprimitive	posedge	triand
endspecify	primitive	trior
endtable	pull0	trireg
endtask	pull1	vectored
event	pullup	wait
for	pulldown	wand
force	rcmos	weak0
forever	real	weak1
fork	realtime	while
function	reg	wire
highz0	release	wor
highz1	repeat	xnor
if	rnmos	xor

- Verilog HDL 언어의 2001 버전이 사용하는 예약어는 아래 표와 같다.

automatic	incdir	pulsestyle_ondetect
cell	include	pulsestyle_onevent
config	instance	signed
endconfig	liblist	showcancelled
endgenerate	library	unsigned
generate	localparam	use
genvar	noshowcancelled	

- Verilog HDL 언어의 식별자는 문자와 숫자와 언더스코어(Underscore) '_'의 조합으로 작명된다. 식별자는 알파벳으로 시작하며, 의미를 쉽게 파악할 수 있도록 단어를 결합하여 작명하는 것이 좋은 코딩 습관이다.

```
// Examples of regal identifier.
shiftreg_a, busa_index, ErrorCondition, merge_ab, bus_3
```

- Verilog HDL 언어가 지원하는 논리값은 아래 표와 같이 4가지 종류가 있다. '1'과 '0'은 이진 논리값의 '참'과 '거짓'을 의미한다. 'x' (혹은 'X')는 논리값을 알 수 없는 상태라는 의미로서 실세계에서는 존재하지 않지만 시뮬레이션 상에서 나타나는 논리값이다. 이 상태는 초기화 되지 않은 상태이거나 잘못 설계된 회로에 의해 발생되는 상태이다. 'z' (혹은 'Z')는 . '1'과 '0'의 논리값을 결정하는 드라이버가 없는 하이 임피던스 상태를 의미한다. 이 상태는 잘못된 회로가 아니고 설계자가 의도적으로 만들어진 회로에 의해 만들어진다.

논리값	의미
0	Logic zero / False condition
1	Logic one / True condition
x 혹은 X	Unknown logic value
z 혹은 Z	High-impedance state

- 논리값 '0' 과 '1'은 오른쪽 표와 같이 8개의 신호 세기를 가진다. 숫자가 큰 것이 신호 강도가 큰 신호로서 동일한 네트에 서로 다른 강도의 신호가 가해지면 더 강한 신호가 지배하게 된다. 반면에 pull0와 pull1과 같이 같은 강도의 신호가 가해지면 결과는 알 수 없다.

- supply, strong, pull, weak 신호는 드라이빙 (Driving) 강도로서 assign 문장에 의해 다른 네트로 전파되어 가는 반면 large, medium, small은 전하를 저장하는 강도로서 trireg 타입의 네트에만 사용된다.

- 신호 강도는 트랜지스터로 구성된 회로를 분석하는데 사용되므로 본 교재에서는 다루지 않는다.

신호 이름	신호 강도
supply0	7
strong0	6
pull0	5
large0	4
weak0	3
medium0	2
small0	1
highz0	0
highz1	0
small1	1
medium1	2
weak1	3
large1	4
pull1	5
strong1	6
supply1	7

2.2. 수의 표현

- 정수는 십진수, 16진수, 8진수, 그리고 2진수로 표현될 수 있으며, 숫자의 비트 수가 지정된 형식과 미지정된 형식의 2가지 표현이 있다.

- 비트 수 지정 형식은 5가지 요소 - 부호, 비트 수, 따옴표, 진수 표현, 수 – 로 구성된다. 진수 표현은 다음과 같다.
  십진수 : 'd 혹은 'D
  16진수 : 'h 혹은 'H
  8진수 : 'o 혹은 'O
  2진수 : 'b 혹은 'B

```
4'b1001 // 4비트 이진수 "1001"
5'd3    // 5비트 십진수 3 "00011"
3'b01x  // 3비트 이진수 "01x" (LSB가 Unknwon)
12'hx   // 12비트 16진수 "xxxxxxxxxxxx"
```

- 음의 정수를 표현한 경우는 2의 보수(two's complement) 형식으로 음수를 표현한다.

```
-8d6     // 8비트 십진수 -6 ("11111010", 6의 2의 보수)
```

- 비트 수 미지정 형식은 0~9 숫자만으로 십진수를 표현하든지, 다른 진수의 경우는 비트 수를 지정하지 않는 표현을 사용한다. 기본적으로 32비트로 표현한다.

```
-659     // 십진수 -659
'h837ff  // 16진수 837ff
'o7460   // 8진수 7460
```

- 정수의 크기 표현에서 언더스코어 '_'가 사용되면 비트 수의 구분을 위한 표현일뿐 수의 값에는 영향을 미치지 않는다.

```
27_195_000                // 십진수 27195000
16'b0011_0101_0001_1111  // 10비트 이진수 "0011010100011111"
32'h12ab_f001            // 32비트 16진수 "12abf001"
```

- 이진수 표현의 경우 지정된 비트의 숫자보다 적은 개수의 비트로 논리값이 표현된 경우 논리값으로 명시되지 않은 비트의 논리값으로 확장하는 규칙이 있다.

- 명시된 이진수의 MSB가 '0', 'X', 'Z' 인 경우는 MSB와 동일한 논리값으로 확장한다. 아래 3개 예제에서 3비트 논리값의 처음 두 예제는 "01"과 "x1"의 2비트만을, 세 번째 예제는 'z'의 1비트만을 지정하였다. MSB에 해당되는 '0', 'x', 'z'를 확장하여 3비트 논리값을 표현하면 "001", "xx1", 그리고 "zzz"이 변환된다.

```
3'b01 = 3'b001   // "01"의 MSB인 '0'을 확장함.
3'bx1 = 3'bxx1   // "x1"의 MSB인 'x'를 확장함.
3'bz  = 3'bzzz   // "z"의 MSB인 'z'를 확장함.
```

- MSB가 '1' 인 경우는 논리값 '0'으로 확장한다. 아래 예제에서 3비트인데 1비트 '1'만을 지정하였으므로 MSB가 '1'이므로 '0'을 확장하여 "001"로 변환된다.

```
3'b1 = 3'b001    // MSB가 '1'이므로 '0'을 확장함.
```

- 아래 표는 여러 가지 수 표현에 대한 예제들이다.

Number	#Bits	Base	Decimal	Stored Binary
10	32	Decimal	10	00...01010
2'b10	2	Binary	2	10
3'd5	3	Decimal	5	101
8'o5	8	Octal	5	00000101
8'ha	8	Hexadecimal	10	00001010

Number	#Bits	Base	Decimal	Stored Binary
3'b01x	3	Binary	-	01x
12'hx	12	Hexadecimal	-	xxxxxxxxxxxx
8'b0000_0001	8	Binary	1	00000001
8'bx01	8	Binary	-	xxxxxx01
8'HAD	8	Hexadecimal	173	10101101

- 실수는 소수점을 이용한 소수점 표기 (예, 14.72)를 사용할 수 있다. 소수점 표기의 경우 소수점의 좌우에 적어도 하나의 숫자가 존재해야 오류가 아니다. 실수는 과학적 표기 (예, 38e8)를 사용하여 표현할 수 있다. 소문자 'e' 나 대문자 'E'를 사용할 수 있다.

```
2394.26331
1.2E12
1.30e-2
23E10
236.123_763_e-12
.12, 9., 4.E3, .2e-7    // 오류인 숫자들
```

- 실수값을 정수값으로 변환하는 경우 암묵적으로 소수점 이하를 버리지 않고 반올림을 사용한다. 예를 들면 35.7은 36으로, 35.2는 35로, -1.5는 -2로 변환된다.

2.3. 모듈

- 하드웨어 모든 소자는 크기나 복잡도에 상관 없이 모듈(Module)로 정의된다. Verilog HDL 구문의 'module'과 'endmodule' 키워드 사이에 모듈에 관한 모든 정의가 포함된다 (그림 2.1).

- 크게 2부분으로 구분되는데 하나는 외부와의 인터페이스를 정의하는 단자(Port)와 매개변수(Parameter)가 있다. 단자는 외부와 주고 받는 전기적 신호의 특성을 정의하고 매개변수는 모듈의 구조나 속성을 가변시키는 변수값을 전달받는다.

- 다른 하나는 모듈 내부의 구조나 동작을 정의하는 문장들로 구성된다. 내부에서 사용될 배선과 변수, 함수 등이 정의되고 인스턴스로 모듈 내부의 구조를 정의하든지 논리식으로 표현하든지 아니면 행위수준 동작을 정의한다. 하나의 모듈 내에서 이들은 혼용되어 사용될 수 있다.

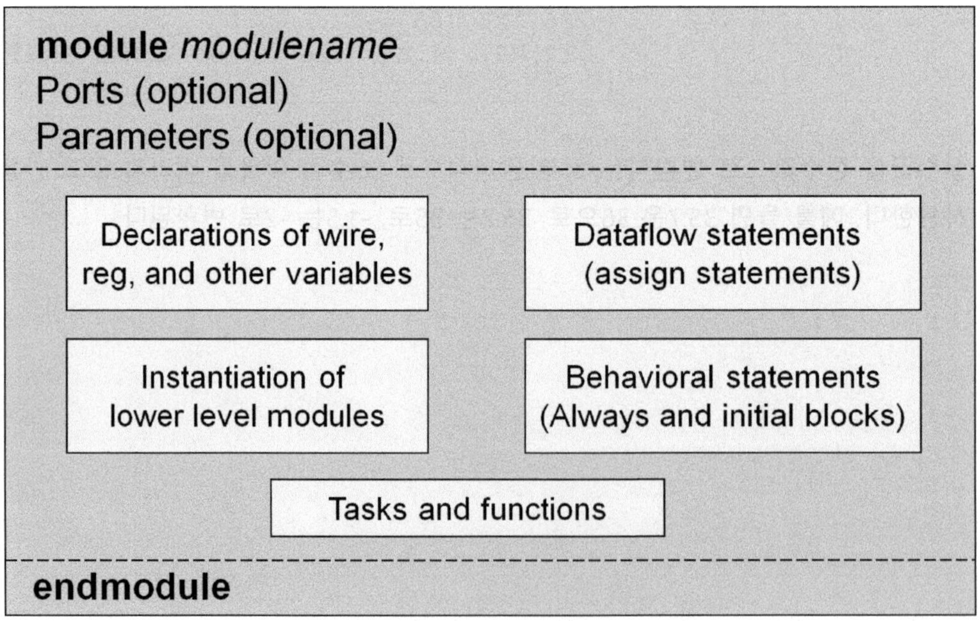

그림 2.1 모듈의 주요 구성

● (그림 2.2)는 모듈을 구성하는 주요 요소들을 키워드와 함께 보다 상세히 나타내고 있다. 이 그림에서는 전체 구성에 대한 이해만을 얻고 각각의 구성 요소에 대한 상세한 설명은 뒤에서 다룬다.

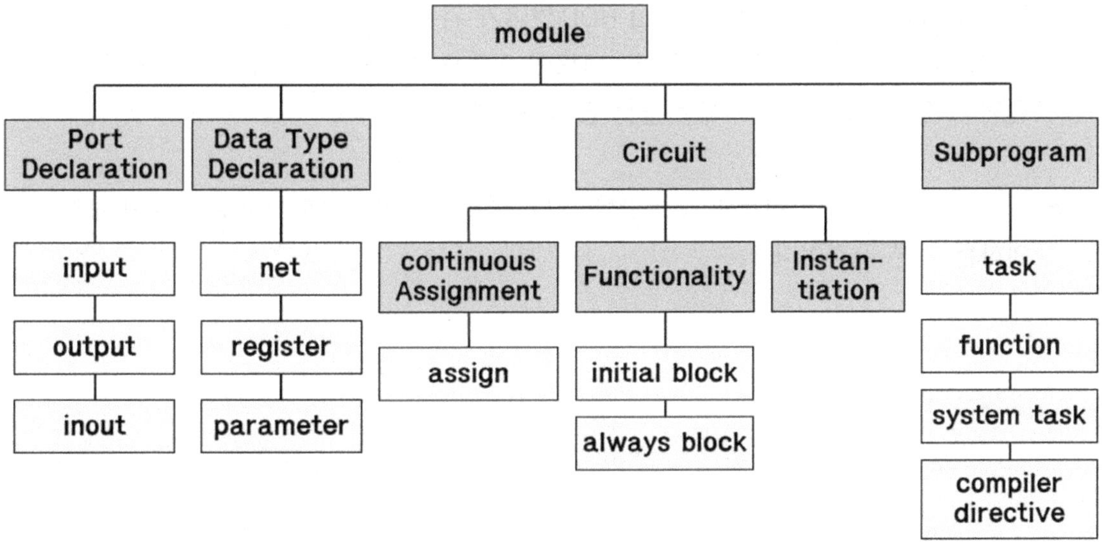

그림 2.2 모듈의 주요 구성

● (그림 2.3)은 Exor 게이트를 정의하는 Verilog HDL 예제 코드이다. 2개의 NOT 게이트와 2개의 AND 게이트, 그리고 1개의 OR 게이트로 구성된 논리회로를 모델링한다.

● 파란색 볼드체의 단어가 키워드 이다. 키워드 'module'가 모듈 정의의 시작이고, 키워드 'endmodule'가 모듈 정의의 끝이다. 이 사이에 모듈에 관한 모든 정의가 포함된다.

● 키워드 'module' 다음에는 모듈 이름이 정의되고 다음 소괄호 안에는 단자 이름의 목록이 나열된다. 소괄호 안에 정의된 단자들의 속성은 그 다음에 키워드 'input'과 'output' 문장에서 정의된다. 단자 z는 1비트 출력방향이고, 단자 a와 b는 1비트 입력방향이다. 단자들이 정의되는 순서에는 제약이 없지만 목록에 있는 단자에 대한 정의가 생략될 수는 없다.

- 키워드 'wire'로 시작하는 문장은 게이트 단자를 연결하는 내부 네트의 이름을 정의한다.

- 키워드 'and', 'or', 'not' 은 Verilog HDL 언어가 기본을 제공하는 기초 게이트들이다. 괄호는 게이트의 각 단자에 연결된 네트의 이름으로서 첫 번째 네트를 출력 단자에 연결되고, 뒤 따르는 나머지 네트들은 입력 단자에 연결된다.

- 이 예제 코드는 논리회로의 구조만을 모델링하고 있지만 기본적으로 모듈의 구성은 정의하는 기본 골격이다.

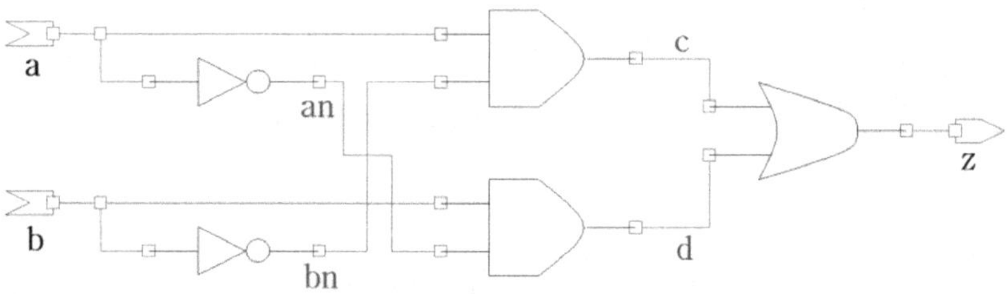


```
module exor2 (z, a, b);

  output z;
  input a, b;

  wire an, bn, c, d;

  not (an, a);
  not (bn, b);
  and (c, a, bn);
  and (d, b, an);
  or (z, c, d);

endmodule
```

모듈 선언

단자 선언

데이터 선언

회로 선언

그림 2.3 모듈 정의 구문의 Verilog HDL 코디의 한 예

2.4. 단자

- 단자(Port)는 모듈이 외부와 전기적 신호를 교환하는 인터페이스를 정의한다.

- 단자는 이름과 방향과 비트수로 정의된다. 키워드 'input'은 입력 방향, 'output'은 출력 방향, 'inout'은 양방향을 의미한다. 1비트 단자는 비트수 정의가 생략되지만 멀티 비트인 경우는 '[#MSB:#LSB]' 구문으로 비트 수를 정의한다. MSB와 LSB 인덱스 값 중 어느 것이 크고 작은 제약은 없으며, 0이나 1로 시작해야 한다는 제약도 없다. 그러나 LSB 인덱스는 0으로 시작하고 MSB 인덱스가 LSB 보다 크게 사용하는 것이 일반적이다.

- 아래 예제에서 단자 addr은 MSB가 15이고 LSB가 0인 16비트의 wire 타입이고 입력 방향인 단자이다.

- 단자는 기본적으로 'wire' 타입으로서 논리값을 기억하지 않는다. 논리값의 저장이 필요한 경우는 단자를 'reg' 타입으로 다시 한번 선언하는 구문이 필요하다.

- 아래 예제에서 단자 qb는 MSB가 3이고 LSB가 0인 4비트의 reg 타입이고 출력 방향인 단자이다.

- 하나의 단자 대신에 여러 개의 단자 목록이 나열된 경우는 모든 단자가 동일한 속성을 갖는다. 아래 예제에서 단자 a, b, z는 모두 1비트의 wire 타입 입력 단자이다.

```
input [15:0] addr;   // 16비트 입력의 wire 타입 단자
output [3:0] qb;     // 4비트 출력의 reg 타입 단자
reg [3:0] qb;
input a, b, z;       // 1비트 입력의 wire 타입 3개 단자
```

- 네트에서 단자로, 혹은 단자에서 네트로 연결할 때 wire 타입에서 wire 타입으로 연결되거나 reg 타입에서 wire 타입으로 연결만 가능하다. wire 타입에서 reg 타입으로의 연결은 오류를 발생한다.

- 이 규칙을 따르기 위하여 inout과 input 방향의 단자는 반드시 net 타입이어야 한다. 반면에 output 방향 단자는 net 타입이거나 혹은 논리값을 저장할 필요가 있으면 reg 타입이 될 수 있다.

2.5. 매개변수

- 매개변수(Parameter)는 모듈의 속성을 가변시키기 위하여 외부에서 주어지는 상수를 전달받는다. 전기적 신호와는 상관이 없다.

- 매개변수는 하나의 동일한 모듈을 복사하여 만들어지는 인스턴스(Instance)의 속성을 가변시키는 역할을 한다. 예를 들면, 2 입력 AND 게이트 마다 딜레이 값을 다르게 설정한다든지, 레지스터의 기능은 동일하지만 단자의 폭만 가변을 시킨다든지, 혹은 덧셈기인데 내부 구조를 Ripple Carry 방식과 Carry Lookahead 방식 중에 선택을 하는 경우에 사용된다.

- 아래 예제에서 매개변수 port_id는 5 값을, cache_width는 256 값을 기본 사양 값으로 갖는다. 즉 인스턴스에서 매개변수 값을 바꾸지 않으면 이 값이 사용된다. reg 타입의 변수 cache의 벡터폭은 매개변수 cache_width의 값에 따라 가변된다.

```
parameter port_id = 5;         // 5 값을 갖는 매개변수 port_id
parameter cache_width = 256; // 256 값을 갖는 매개변수 cache_width

reg [cache_width-1:0] cache; // 매개변수에 의해 벡터 폭을 가변시킴
```

- 매개변수 값은 모듈을 인스턴스를 호출할 때 매개변수 매핑을 통하여 지정하든지 혹은 defparam 문장으로 지정할 수 있다. defparam 문장으로 변경하는 경우 매개변수 까지의 계층경로와 새로운 매개변수 값을 지정해야 한다.

```
module exam;                // 모듈 exam의 정의 시작
  defparam S1.w = 16;       // 인스턴스 S1의 매개변수 w를 16으로 지정
  submod S1( );             // 모듈 submod를 인스턴스 S1으로 지정
endmodule                   // 모듈 정의 끝
```

2.6. 데이터 타입

- Verilog HDL 언어가 지원하는 데이터 타입은 크게 구분하여 net 데이터 타입과 variable 데이터 타입의 2종류를 지원한다.

➢ Net 데이터 타입

- Net 데이터 타입은 모듈간의 전기적 연결을 모델링 하는데 논리값을 저장하지 않고 단지 전달하는 역할만을 수행한다. Net의 논리값은 드라이버가 제공하는 논리값에 의해 결정된다. 만약 드라이버가 없으면 High-impedance 'z' 논리값을 갖는다.

- Net 데이터 타입에는 아래와 같은 종류가 있다.

Data Type		Functionality
wire	tri	• Interconnecting wire – no special resolution function
wor	trior	• Wired outputs OR together (models ECL)
wand	triand	• Wired outputs AND together (models open-collector)
tri0	tri1	• Net pulls-down or pulls-up when not driven
supply0	supply1	• Net has a constant logic 0 or logic 1 (supply strength)
trireg		• Net models a wire as a capacitor that stores electrical charge.

☞ **'wire'와 'tri' 타입**

- 이 두 타입은 이름만 다르고 동일한 구문과 기능을 갖는다. 일반적으로 'wire' 타입은 하나의 드라이버만 가진 네트에 사용되고 'tri' 타입은 여러 개의 드라이버를 가진 네트에 사용된다.

- 동일한 네트에 여러 개의 드라이버가 서로 다른 논리값을 출력하는 경우 네트가 갖는 논리값은 아래 표와 같다.

wire/tri	0	1	x	z
0	0	x	x	0
1	x	1	x	1
x	x	x	x	x
z	0	1	x	z

☞ **'wor', 'wand', 'trior' 와 'triand' 타입**

- 이 타입들은 Wired 논리, 즉 여러 개의 드라이버가 같은 네트에 출력될 때 논리의 충돌을 해결하기 위하여 네트 자체가 AND나 OR 논리를 담당하는 경우를 의미한다.
- 'wor'와 'trior' 타입은 드라이버 중에 하나라도 1이면 네트는 1의 논리값을 갖는다.
- 'wand'와 'triand' 타입은 드라이버 중에 하나라도 0이면 네트는 0의 논리값을 갖는다.

wand/ triand	0	1	x	z
0	0	0	0	0
1	0	1	x	1
x	0	x	x	x
z	0	1	x	z

wor/ trior	0	1	x	z
0	0	1	x	0
1	1	1	1	1
x	x	1	x	x
z	0	1	x	z

☞ **'trireg' 타입**

- 이 타입은 축전의 성질을 갖고 있어 논리값을 저장하는 네트를 모델링 한다. 논리값을 저장하지 않고 전달하는 네트의 예외적인 타입이다. 이 네트 타입은 동적으로 논리값을 출력하는 구동(Driven)상태와 정적으로 축전하는 용량(Capacitive) 상태를 갖는다.

- 구동 상태는 'trireg' 타입의 드라이버 중 적어도 하나가 1, 0, x 논리값을 출력하는 경우로서 이 논리값이 다른 'trireg' 네트에 전달된다. 이 상태의 세기는 strong, pull, weak로 구분된다.

- 용량 상태는 'trireg' 타입의 모든 드라이버가 하이 임피던스, z 논리값을 출력하는 경우로서 이 논리값이 다른 'trireg' 네트에 전달되지 않는다. 이 상태의 세기는 small, medium, large로 구분된다.

☞ **'tri0' 와 'tri1' 타입**

- 이 타입들은 저항성분이 있는 pulldown과 pullup 소자를 모델링 한다.

- 드라이버가 없는 경우 'tri0' 타입은 논리값, 0을 출력하고 'tri1' 타입은 논리값, 1을 출력한다. 이 때 신호의 세기는 pull 수준이다.

tri0	0	1	x	z
0	0	x	x	0
1	x	1	x	1
x	x	x	x	x
z	0	1	x	0

tri1	0	1	x	z
0	0	x	x	0
1	x	1	x	1
x	x	x	x	x
z	0	1	x	1

☞ **'supply0' 와 'supply1' 타입**

- 이 타입들은 전원이 공급되는 네트를 모델링 한다. 'supply0' 타입은 접지에 연결된 네트이고, 'supply1' 타입은 전원에 연결된 네트이다. 이 타입은 신호의 세기가 가장 강하다.

➢ Variable 데이터 타입

- Variable 데이터 타입은 프로그래밍 언어의 변수와 동일한 개념으로서 논리값을 저장하여 기억하고 대입문 간에 논리값을 전달한다.

- 저장하는 데이터의 종류에 따라 'reg', 'integer', 'time', 'real' 타입으로 구분되며, 처음 3개 타입의 초기 논리값은 x 이고, 'real' 타입은 0.0 이다.

Data Type	Functionality
reg	• Unsigned variable
integer	• Signal integer variable – 32 bits
time	• Unsigned integer variable – 64 bits
real	• Double precision floating point variable

☞ **' reg' 타입**

- 'reg' 타입은 전기적 신호를 모델링 하는데 신호의 논리값을 저장하는 것이 전기적 신호를 모델링 하는 net 타입과 차이점 점이다.

- 레지스터와 같이 논리값을 저장하는 하드웨어 모듈을 모델링하는데 사용되지만 조합 논리에도 사용될 수 있기 때문에 'reg' 타입이 논리값을 저장하는 소자를 항상 의미하는 것은 아니다.

☞ **' integer' 타입**

- 'integer' 타입은 하드웨어의 일부가 아닌 정수값을 다루는데 사용된다. 32비트의 크기를 가지면 '0'과 '1' 뿐만 아니라 ''x'와 'z'의 4개의 논리값를 모두 표현할 수 있는 음과 양의 정수값이다.

☞ **'time' 타입**

- 'time' 타입은 디버깅을 위해 시뮬레이션 시간을 저장할 필요가 있을 때 사용된다. 64 비트의 양의 정수값만을 갖는다.

- **'real' 타입**

- 'real' 타입은 실수값을 저장하는데 사용된다. 이 타입의 초기값은 0.0 이다.

- 'real' 타입의 값은 십진 기수법 (예, 14.82) 혹은 과학적 기수법 (예, 39e8)로 표현된다. 십진 기수법으로 표현된 경우는 소수점 양쪽에 적어도 하나의 숫자는 존재해야한다.

- 'real' 타입의 값을 정수로 대입하는 경우 암묵적으로 소수점 이하를 버리지 않고 가까운 정수값으로 반올림한다. 예를 들면 35.7이나 35.5는 36으로 변환되고 35.2는 35로 변환된다

➢ **Vector 표현**

- 벡터(Vector는 다수 비트의 'net'나 'reg' 타입 데이터에 범위를 정의하여 각각의 비트에 접근이 가능하도록 한다. MSB(Most Significant Bit)는 범위의 좌측 인덱스를 의미하고 LSB(Least Significant Bit)는 범위의 우측 인덱스를 의미한다.

- 여러 비트로 이루어진 데이터는 비트의 범위를 지정하는 '[#MSB:#LSB]' 정의가 먼저 오고 변수의 이름이 뒤따라 정의된다. MSB와 LSB 인덱스 값 중 어느 것이 크고 작은 제약은 없으며, 0이나 1로 시작해야 한다는 제약도 없다. 그러나 LSB 인덱스는 0으로 시작하고 MSB 인덱스가 LSB 보다 크게 사용하는 것이 일반적이다.

```
wire [7:0] bus;                  // wire 타입 8 비트 bus 신호
reg [0:40] addr;                 // reg 타입 41 비트 addr 신호
reg signed [3:0] signed_reg; // -8~7 범위의 4비트 signed_reg 신호
```

- 벡터에 포함된 요소 하나를 지정할 때는 대괄호 안에 인덱스 값을 지정한다. 배열의 크기 안에서 부분적으로 여러 개를 지정하는 경우는 대괄호 안에 범위를 지정한다.

```
bus[7]      // busA 신호의 7번 1비트
bus[2:0]    // busB 신호의 2~0번의 3비트
addr[0:1]   // addr 신호의 0~1번의 2비트
```

➤ Array 표현

- 배열(Array)은 동일한 타입의 여러 데이터를 하나의 객체로 취급할 수 있는 수단을 제공한다. 배열을 이루는 원소는 주소의 역할을 하는 인덱스(Index)로 구분한다.

- 배열로 모델링 되는 하드웨어는 ROM(Read Only Memory), RAM(Random Access Memory) 혹은 Register File과 같이 다수의 데이터를 저장하는 메모리 모듈들이다. 워드(Word) 라고 지칭하는 데이터의 폭은 벡터로 모델링 되고, 데이터의 수는 배열의 인덱스로 모델링 된다.

- 아래 예는 8비트 데이터 256개를 저장할 수 있는 메모리를 모델링 한다. 각 워드의 MSB는 7, LSB는 0 이며, 주소는 0번지에서 255번지의 범위를 갖는다. 베열 mem은 (그림 2.4)와 같은 구조를 갖는다.

```
reg [7:0] mem[0:255]; // 8비트 데이터를 주소 0~255로
                      // 256개 저장할 수 있는 메모리
```

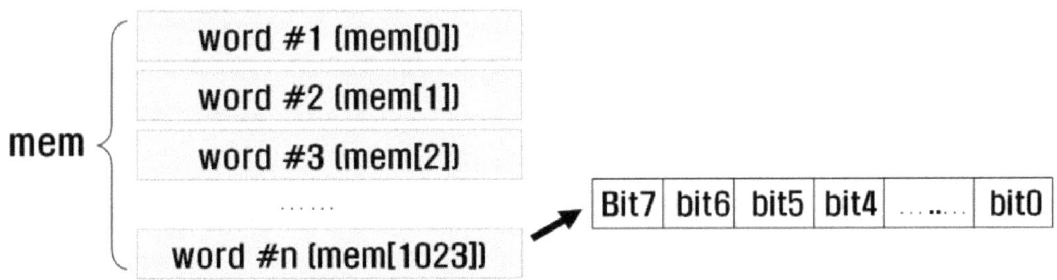

그림 2.4 배열을 이용한 메모리 모델링

- 일반적인 데이터 타입을 아래와 같이 정의할 수 있다. 벡터가 정의되지 않은 경우 데이터의 폭은 1비트 이다.

```
reg arrayb[7:0][0:255];     // 1비트 reg 타입 데이터의 2차원 배열
wire w_array[7:0][5:0];     // 1비트 wire 타입 데이터의 8x6 2차원 배열
integer inta[1:64];         // 64개 정수의 1차원 배열
```

- 배열에 데이터 값을 대입하려면 선택된 하나의 원소의 주소, 곧 인덱스를 지정하여야 한다. 배열 전체 또는 일부분은 단일 대입문으로 데이터 값을 대입할 수 없다.

```
reg arrayb[7:0][0:255];     // 1비트 데이터의 2차원 배열
wire w_array[7:0][5:0];     // 네트의 8x6 2차원 배열
integer inta[1:64];         // 64개 정수의 1차원 배열
```

2.7. 연산자

- 연산식(Expression)은 연산자(Operator)와 피연산자(Operand)로 이루어진다.

- 아래 표와 같이 Verilog HDL 언어가 지원하는 연산자는 C 언어의 연산자와 매우 유사하다.

<table>
<tr><td>Arithmetic</td><td>+, -, *, /, **</td></tr>
<tr><td>Modulus</td><td>%</td></tr>
<tr><td>Logical AND</td><td>&&</td></tr>
<tr><td>Logical OR</td><td>||</td></tr>
<tr><td>Logical Not</td><td>!</td></tr>
<tr><td>Greater Than</td><td>></td></tr>
<tr><td>Less Than</td><td><</td></tr>
<tr><td>Greater than or Equal to</td><td>>=</td></tr>
<tr><td>Less than or Equal to</td><td><=</td></tr>
<tr><td>Equality</td><td>==</td></tr>
<tr><td>Inequality</td><td>!=</td></tr>
<tr><td>Case Equality</td><td>===</td></tr>
<tr><td>Case Inequality</td><td>!==</td></tr>
<tr><td>Bitwise Negation</td><td>~</td></tr>
<tr><td>Bitwise AND</td><td>&</td></tr>
<tr><td>Bitwise OR</td><td>|</td></tr>
<tr><td>Bitwise Exclusive OR</td><td>^</td></tr>
<tr><td>Bitwise Exclusive NOR</td><td>^~ 혹은~^</td></tr>
<tr><td>Reduction AND</td><td>&</td></tr>
<tr><td>Reduction NAND</td><td>~&</td></tr>
</table>

Reduction OR	|
Reduction NOR	~|
Reduction XOR	^
Reduction XNOR	~^ 혹은 ^~
Logical Left Shift	<<
Logical Right Shift	>>
Arithmetic Left Shift	<<<
Arithmetic Right Shift	>>>
Conditional	?:

➢ **Arithmetic 연산자**

● Arithmetic 연산자는 아래와 같다. 정수의 나눗셈 연산 결과값은 0에 가까운 숫자로 소수점 이하를 제거하며 두번째 피연산자 b=0 이면 결과 값은 x가 된다.

a + b : a와 b의 덧셈
a – b : a와 b의 뺄셈
a * b : a와 b의 곱셈
a / b : a와 b의 나눗셈
a % b : a를 b로 나눈 나머지 연산
a ** b : a의 b 제곱근 연산

● Arithmetic 연산의 예가 아래에 나타나 있다.

```
A=4'b0011, B=4'b0100, C=6, D=4 인 경우
  A * B = 4'b1100     // 3("0011") * 4("0100")=12("1100")
  C / D = 1           // 6/4=1 정수연산이므로 소수점 이하 절삭.
  A + B = 4'b0111     // 3("0011") + 4("0100")=7("0111")
  B - A = 4'b0001     // 4("0100") - 3("0011")=1("0001")
  13 % 3 = 1          // 13/3 의 나머지는 1
```

➢ Relational 연산자

- Relational 연산자는 두 수의 크기를 비교하여 참이면 1을 리턴하고, 거짓이면 0을 리턴하는 비교연산을 수행한다. 만약 피연산자에 'x' 나 'z' 값이 있으면 비교 결과는 'x'가 리턴된다.

a < b : a가 b 보다 작으면 참, 그렇지 않으면 거짓.
a > b : a가 b 보다 크면 참, 그렇지 않으면 거짓.
a <= b : a가 b 보다 작거나 같으면 참, 그렇지 않으면 거짓.
a >= b : a가 b 보다 크거나 같으면 참, 그렇지 않으면 거짓.

- Relational 연산의 예가 아래에 나타나 있다.

```
A=3'b010, B=3'b100, C=3'b01z, D=3'b01x 인 경우
   A > B :  False   // 2("010")이 4("100") 보다 크지 않으므로 거짓
   A < B :  True    // 2("010")이 4("100") 보다 작으므로 참
   A >= C : Unknown // 변수 C의 값에 'z'이 있으므로 비교 결과는 'x'
   A <= D : Unknown // 변수 D의 값에 'x'이 있으므로 비교 결과는 'x'
```

➢ Equality 연산자

- Logical Equality 연산자 '==' 와 '!='는 두 수의 크기를 비교하여 참이면 1을 리턴하고, 거짓이면 0을 리턴하는 비교연산을 수행한다. 만약 피연산자에 'x' 나 'z' 값이 있으면 비교 결과는 'x'가 리턴된다.

a == b : a와 b가 같으면 참, 다르면 거짓.
a != b : a와 b가 다르면 참, 같으면 거짓.

- Case Equality 연산자 '==='와 '!=='는 'x'와 'z'를 포함하여 두 수를 비교하여 참이면 1을 리턴하고, 거짓이면 0을 리턴하는 비교연산을 수행한다. 'x'가 리턴되지 않는다.

a === b : a와 b가 같으면 참, 다르면 거짓.

a !== b : a와 b가 다르면 참, 같으면 거짓.

- Equality 연산의 예가 아래에 나타나 있다.

```
A=4, B=3, X=4'b1010, Y=4'b1101, Z=4'b1xxz, M=4'b1xxz,
N=4'b1xxx 인 경우

  A == B : False   // 4와 3이 같지 않으므로 거짓
  X != Y : True    // 10("1010")과 13("1101")이 다르므로 참
  X == Z : Unknown // 변수 Z에 'x'와 'z'가 있으므로 Unknown 'x'
  Z === M : True   // 변수 Z와 M이 "1xxz"로 동일하므로 참
  Z === N : False  // 변수 Z와 N의 LSB가 다르므로 거짓
  M !== N : True   // "1xxz"와 "1xxx"가 다르므로 참
```

➢ Logical 연산자

- Logical 연산자는 논리적 AND, OR, NOT 연산을 수행하여 참이나 거짓을 리턴한다. 참은 1, 거짓은 0, 결과가 모호하면 'x'를 리턴한다. '!', '&&', '||'의 우선순위를 갖는다.

a && b : a와 b가 모두 참이면 참을, 아니면 거짓을 리턴하는 AND 연산.

a || b : a와 b가 모두 거짓이면 거짓을, 아니면 참을 리턴하는 OR 연산.

!a : a가 참이면 거짓을, 거짓이면 참을 리턴하는 NOT 연산.

- Logical 연산의 예가 아래에 나타나 있다.

```
A=3, B=0 인 경우
  A && B : False  // 변수 A는 참이고 B는 거짓이므로 거짓을 리턴
  A || B : True   // 변수 A는 참이고 B는 거짓이므로 참을 리턴
  !A : False      // 변수 A는 참이므로 거짓을 리턴
  !B : True       // 변수 B는 거짓이므로 참을 리턴
```

➢ Bitwise 연산자

● Bitwise 연산자는 피연산자의 대응되는 각각의 비트에 대하여 독립적으로 논리연산을 수행한다.

~ : 비트 단위의 NOT 논리연산.
& : 비트 단위의 AND 논리연산.
| : 비트 단위의 OR 논리연산.
^ : 비트 단위의 XOR 논리연산.
~& : 비트 단위의 NAND 논리연산.
~| : 비트 단위의 NOR 논리연산.
~^ or ^~ : 비트 단위의 XNOR 논리연산.

● 논리값은 '1', '0', 'x', 'z'의 4개이므로 2개의 피연산자 논리값의 조합은 16가지가 가능하다. 각각의 연산자에 대하여 연산된 16개 조합의 논리값은 아래 표와 같다.

AND		Input			
		0	1	x	z
Input	0	0	0	0	0
	1	0	1	x	x
	x	0	x	x	x
	z	0	x	x	x

NAND		Input			
		0	1	x	z
Input	0	1	1	1	1
	1	1	0	x	x
	x	1	x	x	x
	z	1	x	x	x

OR		Input			
		0	1	x	z
Input	0	0	1	x	x
	1	1	1	1	1
	x	x	1	x	x
	z	x	1	x	x

NOR		Input			
		0	1	x	z
Input	0	1	0	x	x
	1	0	0	0	0
	x	x	0	x	x
	z	x	0	x	x

AND		Input			
		0	1	x	z
Input	0	0	0	0	0
	1	0	1	x	x
	x	0	x	x	x
	z	0	x	x	x

NAND		Input			
		0	1	x	z
Input	0	1	1	1	1
	1	1	0	x	x
	x	1	x	x	x
	z	1	x	x	x

XOR		Input			
		0	1	x	z
Input	0	0	1	x	x
	1	1	0	x	x
	x	x	x	x	x
	z	x	x	x	x

XNOR		Input			
		0	1	x	z
Input	0	1	0	x	x
	1	0	1	x	x
	x	x	x	x	x
	z	x	x	x	x

BUF	Input			
	0	1	x	z
Output	0	1	x	x

NOT	Input			
	0	1	x	z
Output	1	0	x	x

- Bitwise 연산의 예가 아래에 나타나 있다.

```
A=4'b1010, B=4'b1101, C=4'b10x1 인 경우

  ~A : 4'b0101        // not("1010") = "0101"
  A & B : 4'b1000   // "1010" and "1101" = "1000"
  A | B : 4'b1111   // "1010" or "1101" = "1111"
  A ^ B : 4'b0111   // "1010" exor "1101" = "0111"
  A ^~ B : 4'b1000 // "1010" exnor "1101" = "1000"
  A & C : 4'b10x0   // "1010" & "10x1" = "10x0"
```

➢ Reduction 연산자

- Reduction 연산자는 하나의 피연산자를 이루고 있는 모든 비트 각각에 대해 논리연산 AND, OR, EXOR를 수행한다.

- 첫 번째 비트와 두 번째 비트에 대해 연산을 한 후에 그 결과를 세 번째 비트와 연산하는 순서로 진행된다.

& : 축소 AND 논리연산.
| : 축소 OR 논리연산.
^ : 축소 XOR 논리연산.
~& : 축소 NAND 논리연산.
~| : 축소 NOR 논리연산.
~^ : 축소 XNOR 논리연산.

```
A=5'b10101, B=3'bz00, C=4'bx011 인 경우

  &A : 1'b0    // '1' & '0' & '1' & '0' & '1' = '0'
  ~&A : 1'b1   // ~('1' & '0' & '1' & '0' & '1') = '1'
  |B : 1'bx    // 'z' | '0' | '0' = 'x'
  &C : 1'b0    // 'x' & '0' & '1' & '1' = '0'
```

➢ Shift 연산자

- Shift 연산자에는 logical shift 연산자 ('>>' & '<<')와 arithmetic shift 연산자 ('>>>' & '<<<')가 있다. 연산자 왼쪽에 있는 피연산자를 우측이나 좌측으로, 오른쪽에 위치한 피연산자의 숫자만큼 이동을 시킨다.

- Logical shift 연산의 경우 우측 이동에 의해 발생하는 좌측의 빈 공간이나 좌측 이동에 의해 발생하는 우측의 빈 공간은 '0'으로 채워진다.

● Arithmetic shift 연산의 경우 좌측 이동에 의해 발생하는 우측의 빈 공간은 '0'으로 채워진다. 그러나 우측 이동에 의해 발생하는 좌측의 빈 공간은 경우에 따라 '0'이나 '1'로 채워진다. 연산 결과의 타입이 unsigned 이면 '0'이 채워지고, signed 타입이면 MSB의 비트값 (즉, 부호)가 채워진다.

<< : Logical Shift Left Operator .
>> : Logical Shift Right Operator .
<<< : Arithmetic Shift Left Operator .
>>> : Arithmetic Shift Right Operator .

```
X=4'b1100 일 때

  X >> 2;  : 4'b0011 // "1100"을 오른쪽으로 2비트 이동하고 '0'을 채움
  X << 1;  : 4'b1000 // "1100"을 왼쪽으로 1비트 이동하고 '0'을 채움
  X >>> 1; : 4'b1110 // "1100"을 오른쪽으로 1비트 이동하고 '1'을 채움
  X <<< 1; : 4'b1000 // "1100"을 왼쪽으로 1비트 이동하고 '0'을 채움
```

➢ **Conditional 연산자**

● Conditional 연산자에는 3개의 피연산자로 구성되는데 '?' 좌편에 위치한 첫 번째 피연산자가 참이면 ':' 좌편에 위치한 두 번째 피연산자를 선택하고, 거짓이면 ':' 우편에 위치한 세 번째 피연산자를 선택한다.

Conditional_exp ? True_exp : False_exp

```
// control=1이면 in1이 선택되고, 아니면 in0가 선택되어 out로 대입됨.
assign out = control ? in1 : in0 ;

// A=3 이면서 control=1 이면 x가, control=0 이면 y가 선택되고
// A=3 이 아니면서 control=1 이면 m가, control=0 이면 n이 선택된다.
assign sig = (A == 3) ? (control ? x : y) : (control ? m  : n);
```

➤ Concatenation

- Concatenation은 2개 이상의 수들을 연결시켜 하나의 수로 만드는 역할을 수행한다. 사용되는 수는 비트 길이가 획정되어 있어야 한다.

- Concatenation은 중괄호 ('{' & '}') 안에 콤마 ','로 분리된 이진수들로 이루어진다.

- 동일한 수에 대해 여러 번 반복해서 복사하려면 여는 중괄호 ('{') 앞에 양의 정수를 명시한다.

```
A = 1'b1, B =2'b00, C = 2'b10 이면
  {B, C} : 4'b0010 // ""00 & "10" => "0010"
  {A, B, 3'b110 } : 6'b100110 // '1' & "00" & "110"
  {A, B[0], C[1]} : 3'b101     // '1' & '0' & '1'
  {4{A}, 2{B}, C} : 10'b1111000010 // 4('1') & 1("00") & "10"
```

➤ 우선 순위

- 하나의 수식에 여러 개의 연산자가 혼용된 경우 먼저 실행되는 연산자의 우선 순위는 아래 표와 같다.

+ - ! ~ (unary)	최고 우선순위
**	↓
* / %	↓
+ - (binary)	↓
<< >> <<< >>>	↓
< <= > >=	↓
== != === !==	↓
& ~&	↓

<table>
<tr><td>^ ^~ ~^</td><td>↓</td></tr>
<tr><td>| ~|</td><td>↓</td></tr>
<tr><td>&&</td><td>↓</td></tr>
<tr><td>||</td><td>↓</td></tr>
<tr><td>?: (conditional operator)</td><td>최저 우선순위</td></tr>
</table>

2.8. 타임 단위의 지정

- Verilog HDL 언어에서 모든 시간은 단위 없이 숫자로만 표현된다. 숫자의 시간 단위와 정확도는 아래의 컴파일러 지시어(Directive) 형태로 timescale 구문으로 정의된다. time_unit은 시간 단위를 지정하고 time_precision 반올림되는 시간의 정확도를 의미한다.

`timescale <time_unit> / <time_precision>

- 시간값으로 주어진 숫자에 time_unit을 곱하여 실제 시간을 얻고, time_precision은 반올림이 되는 시간의 정확도를 의미한다 . 예를 들어 time_unit이 10ns 이고 딜레이가 #7.7212로 주어지면 실제 시간은 77.212ns가 된다. time_precision이 1ps이면 원래값 77.212ns가 유지되지만 1ns이면 0,212ns는 제거되어 77ns가 된다.

- 시간 값을 지정할 때는 숫자 앞에 '#'을 붙여야 하며 시간 단위는 timescale에서 지정된 단위로 실제 시간이 계산된다.

```
`timescale 1us/10ns

module timescale;

reg toggle;

initial toggle = 1'b0;

always #5
begin
  toggle = ~toggle;
  $display("%d in %m toggle=%b", $time, toggle);
end
```

- 위 예제의 각 문장의 동작을 설명하면 다음과 같다.
  - ✓ 시간 단위는 1us 이고, 정확도는 10ns 이다.
  - ✓ timescale 이라는 이름의 모듈이고 입출력 단자는 없다.
  - ✓ reg 타입의 변수 toggle을 선언하여 신호의 값을 저장한다.
  - ✓ initial 구문은 변수 toggle의 초기값을 '0'으로 지정하였다.
  - ✓ always 구문은 '#5', 즉 5us 마다 반복 수행하는데 변수 toggle에 저장된 논리값을 반전하고 그 값을 시간과 함께 모니터에 프린트하는 역할을 수행한다.

- 이 예제 코드를 시뮬레이터에 입력하여 실행하면 아래와 같은 문장이 모니터에 프린트되고 변수 toggle의 파형을 살피면 '0'으로 시작해서 5000ns 마다 반전된다.

```
#     5 in timescale1 toggle=1
#    10 in timescale1 toggle=0
```

그림 2.5 timescale 예제의 시뮬레이션 결과 파형

3. 데이터 플로우 수준 모델링

3.1. Continuous 대입문

3.1. Continuous 대입문

- 논리회로는 게이트들로 이루어지지만 설계자가 회로를 설계하고 분석하는 작업은 논리식으로 표현되어야 이해가 쉽고 분석이 용이하며 최적화 작업이 가능해진다. 논리회로도 보다는 보다 추상화된 수준에서 데이터의 흐름을 assign 구문으로 설계하는 것이 데이터 플로우 모델링이다.

- Continuous 대입문(Assignment)은 데이터 플로우 모델링의 가장 기본이 되는 문장으로서 논리값을 네트에 가하게 된다. 키워드 'assign'로 시작하며 '='의 좌측은 네트 타입의 변수가 오고 우측은 제한 없이 net 타입, reg 타입, 함수 호출, 스칼라, 벡터 등이 올 수 있다.

- Continuous 대입문은 항상 활성화 상태이기 때문에 항상 병렬로 실행되는 상태이다. 문장이 실행되는 순서는 우측에 사용된 변수에 이벤트가 발생하는 순서에 의해 결정된다.

- 아래 첫 번째 예제는 변수 i1과 i2의 논리값을 AND 결합하여 그 결과 논리값을 변수 out에 대입한다. 두 번째 예제는 4비트 덧셈으로서 4비트 변수 a와 b, 그리고 1비트 c_in를 합산하고 그 결과를 concatenation된 2개의 변수 c_out와 sum에 대입한다. 4비트 합산에 캐리가 발생하면 5비트가 될 수 있으므로 캐리는 MSB 자리의 변수 c_out에 대입되고 4비트의 합산 결과는 변수 sum에 대입된다.

```
assign out = i1 & i2;
assign {c_out, sum[3:0]} = a[3:0] + b[3:0] + c_in;
```

- 네트 타입 변수를 선언하면서 초기 논리값을 지정하는 암묵적인(Implicit) Continuous 대입문을 사용할 수 있다.

```
wire out = in1 & in2;
```

- 아래 예제와 같이 딜레이가 지정되면 우편에 있는 변수 in0 혹은 in1에 이벤트가 발생한 시간에서 시간 단위로 10이 지난 후에 우편의 수식이 계산된다. 이벤트가 발생한 순간 변수의 논리값이 계산되는 것이 아니고 이벤트 발생 후 시간 단위 10이 지난 후에 변수의 논리값이 계산되는 것이다.

```
assign #10 out = in0 | in1;
```

- 아래 예제와 같이 5개의 assign 구문이 있는 경우 이들은 모두 병렬로 실행되고 있다. 즉 5개의 구문이 실행되는 순서는 대입문 우편에 기술된 변수에 이벤트가 발생하는 순서에 따라 결정된다. 예를 들어, 만약 변수 a에 이벤트가 발생하면 우편에 변수 a를 사용한 ①번과 ④번 대입문이 실행된다. 이 2개 대입문 간의 우선 순위는 시뮬레이터 마다 다를 수 있으며 순서가 달라지더라도 논리 연산 결과에는 영향이 미치지 않는다.

```
① assign w1 = a ^ b;
② assign sum = w1 ^ ci;
③ assign w2 = w1 & ci;
④ assign w3 = a & b;
⑤ assign co = w2 | w3;
```

- Continuous 대입문은 행위동작을 기술하는 always 구문이나 initial 구문에 사용될 수 없다. 뒤에서 설명할 Procedural 대입문만을 사용할 수 있다.

4. 구조 수준 모델링

4.1. 기초 게이트 모델링
4.2. 인스턴스
4.3. Generated 인스턴스

4.1. 기초 게이트 모델링

- 논리회로의 구조는 게이트나 모듈들로 구성된 논리회로로서 회로가 무슨 동작하는지는 알 수 없지만 어떻게 구성되었는지는 파악이 가능하다. 편집기를 이용하여 논리회로도를 그리는 설계방식이 구조 수준 모델링의 가장 대표적인 설계방식이다.

- Verilog HDL 언어는 기초(Primitive) 게이트들을 기술할 수 있는 구문을 아래 표와 같이 제공하고 있다.

n_input Gate	n_output Gate	Tri-state Gate	Pull Gate	MOS Switch	Bidirectional Switch
and	buf	bufif0	pullup	cmos	tran
nand	not	bufif1	pulldown	nmos	tranif0
or		notif0		pmos	tranif1
nor		notif1		rcmos	rtran
xor				rnmos	rtranif0
xnor				rpmos	rtranif1

- 위 표에서 n-input 게이트들의 표현형식은 다음과 같다. 논리 동작을 의미하는 키워드 and, or, nand, nor, xor, xnor와 선택 사항인 인스턴스 이름, 그리고 소괄호 안에 단자에 연결된 네트의 목록이 나열되는데 첫 번째 네트 하나는 출력 단자에 연결된 네트이고 2개 이상의 나머지 네트들은 입력 단자에 연결된 네트이다. 인스턴스 이름이 주어지지 않으면 시스템이 자동으로 고유한 이름을 지정한다.

- 아래 예제들은 AND 게이트의 표현이다. 네트 out는 출력단자에 연결되고 나머지들은 입력 단자에 연결된다.

```
and a1 (out, in1, in2);
and a2 (out, in1, in2, in3);
and (out, in1, in2, in3, in4);
```

- 위 표에서 n-output 게이트들의 표현형식은 다음과 같다. 논리 동작을 의미하는 키워드 buf, not과 선택 사항인 인스턴스 이름, 그리고 소괄호 안에 단자에 연결된 네트의 목록이 나열되는데 마지막 네트 하나는 입력 단자에 연결된 네트이고 나머지 네트들은 출력 단자에 연결된 네트이다. 입력 단자가 하나이고 출력 단자가 하나 이상이다.

- 아래 예제들에서 'out'를 포함하는 네트는 출력단자에 연결되고 나머지 네트 in은 입력 단자에 연결된다.

```
buf  b1 (out, in);
not  n1 (out, in);
buf  bf_2out (out1, out2, in);
```

- 위 표에서 Tri-state 게이트들의 표현형식은 다음과 같다. 논리 동작을 의미하는 키워드 bufif1, notif1, bufif0, notif0와 선택 사항인 인스턴스 이름, 그리고 소괄호 안에 단자에 연결된 네트의 목록이 나열되는데 차례로 데이터 출력 단자, 데이터 입력 단자, 인에이블 단자에 연결된 네트이다. 각각의 단자 하나씩 3 종류의 단자만을 갖는다.

- 기초 게이트 bufif1과 notif1은 enable에 '1' 이 가해지면 각각 버퍼와 인버터로 논리 동작을 하고, 반면에 enable에 '0' 이 가해지만 출력은 하이 임피던스 'z'를 출력한다.
-
- 기초 게이트 bufif0과 notif0는 enable에 '0' 이 가해지면 각각 버퍼와 인버터로 논리 동작을 하고, 반면에 enable에 '1' 이 가해지만 출력은 하이 임피던스 'z'를 출력한다.

- 아래 예제들에서 괄호 안에 나열된 네트들은 (그림 3.1)과 같이 연결된다. 네트 out는 데이터 출력 단자에, 네트 data는 데이터 입력 단자에, 그리고 네트 enable은 출력 여부를 결정하는 인에이블 단자에 연결된다.

```
bufif1 u0 (out, data, enable);
bufif0 u1 (out, data, enable);
notif1 u2 (out, data, enable);
notif0 u03 (out, data, enable);
```

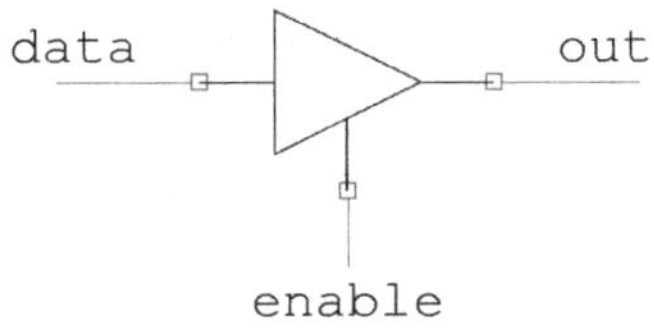

그림 3.1 bufif1에 연결된 네트들

● Tri-state 게이트들의 논리 동작을 기술하는 진리표는 아래와 같다.

bufif0		Enable			
		0	1	x	z
Data	0	0	z	L	L
Data	1	1	z	H	H
Data	x	x	z	x	x
Data	z	x	z	x	x

bufif1		Enable			
		0	1	x	z
Data	0	z	0	L	L
Data	1	z	1	H	H
Data	x	z	x	x	x
Data	z	z	x	x	x

notif0		Enable			
		0	1	x	z
Data	0	1	z	H	H
Data	1	0	z	L	L
Data	x	x	z	x	x
Data	z	x	z	x	x

notif1		Enable			
		0	1	x	z
Data	0	z	1	H	H
Data	1	z	0	L	L
Data	x	z	x	x	x
Data	z	z	x	x	x

● 위 표에서 n-output 게이트들의 표현형식은 다음과 같다. 논리 동작을 의미하는 키워드 buf, not과 선택 사항인 인스턴스 이름, 그리고 소괄호 안에 단자에 연결된 네트의 목록이 나열되는데 마지막 네트 하나는 입력 단자에 연결된 네트이고 나머지 네트들은 출력 단자에 연결된 네트이다. 입력 단자가 하나이고 출력 단자가 하나 이상이다.

● 아래 예제들에서 'out'를 포함하는 네트는 출력단자에 연결되고 나머지 네트 in은 입력 단자에 연결된다.

```
buf  b1 (out, in);
not  n1 (out, in);
buf  bf_2out (out1, out2, in);
```

- 기초 게이트의 동작을 보다 정확하게 모델링 하기 위하여 게이트 딜레이를 명시할 수 있다. 게이트 딜레이는 입력 단자에서 출력 단자로 신호가 전달되는 딜레이로서 rise, fall, turn-off의 3종류가 있다.

- Rise 딜레이는 논리값 '0', 'x', 'z'에서 '1'로 상승하는데 걸리는 시간을 의미하고 Fall 딜레이는 논리값 '1', 'x', 'z'에서 '0'으로 하강하는데 걸리는 시간을 의미한다 (그림 3.2). Turn-off 딜레이는 하이 임피던스 'z'로 바뀌는데 걸리는 시간을 의미한다.

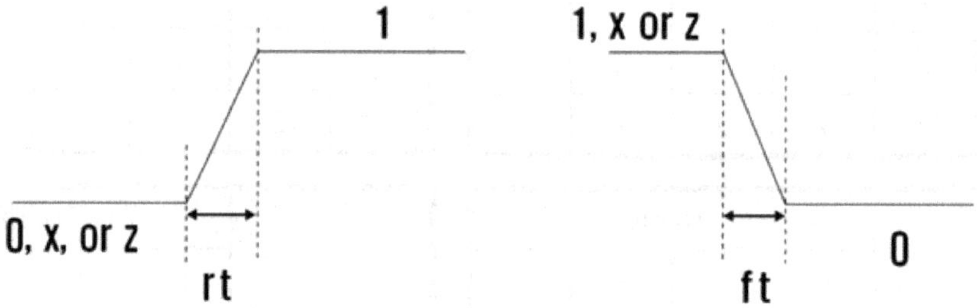

그림 3.2 Rise와 Fall 딜레이

- 딜레이가 하나도 주어지지 않으면 모든 딜레이가 0으로 지정된다. 하나의 딜레이만 주어지면 모든 딜레이가 이 값으로 지정된다. 2개의 딜레이가 주어지면 첫 번째는 Rise 딜레이, 두 번째는 Fall 딜레이가 되고, Turn-off 딜레이는 적은 값이 지정된다. 3개의 딜레이가 주어지면 세 번째 딜레이는 Turn-off 딜레이로 지정된다.

- 아래 예제는 딜레이가 기초 게이트에 1, 2, 3개 딜레이가 주어진 예제이다. 딜레이는 rise, fall, turn-off의 순서로 지정된다.

```
and #(dt) a1 (out, i1, i2);
and #(rt, ft) a2 (out, i1, i2);
and #(rt, ft, offt) a3 (out, i1, i2);
```

- 기초 게이트의 딜레이를 보다 정확하게 표현하는 방법은 각각의 딜레이 타입에 따라 minimum, typical, maximum 값을 따로 명시하는 것이다. 반도체칩은 제조 공정에 따라, 웨이퍼 상의 위치에 따라, 시스템 보드의 동작 전압에 따라, 주변 온도와 습도에 따라 딜레이가 변화될 수 있음을 모델링하고 있다.

- 딜레이 오차는 콜론 ':'으로 분리한 3개의 숫자를 각각의 딜레이 타입에 명시한다. 첫 번째 값이 minimum 딜레이, 두 번째 값이 typical 딜레이, 세 번째 값이 maximum 딜레이 이다.

- 시뮬레이터 실행시 3개의 딜레이 값 중에 하나를 선택하여 시뮬레이션을 수행할 수 있다. 어떤 값을 선택하더라도 동일한 논리를 수행해야 올바로 설계된 논리회로이다.

- 아래 예제들은 기초 게이트 and에 오차 딜레이가 주어진 예이다.

```
and #(4:5:6) a1 (out, i1, i2);
and #(3:4:5, 5:6:7) a2 (out, i1, i2);
and #(2:3:4, 3:4:5, 4:5:6) a3 (out, i1, i2);
```

4.2. 인스턴스

- 모든 논리회로는 모듈을 기본 단위로 정의된다. 상위수준의 모듈을 설계하려면 이미 설계된 모듈을 복사해서 회로에 재사용하게 되는데 이때 사용되는 모듈을 인스턴스(Instance)라고 부른다. 전체 설계에서 모듈은 하나뿐인 고유한 이름을 갖지만 동일한 기능의 인스턴스는 여러 개가 존재할 수 있다.

- 인스턴스는 모듈에 정의된 모든 내용을 반복하지 않는다. 단지 호출하는 모듈의 이름과 모듈에 정의된 단자와 매개변수만을 반복해서 사용할 뿐이다. 단자에는 연결된 네트의 이름을 매핑하고, 매개변수에는 인스턴스에 의미있는 값을 할당한다. 단자에 네트를, 매개변수에 값을 할당하는 것을 매핑(Mapping)이라고 한다.

- 인스턴스를 정의하는 문장은 첫 번째로 복사할 모듈의 이름, 두 번째로 매개변수에 값을 매핑, 세 번째로 고유한 인스턴스의 이름, 마지막으로 단자에 네트를 매핑한다.

```
Module_name
  [ #( { parameter_mapping } ) ]
  Instance_name
  { Port_mapping } );
```

- 매핑에는 순서결합방식과 이름결합방식의 2가지 방법이 있다. 순서결합방식은 모듈을 정의할 때 나열된 매개변수와 단자의 순서대로 값과 네트를 나열하는 방법이다. 매개변수와 단자의 이름을 반복할 필요가 없어 문장이 간결해지지만 설계자가 나열된 순서를 기억해야 하는 부담이 있다.

- 이름결합방식은 매개변수와 값, 단자와 네트를 일대일로 대응시켜 나열하는 방법이다. 매개변수와 단자의 이름을 반복하므로 번거롭지만 코드 해석이 용이하므로 추천하는 코딩 스타일이다.

- 아래 예는 'gcd' 라는 이름의 모듈을 정의한 구문의 일부인데 하나의 매개변수와 7개의 단자를 갖고 있다.

```
module gcd (clock, reset, load, a, b, done, y);

  parameter width = 8;

  input clock;
  input reset;
  input load;
  input [width-1:0] a;
  input [width-1:0] b;
  output done;
  output [width-1:0] y;
```

- 모듈 'gcd'를 복사하여 인스턴스 이름을 'U0', 매개변수 width=8, 단자 clock=clk, reset=rst, load=ld, a=an, b=bs, done=done, y=z 네트에 연결하였다. 네트 이름들의 순서가 바뀌면 연결이 달라지므로 회로가 오동작하게 된다.

```
gcd  #(8)
  U0 (clk, rst, ld, an, bs, done, z);
```

- 아래의 인스턴스 구문은 이름결합방식으로서 매개변수와 단자 이름을 반복하고 매핑되는 값을 정의한다. 순서가 바뀌어도 연결이 달라지지 않는다.

```
gcd
 #(
  .width(8))
 U0 (
  .a(an),
  .b(bs),
  .clock(clk),
  .done(done),
  .load(ld),
  .reset(rst),
  .y(z));
```

4.3. Generated 인스턴스

- Verilog HDL 언어는 규칙적인 구조를 갖는 논리회로의 경우 인스턴스를 하나하나 따로 선언하는 것이 아니라 변수를 이용하여 자동으로 생성하는 generate 구문을 지원한다.

- 키워드 'generate'와 'endgenerate' 구문 사이에 정의되며 Generate Loop, Generate Conditional, Generate Case의 3가지 종류의 구문을 지원한다. 아래와 같은 구문을 갖는데 Generate_Items은 네트나 변수 선언, 모듈이나 기초 게이트 인스턴스, Continuous 대입문, always나 initial 블록, task나 function 정의, Generate Loop, Generate Conditional, Generate Case 구문 등을 의미한다.

```
genvar Variable, ... ;
generate
   genvar Variable, ... ;
   Generate_Items
endgenerate
```

- 키워드 'genvar'는 generate 구문 내에서만 사용되는 양의 정수값을 갖는 변수를 선언한다. 이 변수는 generate 구문의 밖이나 안에서 선언될 수 있으며 generate 구문 안에서만 사용되는 지역변수이다. 이 변수 값이 음수 혹은 'x'나 'z' 값을 가지면 오류이다.

➢ **generate-loop**

- generate-loop 구문은 for 구문을 이용하여 반복적으로 인스턴스를 생성한다. Genvar 변수가 반복의 횟수를 제어하는 인덱스로 사용된다.

- for 구문은 소괄호 '(' & ')' 안에 3개의 수식을 갖는데 첫 번째는 인덱스의 초기화, 두 번째는 종료 조건 검사, 마지막은 인덱스의 변경이다. C언어와 동일한 형식이다.

● 아래 예제는 그레이(gray) 코드를 이진코드로 바꾸는 기능으로서 매개변수 SIZE에 의해 비트폭의 가변이 가능하다. 변수 i를 0~7로 증가시키면서 총 8번 반복해서 assign 구문을 실행한다. 입력 단자 gray의 일부 비트들을 EXOR 논리로 연산하여 출력 단자 bin의 각 비트의 값을 결정한다. loop-generate 구문 덕분에 매개변수 SIZE에 의해 가변될 수 있는 논리회로를 단 4줄로 표현할 수 있다.

```
module gray2bin (bin, gray);
  parameter SIZE = 8;
  output [SIZE-1:0] bin;
  input [SIZE-1:0] gray;

  genvar i;
  generate for (i=0; i<SIZE; i=i+1) begin:bit
    assign bin[i] = ^gray[SIZE-1:i];
  end endgenerate
endmodule
```

➢ **generate-conditional**

● generate-conditional 구문은 if-else 구문을 이용하여 조건에 따라 선택적으로 인스턴스를 생성한다.

● if 구문은 소괄호 '(' & ')' 안에 정의된 수식이 참이 되면 인스턴스를 생성하고, 거짓이 되면 else 구문에 정의된 인스턴스를 생성한다.

● 아래 예제는 곱셈기 모듈을 생성하는 구문인데 피연산자의 비트폭을 가변하는 매개변수 a_width와 b_width 중의 하나라도 8비트 미만이면 Carry-lookahead 덧셈기로 설계된 곱셈기 모듈 CLA_multiplier를 인스턴스로 구현하고, 그렇지 않으면 Wallace-tree 구조로 설계된 곱셈기 모듈 WALLACE_multiplier를 인스턴스로 구현한다. generate-conditional 구문은 매개변수 값이 어떤 조건을 만족하는지 여부에 따라 다른 모듈을 선택하여 인스턴스로 구현한다.

```
module multiplier(a,b,product);
  parameter a_width = 8, b_width = 8;
  localparam product_width = a_width+b_width;
  input [a_width-1:0] a;
  input [b_width-1:0] b;
  output [product_width-1:0] product;

  generate
    if((a_width < 8) || (b_width < 8))
      CLA_multiplier #(a_width,b_width) u1(a, b, product);
    else
      WALLACE_multiplier #(a_width,b_width) u1(a, b, product);
  endgenerate
endmodule
```

➢ **generate-case**

- generate-case 구문은 case 구문을 이용하여 여러 개의 선택 사항 중에서 어떤 값과 일치하는 항목만을 선택하여 인스턴스를 생성한다.

- case 구문은 소괄호 '(' & ')' 안에 정의된 수식의 값과 일치되는 항목을 선택하는데, 하나도 일치하지 않으면 default 항목을 선택한다.

- 아래 예제는 덧셈기 모듈을 생성하는 구문인데 피연산자의 비트폭을 의미하는 변수 WIDTH에 따라 3가지 경우로 구분하여 인스턴스를 생성한다. WIDTH 값이 1이면 피연산자가 1비트인 덧셈기 모듈 adder_1bit를 인스턴스로 구현하고, WIDTH 값이 2이면 피연산자가 2비트인 덧셈기 모듈 adder_2bit를 인스턴스로 구현하고, 2보다 큰 경우는 Carry-lookahead 덧셈기 모듈 adder_cla를 인스턴스로 구현한다.

```
generate
  case (WIDTH)
  1: adder_1bit x1(co, sum, a, b, ci);
  2: adder_2bit x1(co, sum, a, b, ci);
  default: adder_cla #(WIDTH) x1(co, sum, a, b, ci);
  endcase
endgenerate
```

5. 행위 수준 모델링

5.1. initial과 always 구문
5.2. 순차 실행과 병렬 실행 블록
5.3. Blocking과 Non-Blocking 구문
5.4. if-else 구문
5.5. case 구문
5.6. while 구문
5.7. for 구문
5.8. repeat 구문
5.9. function & task 구문

5.1. initial과 always 구문

● 데이터 플로우 수준이나 구조 수준 모델링은 비교적 하드웨어의 구조를 상세하게 기술하는 반면에 행위 수준 모델링은 입력과 출력간의 논리 관계만을 정의하고 타이밍 정보나 구조에 대한 정보는 전혀 정의하지 않는 수준으로서 프로그래밍 C 언어의 수준과 동일하다.

● Verilog HDL 언어도 행위 동작을 기술하는 initial과 always 구문을 제공하며 이 구문 안에 기술되는 procedural 문장들은 C 언어와 구조가 매우 유사하며 순차적으로 동작한다.

➢ initial 구문

● 키워드 initial로 시작하는 구문은 단어의 의미 그대로 시뮬레이션이 시작하는 시간 0에, 최초 단 한번만 실행된다.

● initial 구문이 여러 개 존재하면 각각은 동시에 시작하며 독립적으로 실행된다. initial 구문은 다른 initial 구문을 포함할 수 없다.

```
module stim;
  reg x,y,a,b,m ;
initial
  m = 1'b1;
initial begin
  #5   a = 1'b1;
  #25  b = 1'b0;
end
initial begin
  #10  x = 1'b0;
  #25  y = 1'b1;
end
initial
  #50 $finish;
endmodule
```

Time	statement executed
0	m = 1
5	a = 1
10	x = 0
30	b = 0
35	y = 1
50	$finish

- 위 예제에서 모듈 stim은 4개의 initial 구문을 포함하고 있다. 각각의 intial 구문은 시간 0에 동시에 시작하며 독립적으로 실행된다.
  - ✓ 첫 번째 initial 구문은 시간 0에서 변수 m='1'을 대입한다.
  - ✓ 두 번째 initial 구문도 시간 0에서 시작하여 시간 5에 변수 a='1'을 대입하고, 시간 30에 변수 b='0'을 대입한다. 시간 30은 앞 문장의 실행이 끝나는 시간이 5 이므로 이 때부터 시간 25의 딜레이 이후를 의미한다.
  - ✓ 세 번째 initial 구문도 시간 0에서 시작하여 시간 10에 변수 x='0'을 대입하고, 시간 35에 변수 y='1'을 대입한다. 시간 35는 앞 문장의 실행이 끝나는 시간이 10 이므로 이 때부터 시간 25의 딜레이 이후를 의미한다.
  - ✓ 네 번째 initial 구문도 시간 0에서 시작하여 시간 50에 시뮬레이션을 종료시킨다.

- 이 예제를 실행하면 오른쪽 그림과 같이 각 변수에 이벤트가 발생한다.

➢ always 구문

- always 구문은 행위적 동작을 기술하는 가장 기본이 된다. 시뮬레이션이 시작되는 시간 0에 모든 always 구문은 동작하기 시작해서 시뮬레이션이 종료되면 실행이 중단된다. always 단어의 의미와 같이 항상 활성화 상태에 있다.

- always 구문에 포함된 문장들은 순차적으로 실행되지만 여러 개의 always 구문이 있는 경우 각각의 always 구문은 병렬로, 독립적으로 실행된다. always 구문은 다른 always 구문을 포함할 수 없다.

- 아래 예제는 다음과 같이 동작한다.
  - ✓ 모듈 이름은 clock_gen으로서 클럭을 발생시키는 동작을 한다.
  - ✓ reg 타입 변수 clock은 출력할 클럭 신호를 저장한다.
  - ✓ 첫 번째 initial 구문은 변수 clock의 초기 값으로 '0'을 대입한다.
  - ✓ always 구문은 매 시간 10 마다 변수 clock의 논리값을 반전시킨다.
  - ✓ 두 번째 initial 구문은 시간 1000에 시뮬레이션을 종료한다.

● 이 예제를 시뮬레이션 하면 아래와 같은 클럭 파형이 발생한다.

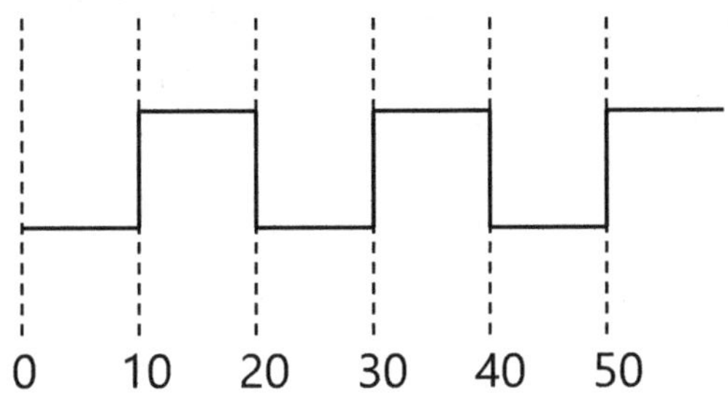


```
module clock_gen
reg clock;
initial
  clock = 1'b0;
always #10
  clock = ~clock;
initial
  #1000 $finish
```

● always 구문에 여러 문장들이 포함된 경우 키워드 'begin'과 'end' 안에 문장들을 포함해야 한다. 하나의 문장만 포함된 경우는 키워드 'begin'과 'end'가 없어도 된다.

always @(sensitivity list)
begin
<procedural statements>
end

● always 구문은 항상 활성화 되어 있지만 포함된 문장들을 실행하는 조건을 정의하는 방법 중의 하나가 감응목록(sensitivity list) 이다. 감응 목록에는 하나 혹은 여러 개의 변수들이 포함되는데 이들 중에 어느 하나라도 이벤트가 발생하면, 즉 논리값이 바뀌면 always 구문을 실행한다.

● 아래 예제는 감응 목록에 변수 이름 a, b, c 가 콤마 ','나 키워드 'or'로 구분되어 나열되면 이 변수들 중에 하나만 이벤트가 발생해도 always 구문은 실행된다.

```
always @(a, b, c)

always @(a or b or c)
```

- 아래 예제의 always 구문에서 clk와 rst는 변수이고, 키워드 'posedge'는 상승에지를, 'negedge'는 하강에지 이벤트를 의미한다. 즉 변수 clk는 '0', 'x', 'z'에서 '1'로 논리값이 바뀔 때 상승에지 이벤트가 발생하고, 변수 rst는 '1', 'x', 'z'에서 '0'으로 논리값이 바뀔 때 하강에지 이벤트가 발생하여 always 구문이 실행된다. 클럭에 동기되어 동작하는 순서논리회로를 모델링하는데 사용된다.

```
always @ (posedge clk, negedge rst)
```

- 아래 예제와 같이 감응 목록에 '*'가 있는 always 구문은 조합논리회로의 모델링으로서 이벤트가 발생하는 경우를 시뮬레이터가 자동으로 분석한다는 의미이다. 이러한 always 구문에서는 Blocking 대입문만 사용해야 한다. Blocking 대입문은 뒤에서 설명한다.

```
always @(*)
```

5.2. 순차 실행과 병렬 실행 블록

- 하나 이상의 문장이 포함된 경우 블록으로 지정할 수 있는데 순차적으로 실행되는 문장들은 키워드 'begin'과 'end'를 사용하고, 병렬로 실행되는 문장들은 키워드 'fork'과 'join'를 사용한다.

- 아래 예제는 다음과 같이 동작한다.
  - ✓ 모듈 이름은 execorder로서 begin-end 구문과 fork-join 구문을 포함한다.
  - ✓ reg 타입의 변수가 선언되었는데 sequential을 의미하는 's' 문자로 끝나는 변수 xs, ys, zs, ws는 begin-end 구문에 사용되고, parallel을 의미하는 'p' 문자로 끝나는 변수 xp, yp, zp, wp는 fork-join 구문에 사용된다.
  - ✓ 첫 번째 initial 구문은 begin-end 블록이므로 순차적으로 실행된다. 시간 0에 xs='0', 시간 5에 ys='1', 시간 15에 zs="01", 시간 35에 ws="10"가 대입된다. 시뮬레이션 파형을 살피면 모든 변수의 초기값은 'x'이므로 빨간색이었다가 순차적 동작이 이루어진 시간에 논리값이 대입됨을 관찰할 수 있다.
  - ✓ 두 번째 initial 구문은 fork-join 블록이므로 병렬로 실행된다. 시간 0에 xs='0', 시간 5에 ys='1', 시간 10에 zs="01", 시간 20에 ws="10"가 대입된다. 시뮬레이션 파형을 살피면 모든 변수의 초기값은 'x'이므로 빨간색이었다가 병렬 동작이 이루어진 시간에 논리값이 대입됨을 관찰할 수 있다.

```
module execorder;

reg xs, xp, ys, yp;
reg [1:0] zs, zp, ws, wp;

initial
  begin
  xs = 1'b0;
  #5 ys = 1'b1;
  #10 zs = {xs, ys};
  #20 ws = {ys, xs};
  end

initial
  fork
  xp = 1'b0;
  #5 yp = 1'b1;
  #10 zp = {xp, yp};
  #20 wp = {yp, xp};
  join

endmodule
```

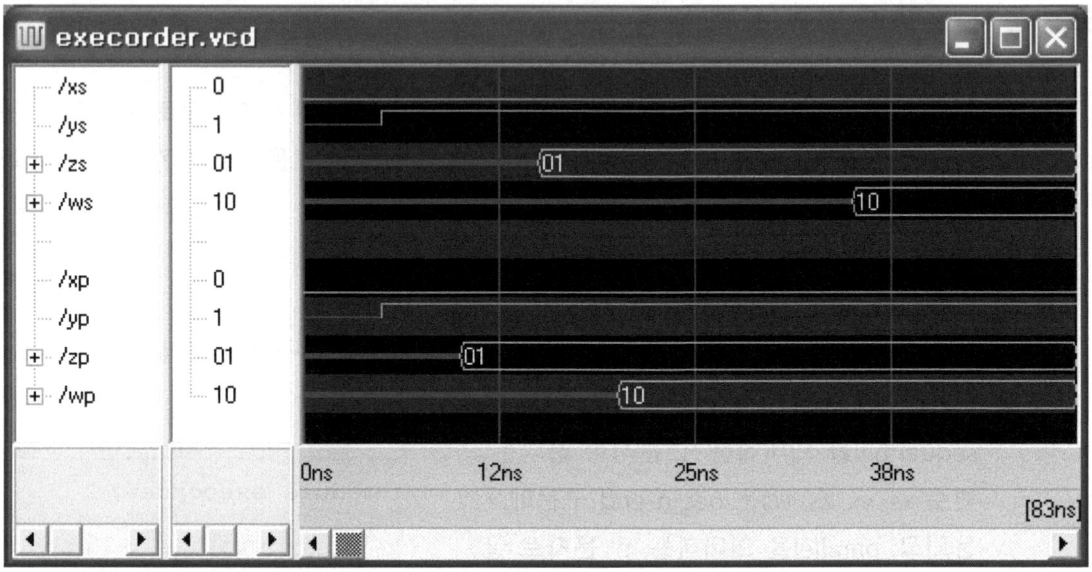

그림 5.1 순차 실행과 병렬 실행의 시뮬레이션 결과 파형

5.3. Blocking과 Non-Blocking 구문

- always 구문에서 사용되는 절차적 (Procedural) 대입문은 오른편에서 계산된 수식의 결과값을 왼편의 변수에 대입하는 문장인데 기호 '='을 사용하는 Blocking 대입문과 기호 '=>'를 사용하는 Non-Blocking 대입문의 2가지 종류가 있다.

Blocking 대입문 : <lvalue> = <expression>
Non-Blocking 대입문 : <lvalue> <= <expression>

- 절차적 대입문의 왼편은 데이터를 저장할 수 있는 reg, integer, real, 혹은 time 타입의 변수들 이어야 한다.

➢ **Blocking 대입문**

- Blocking 대입문은 선행 대입문의 실행이 완료된 후에 다음 대입문이 실행되고, 또 다음 대입문이 실행되는 방식으로 순차적으로 실행되며 기호 '='를 사용한다. 대입문의 실행이 완료된다는 의미는 오른편의 수식이 계산된 결과가 좌편의 변수에 저장이 완료됨을 의미한다.

- Blocking 대입문들은 Verilog HDL 코드에 쓰여진 순서를 따라 차례로 실행된다. C 프로그램이 실행되는 원리와 동일하다.

- 조합논리회로를 모델링 할 때는 Blocking 대입문을 사용한다.

- 아래 예제는 Blocking 대입문으로 이루어졌는데 다음과 같이 동작한다.
  - ✓ initial 구문에서 변수 word는 시간 0에 "0000000011111111"으로 초기화 하고, 변수 triger는 시간 0에 '0', 시간 100에 '1', 시간 300에 '0'. 시간 600에 '1'로 초기화 한다.

- ✓ always 구문은 변수 trigger에 이벤트가 발생할 때 실행하는데 최초에 'x' 값에서 시간 0에 '0'으로 바뀌는 이벤트가 발생했으므로 시간 0에 처음으로 실행된다.
- ✓ 시간 50에 첫 번째 Blocking 대입문이 실행된다. 변수 word의 하위 바이트를 상위 바이트에 대입하므로 변수 word에는 "1111111111111111"가 저장된다.
- ✓ 시간 100에 두 번째 Blocking 대입문이 실행된다. 변수 word의 상위 바이트를 하위 바이트에 대입하므로 변수 word에는 "1111111111111111"가 저장된다.
- ✓ 이 결과는 시뮬레이션 파형에 나타난 결과와 동일하다.

```
module blockingEx1();

reg triger;
reg [15:0] word;

initial
begin
  word = 16'b0000000011111111;
  triger = 1'b0;
  triger = #100 1'b1;
  triger = #200 1'b0;
  triger = #300 1'b1;
end
```

```
always @(triger)
begin
  #50 word[15:8] = word[7:0];
  #50 word[7:0] = word[15:8];
end

endmodule
```

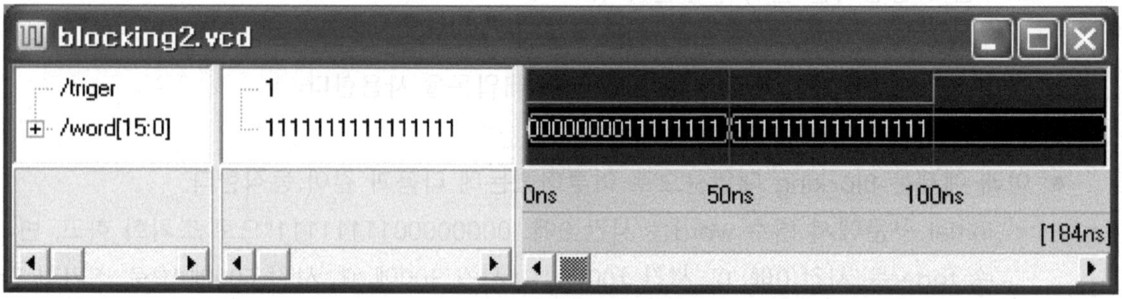

그림 5.2 Blocking 대입문 예제의 시뮬레이션 결과 파형

- 아래 예제는 Blocking 대입문으로 정의된 2개의 always 구문으로 이루어졌는데 다음과 같이 동작한다.

```
module blockingEx2 ();

reg triger;
reg [7:0] A;
reg [7:0] B;

initial
begin
  A = 8'b00001111;
  B = 8'b00000000;
  triger = 1'b0;
  triger = #100 1'b1;
end
```

```
always @(posedge triger)
  #5 A = A + 1;

always @(posedge triger)
  #5 B = A + 1;

endmodule
```

✓ initial 구문에서 변수 A는 시간 0에 "00001111"으로, 변수 B는 시간 0에 "00000000"으로 초기화 한다. 변수 triger는 시간 0에 '0', 시간 100에 '1'로 초기화 한다.

✓ 2개의 always 구문은 병렬로 실행되는데 동일하게 변수 triger의 상승에지에 동기되어 실행된다. 클럭에 동기되는 플립플롭과 같은 동작을 모델링하고 있다.

✓ 변수 triger는 시간 0에 'x' 값이 '0'으로 바뀌는 이벤트가 발생했으나 상승에지가 아니므로 always 구문은 모두 실행되지 않는다.

✓ 시간 100에 변수 triger의 값이 '0'에서 '1'로 바뀌는 이벤트 상승에지이므로 always 구문이 모두 실행된다. 시뮬레이터는 임의의 always 구문을 선택하여 먼저 실행한다. 어느 always 구문을 먼저 실행해도 동일한 결과를 얻어야 한다는 의미이다.

✓ 첫 번째 always 구문이 시간 100에 먼저 실행된다는 가정하면 시간 105에 변수 A는 자신의 현재 값에 1을 더하므로 "00010000"이 된다. 두 번째 always 구문이 시간 100에 실행되면 시간 105에 변수 A에 저장된 값이 "00010000"이므로 이 값에 1을 더하여 "00010001"이 된다. 이 결과가 시뮬레이션 파형에 나타나 있다.

- ✓ 이번에는 반대로 두 번째 always 구문이 시간 100에 먼저 실행된다는 가정하면 시간 105에 변수 B는 변수 A 값에 1을 더하므로 "00010000"이 된다. 첫 번째 always 구문이 시간 100에 실행되면 시간 105에 변수 A 자신의 값에 1을 더하므로 "00010000"이 된다. 이 결과는 실행 순서에 다르면 변수 A와 B의 값이 다르게 됨을 의미한다. 즉, 동시에 실행되는 always 구문의 실행순서에 따라 결과가 달라지는 것은 오류일 뿐 아니라 동기회로의 하드웨어 동작과도 일치하지도 않는다.
- ✓ 동기회로의 이러한 오동작은 Non-Blocking 대입문으로 모델링 함으로써 해결할 수 있다.

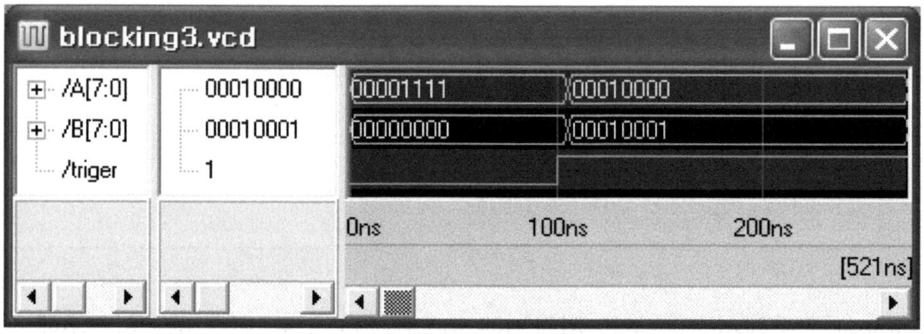

그림 5.3 Blocking 대입문 사용 동기회로의 시뮬레이션 결과 파형

➢ **Non-Blocking 대입문**

- Non-Blocking 대입문은 대입문이 쓰여진 순서와 상관없이 모든 Non-Blocking 대입문의 오른편에 정의된 모든 수식의 연산이 같은 시간에 병렬로 완료된 후에 왼편의 변수에 대입된다. 대입문 기호는 '<='를 사용한다.

- Non-Blocking 대입문들은 Verilog HDL 코드에 쓰여진 순서에 영향을 받지 않는다. 오른편에 정의된 모든 수식은 동일한 시뮬레이션 시간에 연산이 수행된다는 의미에서 Non-Blocking 이다.

- 클럭에 동기되는 순서논리회로를 모델링 할 때는 Non-Blocking 대입문을 사용한다.

- 아래 예제는 Non-Blocking 대입문으로 이루어졌는데 다음과 같이 동작한다.
  - ✓ initial 구문에서 변수 word는 시간 0에 "0000000011111111"으로 초기화 하고, 변수 triger는 시간 0에 '0', 시간 100에 '1', 시간 300에 '0'. 시간 600에 '1'로 초기화 한다.
  - ✓ always 구문은 변수 trigger에 이벤트가 발생할 때 실행하는데 최초에 'x' 값에서 시간 0에 '0'으로 바뀌는 이벤트가 발생했으므로 시간 0에 처음으로 실행된다.
  - ✓ 2개의 Non-Blocking 대입문의 오른편이 시간 0에 동시에 연산되므로 word[7:0]는 "11111111"이고, word[15:8]은 "00000000" 이다. 이들 값은 시간 50의 딜레이 후에 각각 word[15:8]와 word[7:0]에 대입되므로 변수 word는 "1111111100000000"의 값을 갖게 된다.
  - ✓ 변수 trigger의 다음 이벤트는 시간 100에 '0'에서 '1'로 바뀌었다.
  - ✓ 2개의 Non-Blocking 대입문의 오른편 값이 시간 100에 동시에 연산되므로 word[7:0]는 "00000000"이고, word[15:8]은 "11111111" 이다. 이들 값은 시간 50의 딜레이 후에 각각 word[15:8]와 word[7:0]에 대입되므로 변수 word는 "0000000011111111"이 된다.
  - ✓ 이 결과는 시뮬레이션 파형에 나타난 결과와 동일하다.

```
module nonblocking2();

reg triger;
reg [15:0] word;

initial
begin
  word = 16'b0000000011111111;
  triger = 1'b0;
  triger = #100 1'b1;
  triger = #200 1'b0;
  triger = #300 1'b1;
end
```

```
always @(triger)
begin
  word[15:8] <= #50 word[7:0];
  word[7:0]  <= #50 word[15:8];
end

endmodule
```

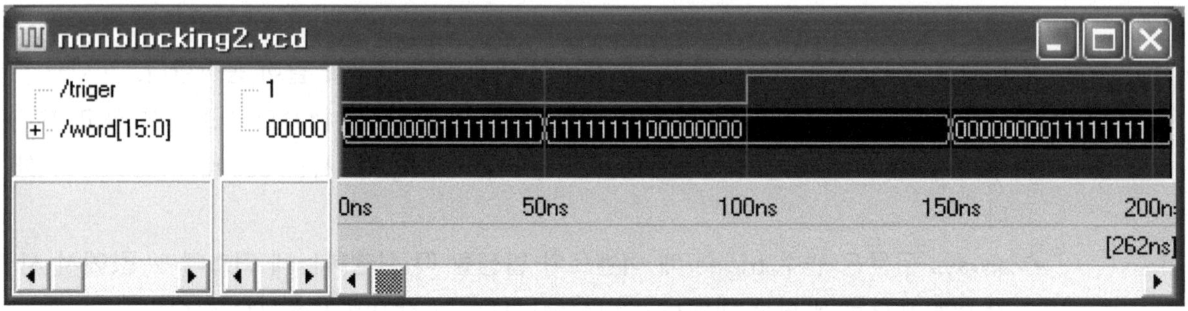

그림 5.4 Non-Blocking 대입문 예제의 시뮬레이션 결과 파형

- 아래 예제는 Non-Blocking 대입문으로 정의된 2개의 always 구문으로 이루어졌는데 다음과 같이 동작한다.

```
module nonblocking3 ();

reg triger;
reg [7:0] A;
reg [7:0] B;

initial
begin
  A = 8'b00001111;
  B = 8'b00000000;
  triger = 1'b0;
  triger = #100 1'b1;
end
```

```
always @(posedge triger)
  #5 A <= A + 1;

always @(posedge triger)
  #5 B <= A + 1;

endmodule
```

- ✓ initial 구문에서 변수 A는 시간 0에 "00001111"으로, 변수 B는 시간 0에 "00000000"으로 초기화 한다. 변수 triger는 시간 0에 '0', 시간 100에 '1'로 초기화 한다.
- ✓ 2개의 always 구문은 병렬로 실행되는데 동일하게 변수 triger의 상승에지에 동기되어 실행된다. 클럭에 동기되는 플립플롭과 같은 동작을 모델링하고 있다.

- ✓ 변수 triger는 시간 0에 'x' 값이 '0'으로 바뀌는 이벤트가 발생했으나 상승에지가 아니므로 always 구문은 모두 실행되지 않는다.
- ✓ 시간 100에 변수 triger의 값이 '0'에서 '1'로 바뀌는 상승에지이므로 always 구문이 모두 실행된다. 시뮬레이터는 임의의 always 구문을 선택하여 먼저 실행한다. 어느 always 구문을 먼저 실행해도 동일한 결과를 얻어야 한다는 의미이다.
- ✓ 변수 triger에 이벤트가 발생한 100에 두 always 구문에 있는 Non-Blocking 구문의 오른편이 모두 연산되므로 A의 값, "00001111"에 1을 더하여 동일하게 "00010000" 값을 갖는다. 이 값은 시간 105에 각각 변수 A와 B에 대입된다.
- ✓ 2개의 always 구문 중 어떤 것이 먼저 실행되더라도 동일한 결과를 얻게 되고 이러한 결과는 동기회로의 하드웨어 동작과 일치한다.
- ✓ 시뮬레이션 결과도 두 변수 A와 b의 값이 동일하게 되었다.

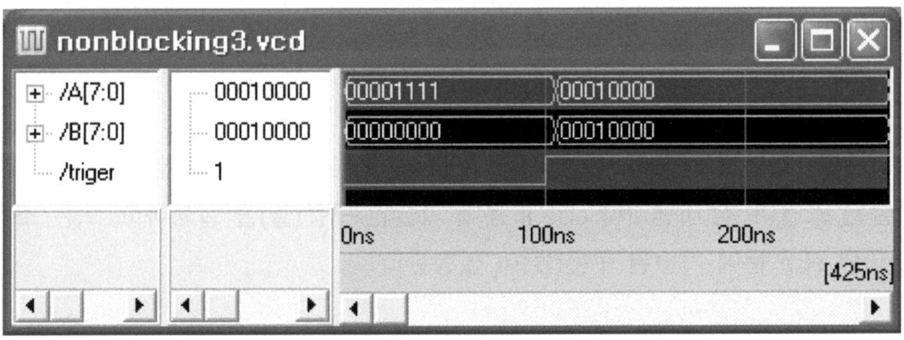

그림 5.5 Non-Blocking 대입문 사용 동기회로의 시뮬레이션 결과 파형

➢ Blocking과 Non-Blocking 대입문 사용 규약

- 조합논리회로를 모델링 할 때는 Blocking 대입문을 사용하고, 에지에 동기되는 데이터가 전달되는 메모리 소자를 갖는 순서논리회로에는 Non-Blocking 대입문을 사용한다.

- initial 구문이나 always 구문내에서 Blocking과 Non-Blocking 구문을 혼용하여 모델링 하지 않는다.

5.4. if-else 구문

- if-else 구문은 기술된 조건이 '참'인지 '거짓'인지에 따라 다른 문장을 실행하는 조건문이다.

- if 문만 사용되면 기술된 조건이 '참'이면 기술된 구문(들)을 실행한다.

```
if (condition) true_statement;
```

- if와 else 문이 사용되면 기술된 조건이 '참'이면 if 문에 기술된 구문(들)을 실행하고, '거짓'이면 else 문에 기술된 구문(들)이 실행한다.

```
if (condition) true_statement
else false_statement
```

- 여러 가지 조건을 사용하는 경우는 if와 else if와 else 문을 사용한다. if와 else if 문에 기술된 조건이 '참'이면 if나 else if 문에 기술된 구문(들)을 실행하고, 모든 조건이 '거짓'이면 else 문에 기술된 구문(들)이 실행한다.

```
if (condition1) true_statement1 ;
else if (condition2) true_statement2;
else if (condition 3) true_statement3;
else default_statement;
```

- 각 구문에 소속되어 실행될 문장이 여러 개이면 begin-end로 범위를 지정한다.

- Verilog 합성을 수행할 때 불필요한 래치가 발생되지 않도록 하려면 else 구문은 반드시 기술하여 모든 조건의 경우 어떻게 처리하는지를 명시적으로 기술해야 한다.

- 아래 예제는 유한상태머신에서 상태(State)의 역할을 담당하는 플립플롭의 동작을 모델링한다. 신호 clk의 상승 에지나 신호 reset의 하강 에지에 동기되어 always 구문이 실행된다. 키워드 begin-end 블록에 포함된 문장들이 always 구문에 속하며 이 블록의 라벨(Label)은 SEQUENTIAL 이다.

- 신호 reset='0' 이면 변수 IDLE의 값이, 아니면 신호 next_state가 신호 current_state로 Non-Blocking 대입된다.

```
always @(posedge clk, negedge reset)
begin: SEQUENTIAL
  if (!reset) current_state <= IDLE;
  else current_state <= next_state;
end
endmodule
```

- 아래 예제는 신호 sel의 값과 동일한, 신호 in의 한 비트가 선택되어 신호 out로 대입되는 동작을 모델링 한다. 즉 신호 sel=0 이면 in[0]가 선택되고, 신호 sel=1 이면 in[1]이 선택되고, 신호 sel=2 이면 in[2]가 선택되고, 그 외의 신호 sel의 값에 대해서는 in[3]가 선택된다.

```
if (sel == 0) out = in[0];
else if (sel == 1) out = in[1];
else if (sel == 2) out = in[2];
else out = in[3];
```

5.5. case 구문

- if-else 구문이 여러 조건으로 이루어지고 그 조건들이 상호 배타적일 때는 case 구문을 사용한다.

- case 구문은 소괄호 '(' & ')' 안에 정의된 표현식 <expr>의 값과 동일한 값의 alternative 문장을 실행한다. 만약 동일한 값이 없으면 키워드 default의 문장을 실행한다. default 문장은 하나만 존재해야 한다.

```
case (<expr>)
  altrenative1 : statement1;
  alternative2 : statement2;
  ...
  default : default_statement ;
endcase
```

- 아래 예제는 신호 sel의 값이 0 이면 신호 a를, 1 이면 신호 b를, 2 이면 신호 c를, 3 이면 신호 d를 선택하여 신호 y에 대입한다. 일치하는 경우가 없으면 오류가 있음을 화면에 프린트 한다.

```
case(sel)
 0 : y = a;
 1 : y = b;
 2 : y = c;
 3 : y = d;
 default : $display("Error in SEL");
endcase
```

- casez 구문은 표현식 <expr>이나 alternative에 존재하는 논리값 'z'를 don't-care로 간주하는 case 구문이다.

* 아래 예제에서 첫 번째 선택 "1zzx"는 신호 opcode[2:1]을 don't-care로 간주하므로 "1??x" 논리값이면 실행된다. 두 번째 선택 "01??"는 신호 opcode[1:0]을 don't-care로 간주하므로 "01??" 논리값이면 실행된다. 세 번째 선택 "001?"는 신호 opcode[0]을 don't-care로 간주하므로 "001?" 논리값이면 실행된다. 위의 3경우와 일치하지 않는 값은 default 구문이 실행된다.

```
// Treats z as don't care.
casez(opcode)
  4'b1zzx : out = a;    // Don't care bit 2:1
  4'b01?? : out = b;    // Don't care bit 1:0
  4'b001? : out = c;    // Don't care bit 0
  default : out = d;
endcase
```

* casex 구문은 표현식 <expr>이나 alternative에 존재하는 논리값 'x'와 'z'를 모두 don't-care로 간주하는 case 구문이다.

* 아래 예제에서 첫 번째 선택 "1zzx"는 신호 opcode[2:0]을 don't-care로 간주하므로 "1???" 논리값이면 실행된다. 나머지 경우는 위의 예제와 동일하다.

```
// Treats x and z as don't care.
casex(opcode)
  4'b1zzx : out = a;    // Don't care bit 3:0
  4'b01?? : out = b;    // Don't care bit 1:0
  4'b001? : out = c;    // Don't care bit 0
  default : out = d;
endcase
```

5.6. while 구문

- while 구문은 반복되는 동작을 정의하는 구문이다. 키워드 while에 뒤따르는 소괄호 '(' & ')' 안에 정의된 조건이이 '참'인 동안은 계속 반복하여 실행하다가 '거짓'이 되면 반복을 종료한다.

- while 구문은 아래와 같은 구조를 갖는다. 조건인 condition의 초기값을 지정하기 위한 initial_assignment 문장으로 시작해서 while 문 안에는 계속 반복할지 아니면 종료할지를 결정하는 step_assignment 문장이 존재한다. 조건 condition이 '참'을 유지하는 동안 statement 문장(들)을 반복해서 실행하게 된다.

```
initial_assignment;
while (condition)
begin
   statement
   step_assignment;
end
```

- 아래 예제는 변수 i가 0으로 시작해서 while 문을 실행할 때마다 1씩 증가하여 15와 같아질 때까지 반복한다. 즉 0~15까지 16회를 반복하게 되는데 변수 i의 값이 변수 output으로 대입되는데 시뮬레이션 시간 10의 간격을 두고 증가하게 된다.

```
reg [3:0] i, output;
i = 0;
while (i <= 15)
begin
  output = i;
  #10 i = i + 1;
end
```

5.7. for 구문

- for 구문은 반복을 제어하는 3종류의 문장을 소괄호 '(' & ')' 안에 따로 정의함으로써 반복을 제어한다.

- for 구문은 아래와 같은 구조를 갖는다. for 문이 실행되기 시작하면 조건인 condition의 초기값을 지정하기 위한 initial_assignment 문장이 최초에 한 번만 실행된다. 그 다음에 조건 condition을 검사하여 '참'이면 동안 statement 문장(들)을 반복해서 실행하고 '거짓'이면 반복을 종료한다. statement 문장(들)을 실행한 후에 step_assignment 문장을 실행하여 다음 반복을 실행할지 여부를 판단하는데 필요한 인덱스를 생성한다.

```
for (initial_assignment; condition; step_assignment)
  statement
```

- 아래 예제는 변수 i가 0으로 시작해서 15보다 작으므로 '참'이 되어 변수 i 값을 변수 output으로 대입한다. 그 다음에 변수 i 값에 1을 더하여 증가시킨 후에 15보다 작거나 같은지를 확인하여 반복여부를 결정하는 동작을 반복하게 된다. 앞 쪽의 while 구문 예제와 동일한 동작을 수행하는 코드이다.

```
reg [3:0] i, output;
for (i = 0; i <= 15; i = i + 1)
begin
  #10 output = i;
end
```

5.8. repeat 구문

- repeat 구문은 반복하는 횟수를 소괄호 안에 정의하여 반복을 결정한다.

- repeat 구문은 아래와 같은 구조를 갖는다. fixed_number에 주어진 횟수 만큼 statement 문장(들)을 반복해서 실행한다. 만약 fixed_number에 'x'나 'z' 논리값이 있으면 0으로 간주해서 반복 수행하지 않는다.

```
repeat (fixed_number)
  statement
```

- 아래 예제는 매개변수 cycle가 8의 값을 가지므로 변수 data를, 16비트 워드 8개로 구성된 메모리 buff의 각 번지에 대입하게 된다. 즉 메모리 buff의 모든 번지가 동일한 data 값을 갖게 된다.

```
parameter cycle = 8;
reg [15:0] buff [0:7];
repeat (cycle) begin
  buff[i] = data;
  end
```

5.9. function & task 구문

- 함수(function)과 태스크(task)는 동일한 기능을 수행하는 코드를 여러 곳에서 호출하여 반복적으로 사용할 수 있는 수단을 제공한다. 함수나 태스크를 사용함으로써 코드가 더욱 간단해지고, 가독성이 좋아지며, 디버깅도 쉬워지는 장점이 있다.

- 함수와 태스크는 동일한 행위적 동작을 기술하기 위하여 유사하게 사용되지만 Verilog HDL 언어의 동작 기술을 위하여 아래 표와 같이 차이점이 있다.

함수	태스크
다른 함수를 사용할 수 있지만 다른 태스크는 사용할 수 없다.	다른 태스크나 함수를 사용할 수 있다.
항상 시뮬레이션 시간 0에 수행된다.	Non-zero 시뮬레이션 시간에 수행될 수 있다.
어떤 지연, 사건, 또는 타이밍 제어문장을 포함할 수 없다.	지연, 사건, 또는 타이밍 제어 문장을 포함할 수 있다.
적어도 하나 이상의 input 인수를 가져야만 한다.	Input, output 또는 inout를 하나도 가지지 않거나 다수를 가질 수 있다.
항상 하나의 값을 return 한다. output 또는 inout 인수를 가질 수 없다	값을 return할 수 없지만 output와 input을 통해서 여러개의 값을 전달할 수 있다.

- 반대로 함수와 태스크의 공통점은 다음과 같다.
  - ✓ wire 타입의 변수를 가질 수 없다.
  - ✓ 행위 수준의 문장에서만 사용될 수 있다.
  - ✓ initial이나 always 문장을 포함할 수 없고, 반대로 initial이나 always, 혹은 다른 함수나 태스크에서 호출할 수 있다.

➢ function 구문

- 함수 구문의 특징을 요약하면 다음과 같다.
  - ✓ 함수는 사용될 모듈 안에 정의된다. 태스크가 별도의 파일에 저장된 경우는 컴파일 명령 'include'를 사용하여 포함시킬 수 있다.
  - ✓ 함수는 시간에 관련된 구문을 사용할 수 없다. 즉, 함수는 0 딜레이로 실행된다.
  - ✓ 함수는 임의 개수의 input 매개변수를 가질 수 있고, 단 하나의 데이터만 리턴할 수 있다.
  - ✓ input 매개변수가 나열된 순서는 함수 호출문에 주어지는 데이터가 전달되는 순서를 결정한다.
  - ✓ 태스크는 다른 함수만 호출할 수 있다. 태스크를 호출할 수 없다.
  - ✓ 함수는 조합논리회로만을 모델링 하는데 사용될 수 있다.

- function 구문은 아래와 같은 구조를 갖는다. 키워드 function 다음에 리턴되는 변수의 타입을 정의하고 그 다음에 함수 이름이 따른다. 키워드 endfunction 이전까지 함수에 사용되는 변수 선언과 알고리즘을 수행하는 문장들이 포함된다.

```
function [<return_range_or_type>] <function_name> ;
   <input_argument>
   <function_declaration>
   <statement>
endfunction
```

- 아래 예제에 정의된 함수는 다음과 같이 동작한다.
  - ✓ 함수 이름은 GetByte 이고 8비트이다. 함수 이름에 8비트를 정의하는 것은 그 함수가 8비트 값을 리턴한다는 의미이다.
  - ✓ 입력되는 매개변수는 Word는 64비트 인데 이 중에서 매개변수 ByteNum이 지정하는 8비트, 즉 1 바이트가 추출되어 리턴 된다.

- ✓ 입력되는 매개변수 ByteNum은 4비트로서 1~8의 값을 갖는다. 이 값은 매개변수 Word가 포함하는 8 바이트 중의 하나를 지정한다. 1이 맨 오른쪽 바이트 Word[7:0]를 지정하고, 8이 제일 왼쪽 바이트 Word[63:56]를 지정한다.
- ✓ 함수 내에서 사용되는 integer 타입 변수 Bit가 선언되었다. 변수 Bit는 for 문에서 반복을 세는 인덱스로 사용된다.
- ✓ 함수 내에서 사용되는 reg 타입 8비트 변수 temp가 선언되었다.
- ✓ for 구문은 ByteNum이 지정한 위치의 8비트를 변수 temp에 저장한다.
- ✓ 변수 temp의 값을 함수명 GetByte에 대입하면 리턴 값이 된다.
- ✓ 맨 아래 문장은 GetByte 함수를 호출하여 변수 data에 저장된 값에서 오른쪽 4번째 바이트를 추출하여 변수 this_byte에 대입하게 된다.

```
function [7:0] GetByte;
  input [63:0] Word;
  input [3:0] ByteNum;
  integer Bit;
  reg [7:0] temp;
  begin
    for (Bit=0; Bit<=7; Bit=Bit+1)
      temp[Bit] = Word[((ByteNum-1)*8)+Bit];
    GetByte = temp;
  end
endfunction

this_byte = GetByte(data,4);
```

➢ task 구문

- 태스크 구문의 특징을 요약하면 다음과 같다.
  - ✓ 태스크는 사용될 모듈 안에 정의된다. 태스크가 별도의 파일에 저장된 경우는 컴파일 명령 'include'를 사용하여 포함시킬 수 있다.
  - ✓ 태스크는 posedge, negedge, # delay, wait와 같은 시간 구문을 사용할 수 있다.
  - ✓ 태스크는 임의 개수의 input와 output 매개변수를 가질 수 있다.
  - ✓ 매개변수가 나열된 순서는 태스크 호출문에 주어지는 데이터가 전달되는 순서를 결정한다.
  - ✓ 태스크는 다른 함수나 태스크를 호출할 수 있다.
  - ✓ 태스크는 조합논리회로와 순서논리회로를 모델링 하는데 모두 사용될 수 있다.

- 태스크 구문은 아래와 같은 구조를 갖는다. 키워드 'task' 다음에 키워드 'automatic'이 있으면 호출 마다 새로운 태스크가 할당되어 실행됨을 의미하고, 없으면 static으로 동작한다. 매개변수는 input, output과 inout 타입이 올 수 있는데 output과 inout 타입의 매개변수는 태스크 실행이 종료되면 그 결과 값이 호출된 변수로 전달된다. 키워드 'endtask' 이전까지 함수에 사용되는 변수 선언과 알고리즘을 수행하는 문장들이 포함된다.

```
task [automatic] <task_name> ;
   <input_argument>
   <output_argument>
   <inoutput_argument>
   <task_declaration>
   <statement>
endtask
```

- 아래 예제에 정의된 태스크는 다음과 같이 동작한다.
  - ✓ 태스크 이름은 bit_operator 이다.
  - ✓ 입력 매개변수는 16비트의 a와 b 이다.
  - ✓ 출력 매개변수는 16비트 ab_and, ab_or, ab_xor 이다.
  - ✓ 본문의 첫 번째 문장은 시뮬레이션 시간 10의 딜레이로 변수 a와 b를 AND 연산한 결과를 ab_and에 대입한다.
  - ✓ 두 번째와 세 번째 문장은 변수 a와 b를 OR 연산과 XOR 연산한 결과를 각각 변수 ab_or와 ab_xor에 대입하고 태스크를 종료한다.
  - ✓ 이 태스크를 호출하는 문장은 always 구문 안에 정의되어 있다. reg 타입 변수 A와 B에 저장된 값을 AND 연산한 결과는 AB_AND에, OR 연산한 결과는 AB_OR에, XOR 연산한 결과는 AB_XOR에 저장된다. 입력과 출력 논리값 간에는 시뮬레이션 시간 10의 딜레이를 갖는다.

```
module operation;
......
parameter delay = 10;
reg [15:0] A,B, AB_AND, AB_OR, AB_XOR;
always @(A or B)
  bit_operator(AB_AND, AB_OR, AB_XOR, A, B); // task invoking
......
task bit_operator;  // task definition
  output [15:0] ab_and, ab_or, ab_xor;
  input [15:0] a, b;
  begin
    #10 ab_and = a & b;
    ab_or = a | b;
    ab_xor = a ^ b;
  end
endtask
......
endmodule
```

PART II
Verilog HDL 설계 실습

1 장
조합논리회로

1.1. 반가산기 설계
1.2. 전가산기 설계
1.2.1. Dataflow 타입 전가산기 설계
1.2.2. Behavior 타입 전가산기 설계
1.2.3. Structure 타입 전가산기 설계
1.3. 멀티플렉서 설계
1.4. 인코더 설계
1.5. 디코더 설계
1.6. 홀수 패리티 생성기 설계
1.7. Binary to Gray 디코더 설계
1.8. Tri-State 버퍼 설계

1.1. 반가산기 설계

● 사양

◇ 반가산기 (Half Adder)는 2 개의 입력에 대해 덧셈을 수행 하는 모듈 이다.

◇ 덧셈의 두 입력 신호를 단자 a, b 로 받아 합산 결과는 단자 sum 으로 출력 하고 캐리는 단자 co 로 출력 한다.

◇ 진리표에서 논리식을 추출 하면 다음과 같다.

$$sum = a \oplus b$$
$$co = a \cdot b$$

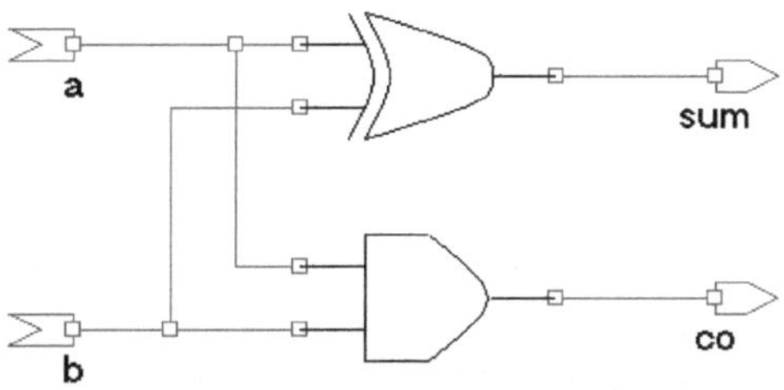

a	b	sum	co
0	0	0	0
0	1	1	0
1	0	1	0
1	1	0	1

● 입출력 단자

이름	방향	비트수	기능
a	In	1	덧셈 입력 신호
b	In	1	덧셈 입력 신호
sum	Out	1	덧셈의 합
co	Out	1	덧셈의 캐리 출력

● 모듈의 Verilog 코드 설계

◇ 모듈 이름 : halfadd

```
module halfadd (a, b, sum, co);
  input a, b;
  output sum, co;

  assign sum = a ^ b;
  assign co = a & b;

endmodule
```

● 테스트벤치 모듈의 Verilog 코드 설계

◇ 모듈 이름 : halfadd_tb

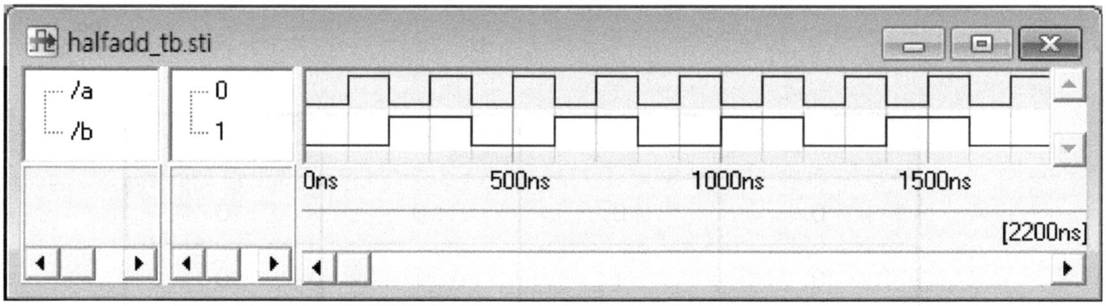

● 시뮬레이션 결과 파형

◇ 신호 a 와 b 가 서로 다르면 덧셈합 신호 sum='1' 이 된다.

◇ 신호 a='1' 이고 b='1' 이면 캐리 신호 co='1' 이 되고, 그 밖의 경우는 '0' 이 된다.

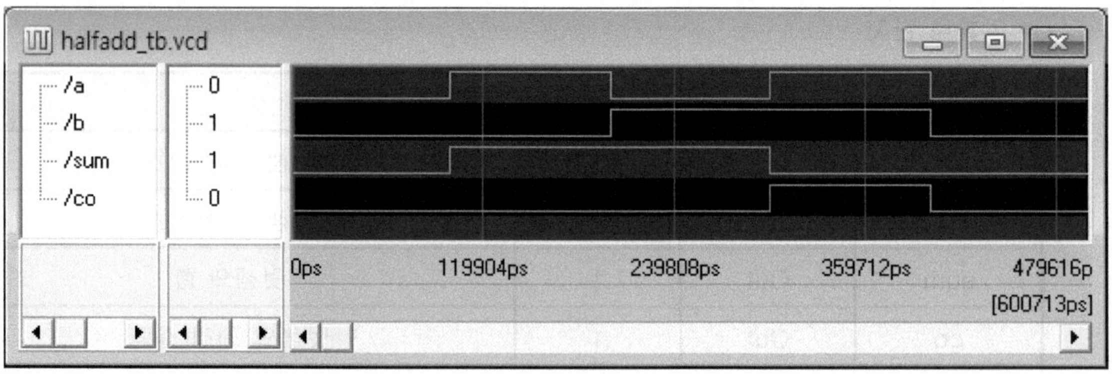

1.2. 전가산기 설계

● 사양

◇ 전가산기 (Full Adder)는 3 개의 입력에 대해 덧셈을 수행 하는 모듈 이다.

◇ Verilog 언어는 3가지 회로 모델링 방식 - Dataflow, Structure, Behavior - 을 지원 한다. 회로의 특징에 따라 모델링 방식을 선택하게 되는데 본 절에서는 전가산기 회로를 3가지 방식에 따라 다르게 설계하여 모델링 방식의 차이점을 이해하도록 한다.

◇ 전가산기의 논리동작을 진리표로 표현 하면 아래와 같다.

a	b	ci	sum	co
0	0	0	0	0
0	0	1	1	0
0	1	0	1	0
0	1	1	0	1
1	0	0	1	0
1	0	1	0	1
1	1	0	0	1
1	1	1	1	1

● 입출력 단자 (모든 전가산기 설계에 공통)

이름	방향	비트수	기능
a	In	1	덧셈 입력 신호
b	In	1	덧셈 입력 신호
ci	In	1	캐리 입력 신호
sum	Out	1	덧셈의 합
co	Out	1	덧셈의 캐리 출력

● 테스트벤치 모듈의 Verilog 코드 설계 (모든 전가산기 설계에 공통)

◇ 모듈 이름 : fulladd_tb

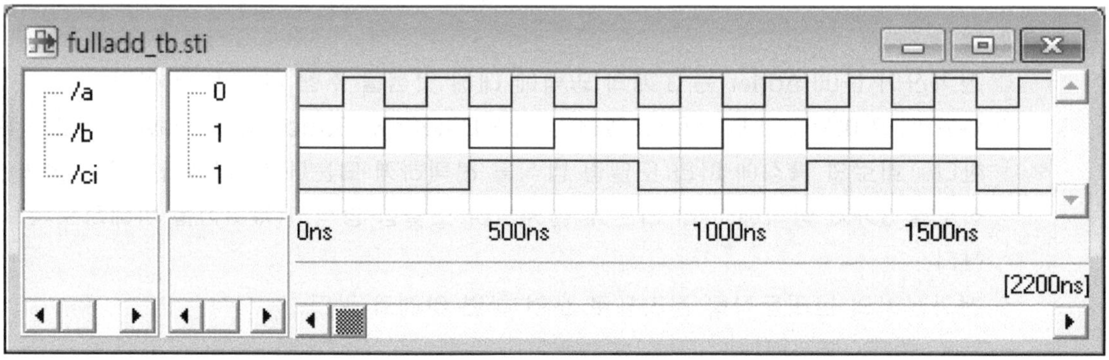

● 시뮬레이션 결과 파형 (모든 전가산기 설계에 공통)

◇ 신호 a 와 b 와 ci 의 덧셈 결과는 신호 sum 에 나타나고 캐리는 신호 co 에 나타난다.

◇ 전가산기의 진리표와 동일한 결과를 얻었음을 확인할 수 있다.

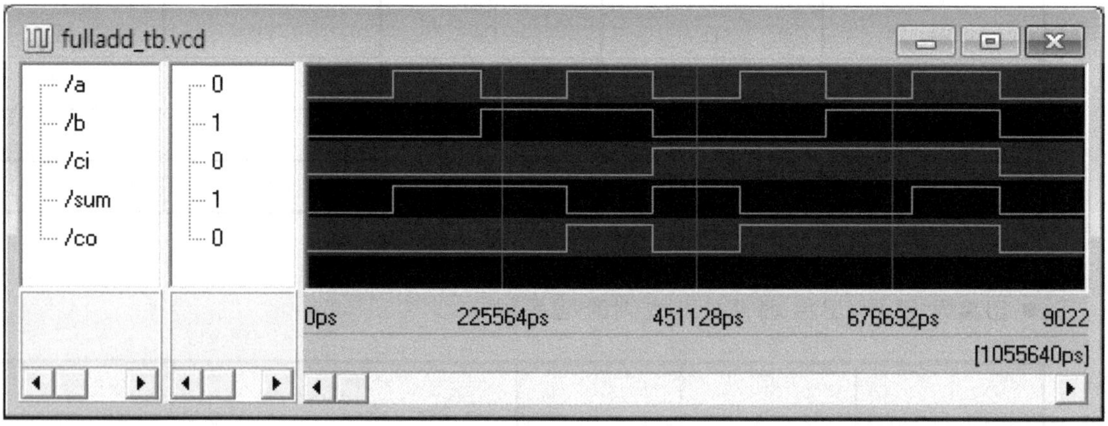

1.2.1. Dataflow 타입 전가산기 설계

- 사양
  - ◇ Dataflow 모델은 다수의 논리식을 이용하여 회로의 동작을 기술하게 된다. 입력 단자에 가해진 신호가 어떤 논리로 변형 되어 출력단자에 이르게 되는지를 기술 하게 된다. 논리식들은 병렬로 수행되기 때문에 어떠한 순서대로 실행이 되는지 알 수 없다. 각 논리식의 오른편에 기술된 신호의 논리값이 바뀌는 이벤트가 발생 하는 순서를 따라 해당 논리식이 실행 된다.
  - ◇ Verilog 언어가 지원 하는 논리연산자는 ~ (not), & (and), | (or), ^ (xor), ^~ (xnor) 이며, 기술된 모든 논리식은 병렬로 수행 된다. 즉, 문장이 기술된 순서에 상관없이 논리식의 오른쪽에 위치한 시그널에 이벤트가 발생 하는 문장이 먼저 수행되게 된다.
  - ◇ 전가산기의 진리표에서 각각의 출력단자에 대한 논리식을 추출 하면 다음과 같다.

sum = a ⊕ b ⊕ ci

co = ^a·b·ci + a·^b·ci + a·b·^ci + a·b·ci

= ci·(^a·b+a·^b) + a·b·(^ci+ci)

= ci·(a ⊕ b) + a·b

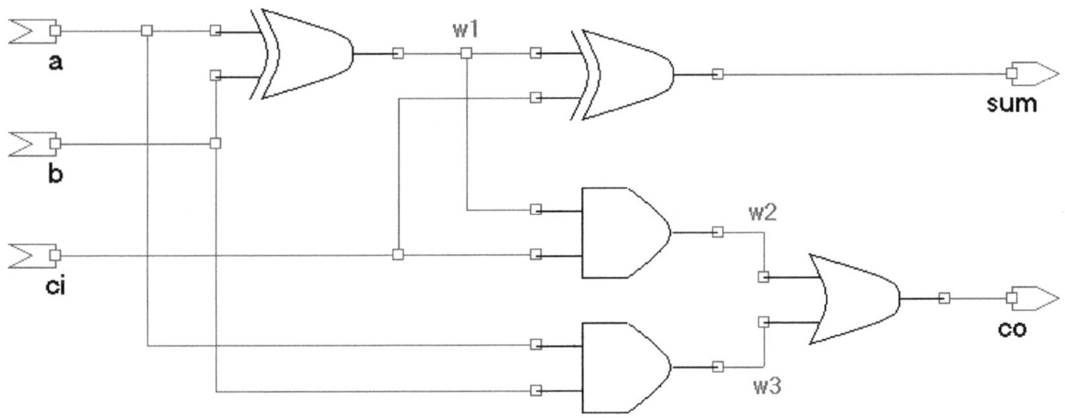

● 모듈의 Verilog 코드 설계
◇ 모듈 이름 : fulladd

```
module fulladd (a, b, ci, sum, co);
  input a;
  input b;
  input ci;
  output sum;
  output co;

  wire w1, w2, w3;

  assign w1 = a ^ b;
  assign sum = w1 ^ ci;
  assign w2 = w1 & ci;
  assign w3 = a & b;
  assign co = w2 | w3;
endmodule
```

1.2.2. Behavior 타입 전가산기 설계

● 사양

◇ Behavior 모델은 프로그래밍 언어에서 지원되는 구문들을 이용하여 논리회로의 행위 동작을 모델링 하는 방식으로써 Verilog 언어의 always 구문을 사용 한다. Always 구문 안에 기술되는 문장들은 일반 프로그래밍 언어에서 사용되는 상위 개념의 문장들로 이루어지며, 나열된 순서대로 순차적으로 수행 된다.

◇ 전가산기의 논리 동작을 표현 하는 진리표를 그대로 case 구문으로 모델링 하였다. 즉, 입력 단자 a, b, ci 로 구성된 입력벡터와 출력 단자 sum 과 co 로 구성된 출력 벡터의 상호관계가 진리표의 각 행과 일대일로 대응 된다.

● 모듈의 Verilog 코드 설계

◇ 모듈 이름 : fulladd

```
module fulladd (a, b, ci, sum, co);
  input a;
  input b;
  input ci;
  output sum;
  output co;

  reg sum;
  reg co;
  reg [2:0] itmp;
  reg [1:0] otmp;

  always @(a, b, ci)
  begin
    itmp = {a, b, ci};
```

```
    case (itmp)
      3'b000 : otmp = 2'b00;
      3'b001 : otmp = 2'b10;
      3'b010 : otmp = 2'b10;
      3'b011 : otmp = 2'b01;
      3'b100 : otmp = 2'b10;
      3'b101 : otmp = 2'b01;
      3'b110 : otmp = 2'b01;
      default : otmp = 2'b11;
    endcase
    sum = otmp[1];
    co = otmp[0];
  end

endmodule
```

1.2.3. Structure 타입 전가산기 설계

● 사양

◇ Structure 모델은 회로의 구조를 설계 하는 방식으로써 논리회로도에 나타난 구조를 Verilog 코드로 설계하였다. 이 모델은 입출력 단자와 인스턴스, 그리고 인스턴스 들간의 연결을 모델링 한다.

◇ 1.1 절에서 설계된 반가산기를 이용하여 전가산기의 논리회로도를 설계 하면 아래 그림과 같다. 2 개의 반가산기와 OR 게이트로 회로가 구성되었음을 알 수 있다.

◇ 반가산기 모듈인 halfadd 는 component 로 선언 하고, 2 개의 인스턴스를 S1 과 S2로 선언 하고, 내부 연결선들은 시그널 n1, n2, n3 로 정의 하고, 각 인스턴스 단자에 연결된 네트 혹은 입출력 단자들이 정의 된다.

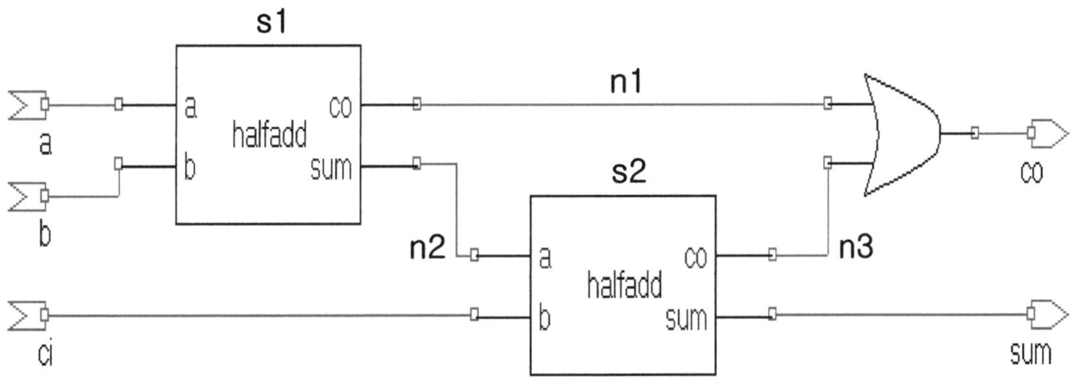

● 모듈의 Verilog 코드 설계

◇ 모듈 이름 : fulladd

```
module fulladd (a, b, ci, sum, co);
  input a;
  input b;
  input ci;
```

```
  output sum;
  output co;

  wire n1, n2, n3;

  or (co, n1, n3);

  halfadd
    S1 (
      .a (a),
      .b (b),
      .sum (n2),
      .co (n1));

  halfadd
    S2 (
      .a (n2),
      .b (ci),
      .sum (sum),
      .co (n3));

endmodule
```

1.3. 멀티플렉서 설계

● 사양

◇ 멀티플렉서 (Multiplexor)는 여러 개의 입력 중 하나를 선택하여 출력 하는 모듈 이다.

◇ 본 예제는 4 비트 폭의 입력 단자 a, b, c 및 d 를 가지고 있으며, 2 비트 폭의 제어 신호 sel 의 값에 의해 하나의 입력 단자 신호가 선택 되어 단자 z 로 출력 된다.

◇ 인에이블 제어신호 en_n='0' 일 때만 멀티플렉서로 동작 하고 en_n='1' 이면 고정값 "0000" 만을 출력 한다.

◇ 입력과 출력간의 관계를 기능표로 나타내면 아래와 같다.

en_n	sel	z
0	00	a
0	01	b
0	10	c
0	11	d
1	-	"0000"

● 입출력 단자

이름	방향	비트수	기능
sel	In	2	데이터 선택 제어신호
en_n	In	1	인에이블 제어신호 (Active Low)
a	In	4	입력 데이터
b	In	4	입력 데이터
c	In	4	입력 데이터
d	In	4	입력 데이터
z	Out	4	선택된 입력 데이터

● 모듈의 Verilog 코드 설계

◇ 모듈 이름 : mux

```
module mux (sel, en_n, a, b, c, d, z);
  input [1:0] sel;
  input en_n;
  input [3:0] a;
  input [3:0] b;
  input [3:0] c;
  input [3:0] d;
  output [3:0] z;

  reg [3:0] z;
  reg [3:0] tmp;

  always @(sel, a, b, c, d)
  begin
    case (sel)
      2'b00 : tmp = a;
      2'b01 : tmp = b;
      2'b10 : tmp = c;
      default : tmp = d;
    endcase
  end

  always @(en_n, tmp)
  begin
    if (!en_n) z = tmp;
    else z = 4'b0000;
  end

endmodule
```

● 테스트벤치 모듈의 Verilog 코드 설계

◇ 모듈 이름 : mux_tb

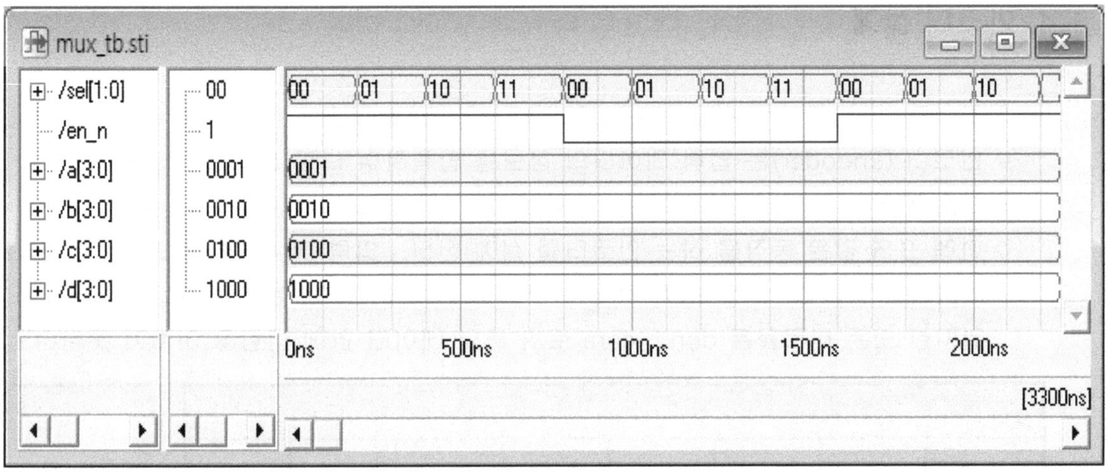

● 시뮬레이션 결과 파형

◇ 신호 en_n='0', sel="00" 이므로 신호 a="0001" 이 신호 z 에 그대로 출력 된다.

◇ 신호 en_n='0', sel="01" 이므로 신호 b="0010" 이 신호 z 에 그대로 출력 된다.

◇ 신호 en_n='0', sel="10" 이므로 신호 c="0100" 이 신호 z 에 그대로 출력 된다.

◇ 신호 en_n='0', sel="11" 이므로 신호 d="1000" 이 신호 z 에 그대로 출력 된다.

◇ 신호 en_n='1' 이 되면 입력 신호에 상관없이 항상 신호 z="0000" 이 출력 된다.

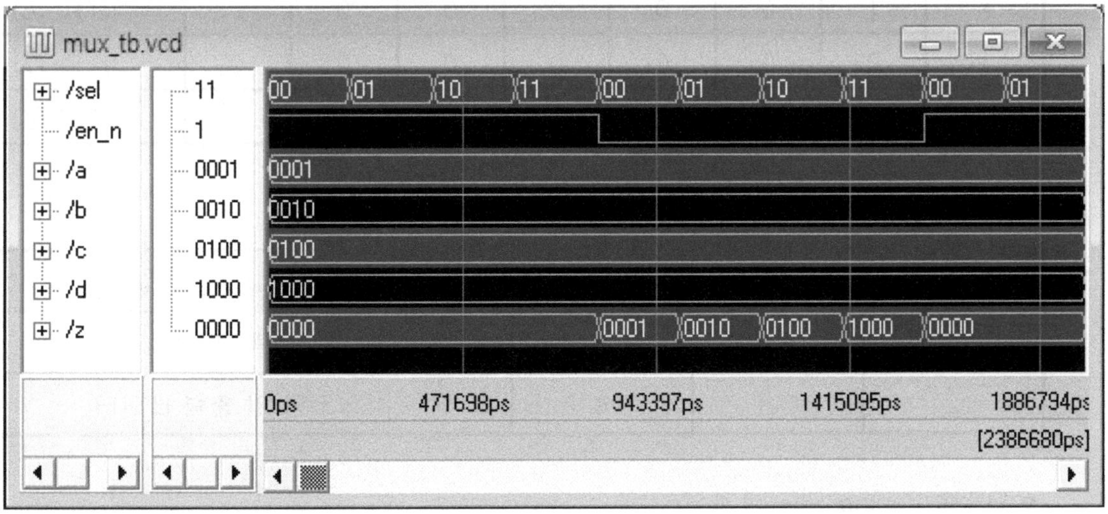

1.4. 인코더 설계

● 사양

◇ 인코더 (Encoder)는 입력 데이터의 정보를 압축하여 다른 형태의 코드로 출력 하는 회로를 의미 한다.

◇ 아래 표와 같은 동작을 하는 인코더를 설계 한다. 입력 데이터에서 가장 하위 비트에 나타나는 논리값 '1' 의 위치 값을 이진수로 출력 한다. 이 논리값 '1' 보다 상위에 위치한 모든 비트들은 don't-care 로써 출력 데이터 값에 영향을 미치지 못한다.

입력 데이터								출력 데이터 (3:0)
(7)	(6)	(5)	(4)	(3)	(2)	(1)	(0)	
X	X	X	X	X	X	X	1	0000 (0)
X	X	X	X	X	X	1	0	0001 (1)
X	X	X	X	X	1	0	0	0010 (2)
X	X	X	X	1	0	0	0	0011 (3)
X	X	X	1	0	0	0	0	0100 (4)
X	X	1	0	0	0	0	0	0101 (5)
X	1	0	0	0	0	0	0	0110 (6)
1	0	0	0	0	0	0	0	0111 (7)
0	0	0	0	0	0	0	0	1000 (8)

● 입출력 단자

이름	방향	비트수	기능
a	In	8	입력 데이터
z	Out	4	인코딩 된 출력 데이터

● 모듈의 Verilog 코드 설계

◇ 모듈 이름 : encoder

```
module encoder (a, z);
  input [7:0] a;
  output [3:0] z;
  reg [3:0] z;

  always @(a)
  begin

    if (a[0]) z = 4'b0000;
    else if (a[1]) z = 4'b0001;
    else if (a[2]) z = 4'b0010;
    else if (a[3]) z = 4'b0011;
    else if (a[4]) z = 4'b0100;
    else if (a[5]) z = 4'b0101;
    else if (a[6]) z = 4'b0110;
    else if (a[7]) z = 4'b0111;
    else z = 4'b1000;
  end

endmodule
```

● 테스트벤치 모듈의 Verilog 코드 설계

◇ 모듈 이름 : encoder_tb

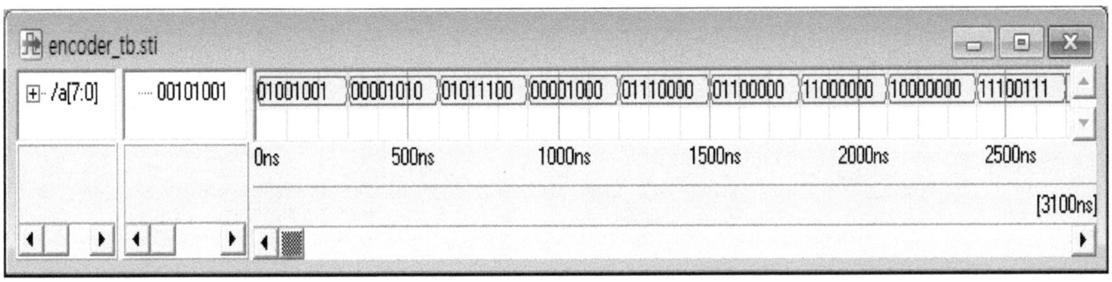

● 시뮬레이션 결과 파형

◇ 신호 a 에서 맨 오른쪽 비트 LSB 로 부터 출발하여 만나는 첫 번째 '1' 비트의 위치가 신호 z 에 이진수 숫자로 나타남을 확인할 수 있다.

◇ 신호 a="01001001" 이면 신호 z="0000" 이 출력 된다.

◇ 신호 a="00001010" 이면 신호 z="0001" 이 출력 된다.

◇ 신호 a="01011100" 이면 신호 z="0010" 이 출력 된다.

◇ 신호 a="00001000" 이면 신호 z="0011" 이 출력 된다.

◇ 나머지 경우도 동일한 원리에 따라 출력 된다.

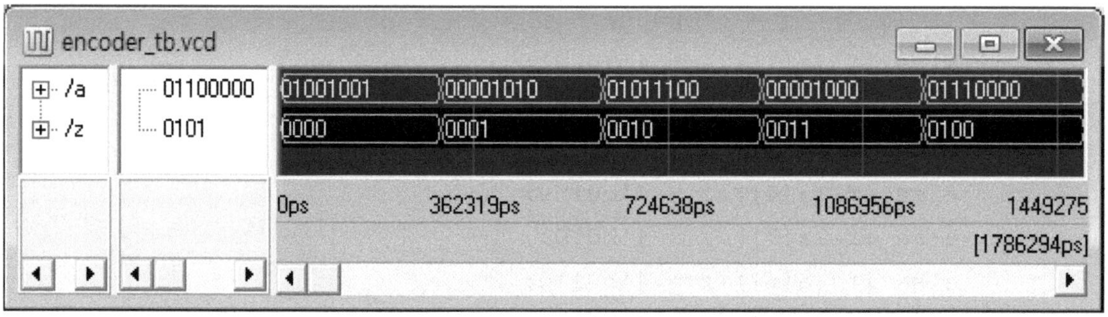

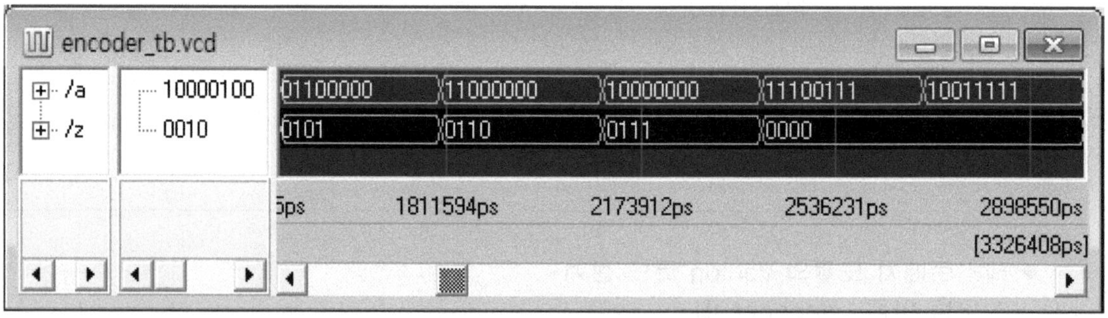

1.5. 디코더 설계

● 사양

◇ 디코더는 인코더에 의해 감추어진 데이터를 원상 복구 하는 역할을 한다.

◇ 바이너리 디코딩 방식은 입력 데이터의 이진 값에 대응되는 위치의 비트만을 '1' 로 지정 하고 나머지는 모두 '0' 으로 지정하여 출력 한다.

입력 데이터 (3:0)	출력 데이터							
	(7)	(6)	(5)	(4)	(3)	(2)	(1)	(0)
0000 (0)	0	0	0	0	0	0	0	1
0001 (1)	0	0	0	0	0	0	1	0
0010 (2)	0	0	0	0	0	1	0	0
0011 (3)	0	0	0	0	1	0	0	0
0100 (4)	0	0	0	1	0	0	0	0
0101 (5)	0	0	1	0	0	0	0	0
0110 (6)	0	1	0	0	0	0	0	0
0111 (7)	1	0	0	0	0	0	0	0
1--- (8-15)	0	0	0	0	0	0	0	0

● 입출력 단자

이름	방향	비트수	기능
a	In	4	입력 데이터
z	Out	8	디코딩 된 출력 데이터

● 모듈의 Verilog 코드 설계

◇ 모듈 이름 : decoder

```
module decoder (a, z);
  input [3:0] a;
  output [7:0] z;

  reg [7:0] z;

  always @(a)
  begin
    case (a)
      4'b0000 : z = 8'b00000001;
      4'b0001 : z = 8'b00000010;
      4'b0010 : z = 8'b00000100;
      4'b0011 : z = 8'b00001000;
      4'b0100 : z = 8'b00010000;
      4'b0101 : z = 8'b00100000;
      4'b0110 : z = 8'b01000000;
      4'b0111 : z = 8'b10000000;
      default : z = 8'b00000000;
    endcase
  end

endmodule
```

- 테스트벤치 모듈의 Verilog 코드 설계
  - ◇ 모듈 이름 : decoder_tb

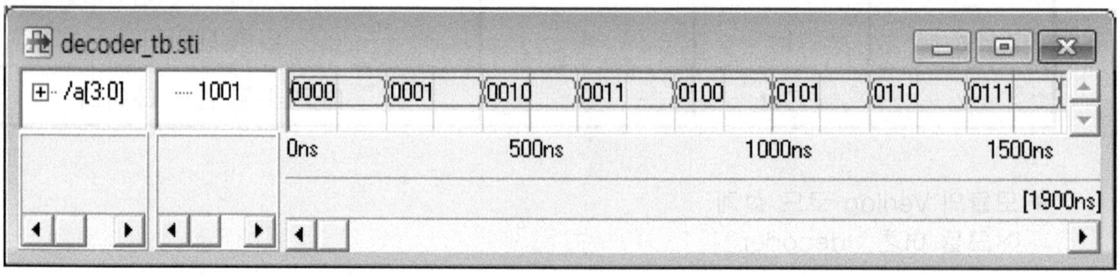

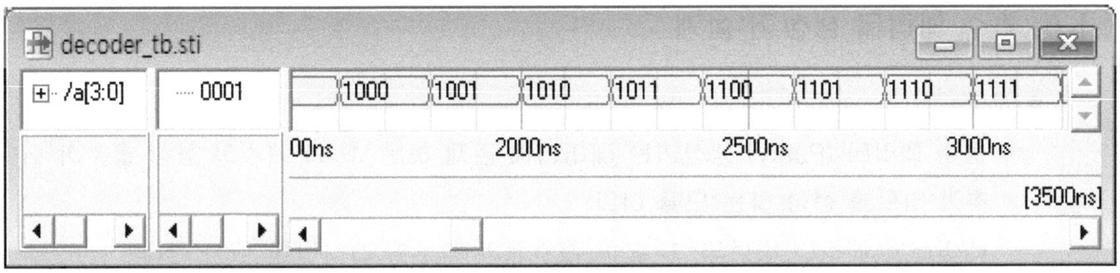

● 시뮬레이션 결과 파형

◇ 신호 a 의 이진 값은 신호 z 에서 '1' 이 나타나는 비트 위치와 일치 한다.

◇ 신호 a="0000" 이면 신호 z="00000001" 로 출력 된다.

◇ 신호 a="0001" 이면 신호 z="00000010" 로 출력 된다.

◇ 신호 a 의 MSB 가 '1' 이면 8 이상의 이진 값이 되므로 0~7 사이의 비트 값을 갖는 8 비트의 신호 z 에 나타낼 수 없으므로 신호 z="00000000" 으로 출력 된다.

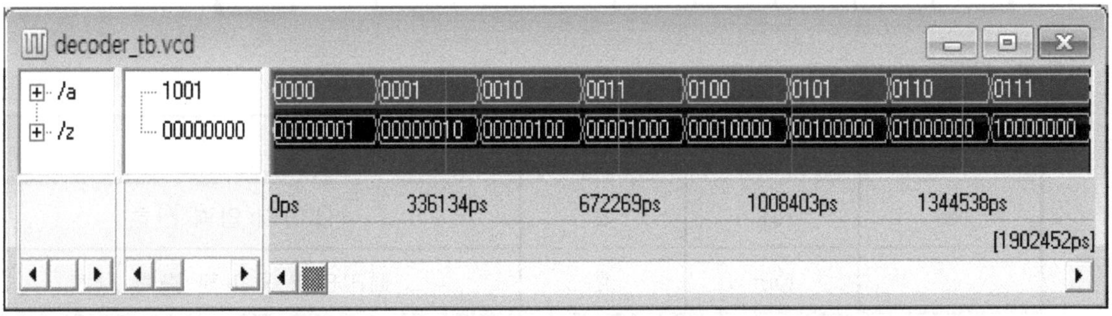

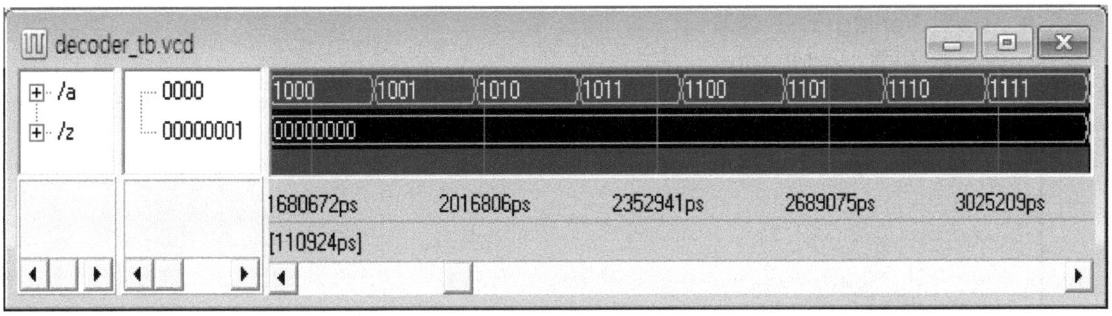

1.6. 홀수 패리티 생성기 설계

● 사양

◇ 홀수 패리티 (Parity) 생성기는 데이터에 존재 하는 '1' 의 개수가 항상 홀수가 되도록 추가 비트를 생성 하는 모듈 이다.

◇ 데이터와 패리티 비트의 '1' 합이 홀수개가 되도록 패리티를 생성 한다.

◇ 패리티 비트는 직렬 통신 회로에서 외부 요인으로 인한 오류를 감지하기 위하여 사용 된다.

데이터									패리티	'1'의 개수
0	0	1	1	0	0	0	1	+	0	3 개 (홀수)
0	0	1	1	1	1	0	0	+	1	5 개 (홀수)

● 입출력 단자

이름	방향	비트수	기능
a	In	8	데이터 입력 신호
z	Out	9	패리티가 추가된 출력 신호

● 모듈의 Verilog 코드 설계

◇ 모듈 이름 : oddparity

```
module oddparity (a, z);
  input [7:0] a;
  output [8:0] z;

  reg [8:0] z;
  reg tmp;
  integer i;
```

```
  always @(a)
  begin
    tmp = 1'b1;

    for (i=0; i <= 7; i=i+1)
      tmp = tmp ^ a[i];

    z = {a, tmp};
  end

endmodule
```

● 테스트벤치 모듈의 Verilog 코드 설계

◇ 모듈 이름 : oddparity_tb

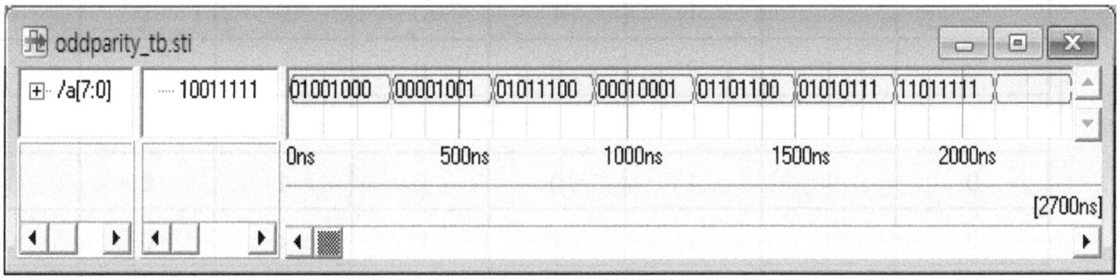

● 시뮬레이션 결과 파형

◇ 신호 a 가 포함 하는 '1' 의 개수에 상관없이 신호 z 에 나타난 '1' 비트의 개수를 세어 보면 3, 3, 5, 3, ... 으로 모두 홀수개가 됨을 알 수 있다.

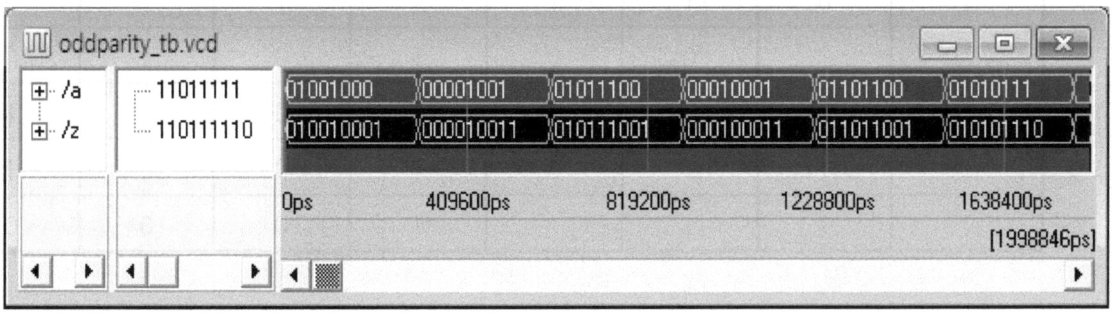

1.7. Binary to Gray 디코더 설계

● 사양

◇ 이진수로 표현된 바이너리 값을 그레이 코드로 변환 하는 회로를 설계 한다.

◇ 바이너리 코드와 그레이 코드간의 관계는 아래 진리표와 같다. 그레이 코드는 인접한 코드와 비교할 때 항상 하나의 비트만이 다른 값을 가지는 특성을 갖는다.

입력				출력			
b(3)	b(2)	b(1)	b(0)	g(3)	g(2)	g(1)	g(0)
0	0	0	0	0	0	0	0
0	0	0	1	0	0	0	1
0	0	1	0	0	0	1	1
0	0	1	1	0	0	1	0
0	1	0	0	0	1	1	0
0	1	0	1	0	1	1	1
0	1	1	0	0	1	0	1
0	1	1	1	0	1	0	0
1	0	0	0	1	1	0	0
1	0	0	1	1	1	0	1
1	0	1	0	1	1	1	1
1	0	1	1	1	1	1	0
1	1	0	0	1	0	1	0
1	1	0	1	1	0	1	1
1	1	1	0	1	0	0	1
1	1	1	1	1	0	0	0

◇ Binary to Gray 코드 변환기의 논리회로는 아래와 같이 Exclusive OR 로직을 이용하여 구현할 수 있다.

$g(0) = b(0) \oplus b(1)$

$g(1) = b(1) \oplus b(2)$

$g(2) = b(2) \oplus b(3)$

$g(3) = b(3)$

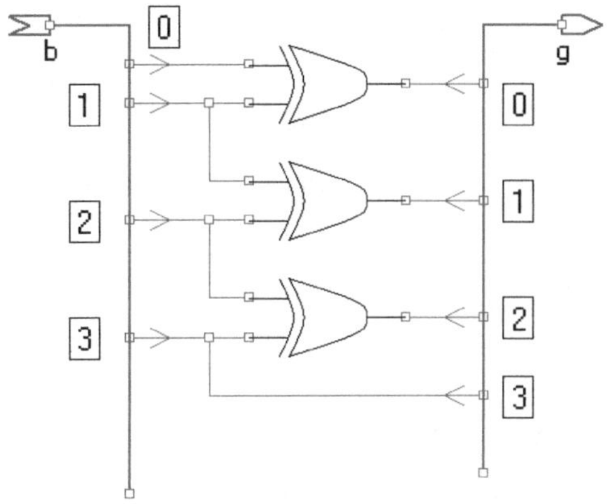

● 입출력 단자

이름	방향	비트수	기능
b	In	4	바이너리 코드 입력 신호
g	Out	4	그레이 코드 출력 신호

● 모듈의 Verilog 코드 설계

◇ 모듈 이름 : bin2gray

```
module bin2gray (b, g);
  input  [3:0] b;
  output  [3:0] g;

  assign g[0] = b[0] ^ b[1];
  assign g[1] = b[1] ^ b[2];
  assign g[2] = b[2] ^ b[3];
  assign g[3] = b[3];

endmodule
```

● 테스트벤치 모듈의 Verilog 코드 설계

◇ 모듈 이름 : bin2gray_tb

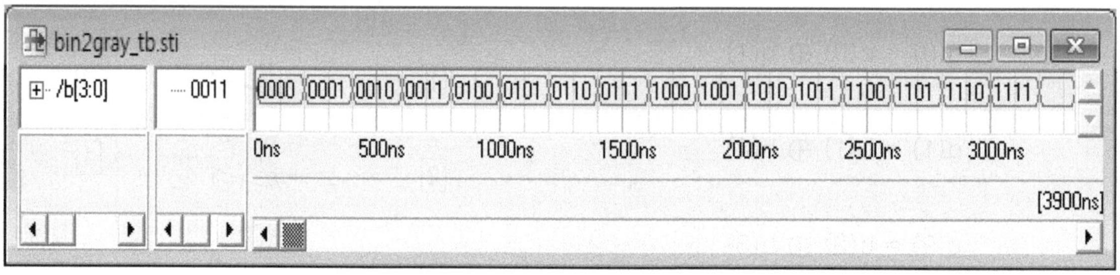

● 시뮬레이션 결과 파형

◇ 바이너리 신호 b 와 그레이 코드 신호 g 의 대응관계가 앞서 설명된 진리표와 일치함을 확인할 수 있다.

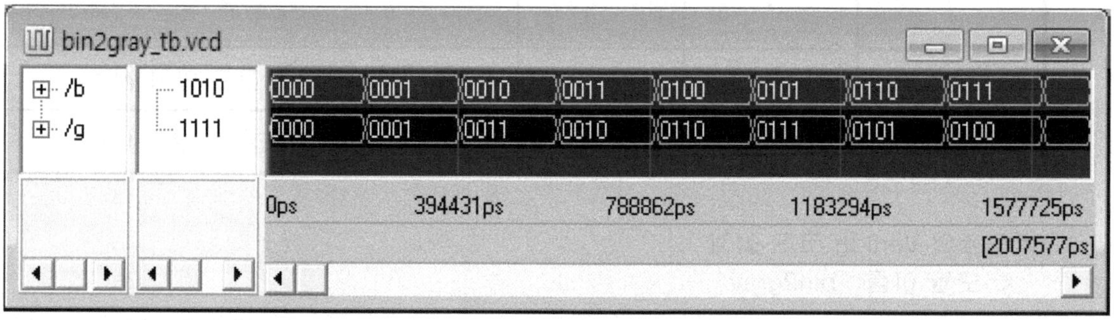

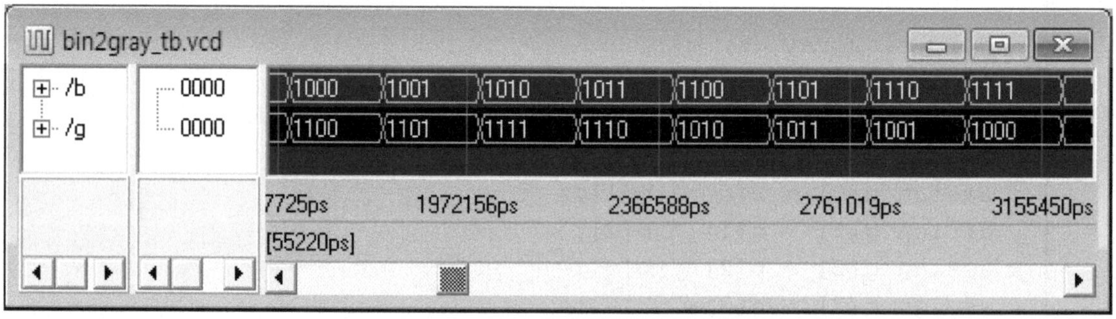

1.8. Tri-State 버퍼 설계

● 사양

◇ Tri-State 버퍼는 여러 개의 드라이브 중 하나를 선택하여 출력되도록 하고 어느 입력도 선택되지 않으면 출력이 High Impedance 상태가 되도록 한다.

◇ High Impedance 상태는 버퍼의 출력이 끊어진 상태를 의미 한다.

◇ 아래 그림의 회로는 입력 단자 d1 과 d2 에서 입력되는 데이터 중 하나를 선택하여 단자 z 로 출력 하는데 데이터의 선택은 단자 s1 과 s2 의 제어신호에 의해 결정 된다. 어느 데이터도 선택되지 않은 경우 단자 z 는 High Impedance 상태를 유지 한다.

◇ NOT, NOR 게이트 회로가 있는 것은 입력 신호 d1 과 d2 가 동시에 출력되는 조건을 막기 위함이다.

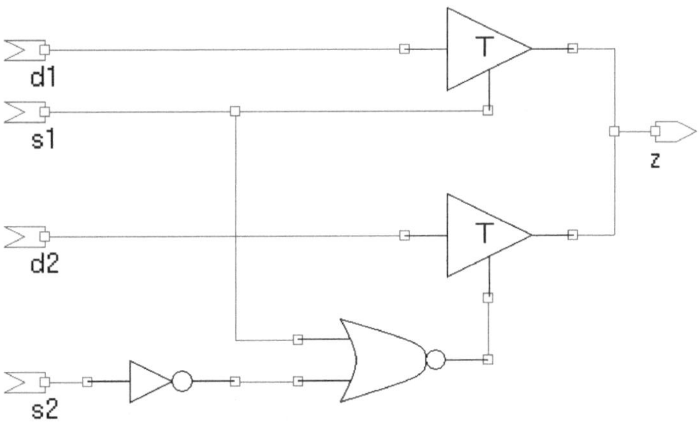

◇ 위 회로의 동작을 기능표로 나타내면 아래와 같다.

◇ Z는 High Impedance 상태를 의미 한다.

s1	s2	z
0	0	Z
0	1	d2
1	0	d1
1	1	d1

● 입출력 단자

이름	방향	비트수	기능
s1	In	1	데이터 선택 제어신호
s2	In	1	데이터 선택 제어신호
d1	In	1	입력 데이터
d2	In	1	입력 데이터
z	Out	1	출력 데이터

● 모듈의 Verilog 코드 설계

◇ 모듈 이름 : tribuffer

```
module tribuffer (s1, s2, d1, d2, z);
  input s1;
  input s2;
  input d1;
  input d2;
  output z;

  reg z;

  always @(d1, s1, d2, s2)
  begin
    if (s1) z = d1;
    else if (!s1 && s2) z = d2;
    else z = 1'bz;
  end

endmodule
```

- 테스트벤치 모듈의 Verilog 코드 설계
  - ◇ 모듈 이름 : tribuffer_tb

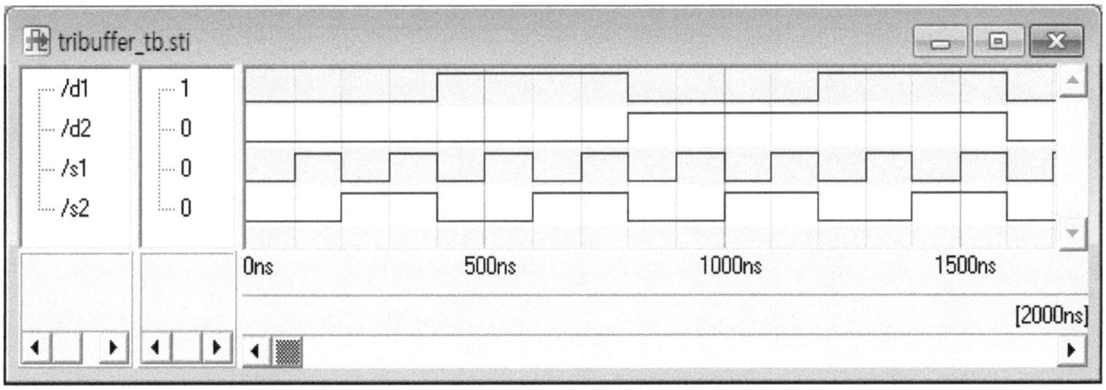

- 시뮬레이션 결과 파형
  - ◇ 신호 s1='0' 이고 s2='0' 이면 신호 z='Z' 의 High Impedance 상태가 된다. High Impedance 값 'Z' 의 파형은 '0' 과 '1' 사이 가운데에 보라색 선분으로 표시 된다.
  - ◇ 신호 s1='1' 이면 신호 d1 의 논리값이 그대로 신호 z 로 출력 된다.
  - ◇ 신호 s1='0' 이고 s2='1' 이면 신호 d2 의 논리값이 그대로 신호 z 로 출력 된다.

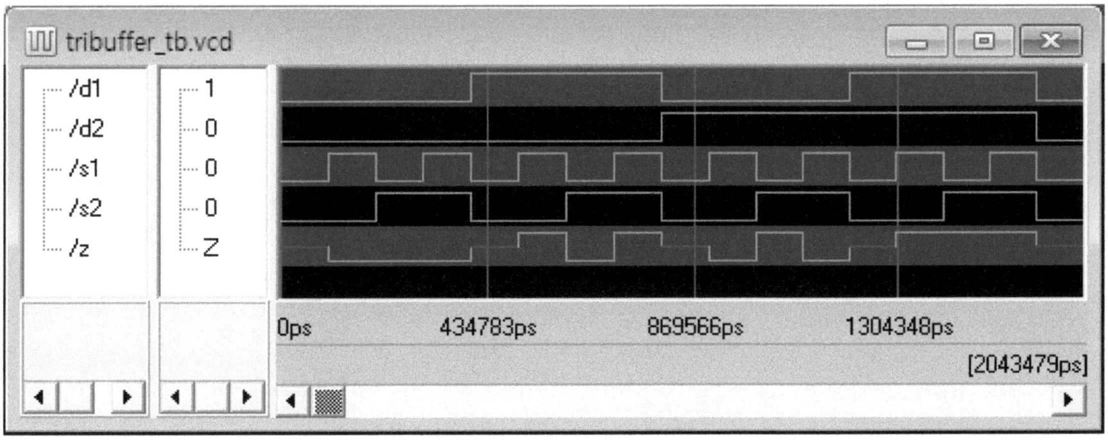

2 장
순서논리회로

2.1. D형 래치 설계

2.2. D형 플립플롭 설계

2.3. JK형 플립플롭 설계

2.4. 레지스터 설계

2.5. 쉬프트 레지스터 설계

2.6. BCD 카운터 설계

2.7. 링 카운터 설계

2.8. 롬 (ROM) 설계

2.9. 램 (RAM) 설계

2.1. D형 래치 설계

● 사양

◇ D형 래치 (Latch)는 게이트 입력이 어떤 상태를 유지 하는 동안 외부 데이터를 읽어 데이터를 저장 하는 메모리 모듈 이다.

◇ 초기화 단자로는 래치에 기억되는 데이터를 '1' 로 만드는 셋 (Set)과 '0' 으로 만드는 리셋 (Reset) 이 있다.

◇ D형 래치는 게이트 입력 g='1' 의 상태를 유지할 때 단자 d 의 신호를 읽는다.

◇ 셋이 리셋이나 게이트 입력보다 우선권을 갖는다. 즉, 셋과 리셋이 동시에 요구되면 셋으로 동작 한다.

◇ D형 래치로 동작하려면 셋과 리셋이 모두 '1' 상태이어야 한다.

set_n	reset_n	g	q(t+1)	qb(t+1)
0	–	–	1	0
1	0	–	0	1
1	1	0	q(t)	qb(t)
1	1	1	d	not d

● 입출력 단자

이름	방향	비트수	기능
set_n	In	1	셋 (Active Low)
reset_n	In	1	리셋 (Active Low)
g	In	1	게이트 (Active High)
d	In	1	입력 데이터
q	Out	1	저장된 데이터
qb	Out	1	저장된 데이터의 반전 신호

● 모듈의 Verilog 코드 설계
◇ 모듈 이름 : dlatch

```
module dlatch (set_n, reset_n, g, d, q, qb);
  input set_n;
  input reset_n;
  input g;
  input d;
  output q;
  output qb;

  reg q, qb;

  always @(g, d, set_n, reset_n)
  begin
    if (!set_n)
      begin
      q = 1'b1;
      qb = 1'b0;
      end
    else if (!reset_n)
      begin
      q = 1'b0;
      qb = 1'b1;
      end
    else if (g)
      begin
      q = d;
      qb = ~d;
      end
  end
endmodule
```

● 테스트벤치 모듈의 Verilog 코드 설계

◇ 모듈 이름 : dlatch_tb

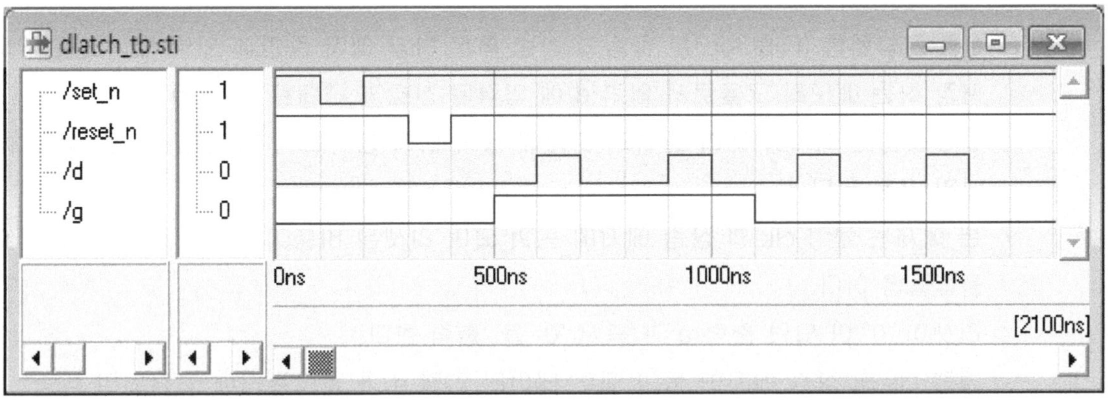

● 시뮬레이션 결과 파형

◇ 최초에 신호 set_n='0' 이므로 셋 동작에 의해 신호 q='1', qb='0' 이 된다.

◇ 다음에 신호 reset_n='0' 이므로 리셋 동작에 의해 신호 q='0', qb='1' 이 된다.

◇ 초기화 신호가 모두 set_n=reset_n='1' 이므로 D 래치로 정상 동작 한다.

◇ 게이트 신호 g='1' 이 되면 신호 d 가 그대로 신호 q 에 출력 되고, g='0' 이 되면 래치에 저장되었던 마지막 데이터가 그대로 유지 된다. 신호 qb 는 신호 q 가 반전 되어 출력 된다.

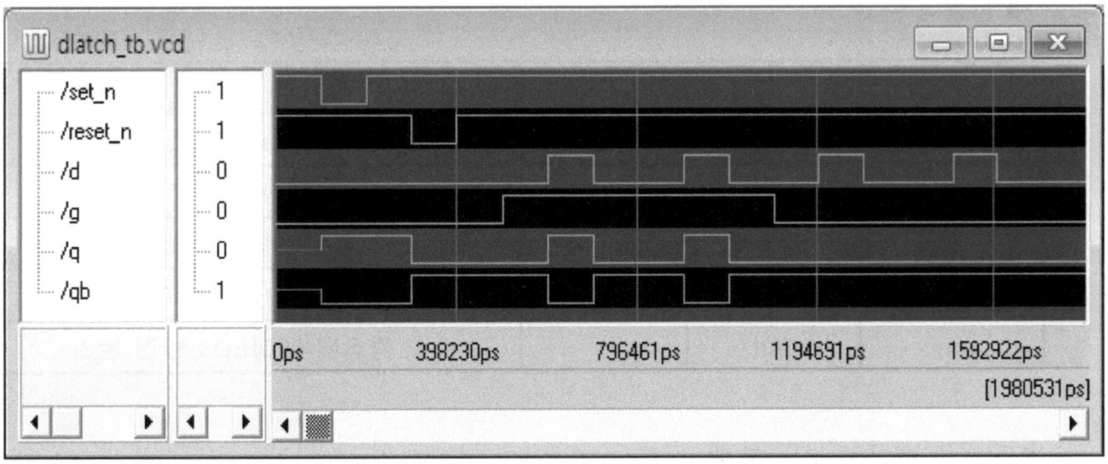

2.2. D형 플립플롭 설계

● 사양

◇ D형 플립플롭 (FlipFlop)은 클럭의 상승 혹은 하강 에지 순간에 외부 데이터를 읽어 저장 하는 메모리 모듈로서 입력 d 에 입력된 신호가 그대로 저장 된다.

◇ 플립플롭은 래치와 달리 클럭의 에지에 동기 되어 동작하기 때문에 동기화 회로에 널리 사용 된다.

◇ 본 예제는 클럭 clk 의 상승 에지에 동기 되며 리셋은 비동기 방식으로 동작 하는 D형 플립플롭 이다.

◇ 리셋이 '0' 이 되면 출력 q 가 즉시 '0' 을 출력 한다.

◇ 클럭 clk 의 상승 에지에 동기 되어 데이터 입력 d 가 플립플롭에 저장되며 상승 에지가 아닌 나머지 상태에서는 플립플롭에 저장된 신호를 그대로 유지 된다.

reset_n	clk	q(t+1)
0	-	0
1	↑ (X)	q(t)
1	↑ (O)	d

● 입출력 단자

이름	방향	비트수	기능
reset_n	In	1	리셋 (Active Low)
clk	In	1	클럭 (상승 에지 동기)
d	In	1	입력 데이터
q	Out	1	저장된 데이터
qn	Out	1	저장된 데이터의 반전 논리

● 모듈의 Verilog 코드 설계

◇ 모듈 이름 : dflipflop

```
module dflipflop (reset_n, clk, d, q, qb);
  input reset_n;
  input clk;
  input d;
  output q;
  output qb;

  reg q;
  reg qb;

  always @(posedge clk, negedge reset_n)
  begin
    if (!reset_n)
      begin
      q <= 0;
      qb <= 1;
      end
    else
      begin
      q <= d;
      qb <= ~d;
      end
  end
endmodule
```

● 테스트벤치 모듈의 Verilog 코드 설계

◇ 모듈 이름 : dflipflop_tb

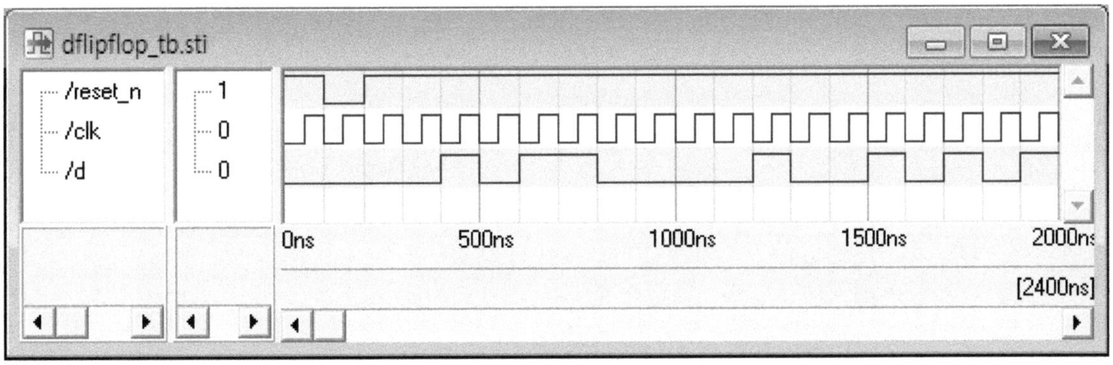

● 시뮬레이션 결과 파형

◇ 최초에 신호 reset_n='0' 이므로 리셋 동작에 의해 신호 q='0' 이 된다.

◇ 이후 클럭 신호 clk 의 상승 에지 마다 신호 d 가 감지 되어 신호 q 에 나타난다.

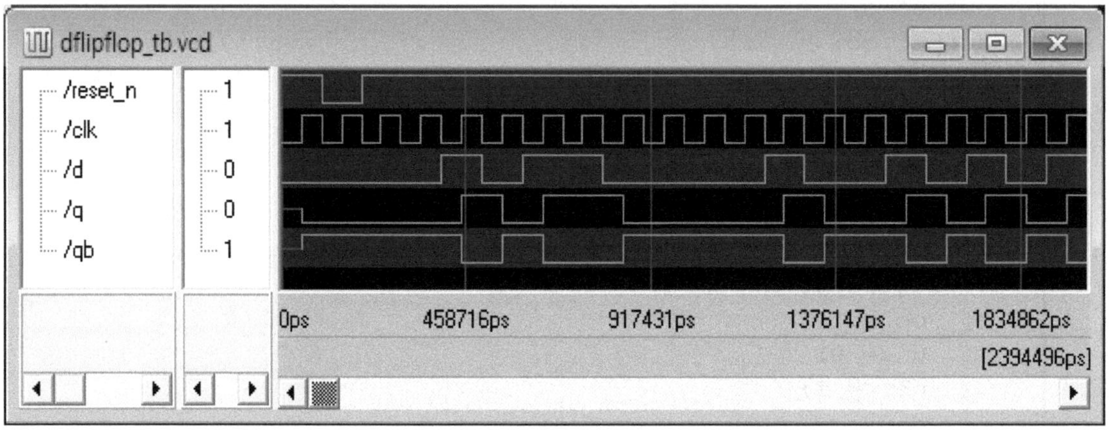

2.3. JK형 플립플롭 설계

- 사양
  - ◇ JK형 플립플롭 (FlipFlop)은 클럭의 상승 혹은 하강 에지 순간에 외부 데이터를 읽어 저장 하는 메모리 모듈로서 단자 j 와 k 신호에 따라서 다르게 동작 한다.
  - ◇ 본 예제는 클럭 clk 의 상승 에지에 동기 되며 리셋은 비동기 방식으로 동작 하는 JK형 플립플롭 이다.
  - ◇ 리셋 신호 reset_n='0' 이 되면 단자 q 는 즉시 '0' 을 출력 한다.
  - ◇ 클럭 clk 이 상승 에지가 아니면 저장된 신호가 그대로 유지 된다.
  - ◇ 클럭 clk 의 상승 에지에 j='0' 이고 k='0' 이면 저장된 신호가 그대로 유지 된다.
  - ◇ 클럭 clk 의 상승 에지에 j='0' 이고 k='1' 이면 '0' 이 저장 된다.
  - ◇ 클럭 clk 의 상승 에지에 j='1' 이고 k='0' 이면 '1' 이 저장 된다.
  - ◇ 클럭 clk 의 상승 에지에 j='1' 이고 k='1' 이면 플립플롭에 저장된 신호가 반전 된다.

reset_n	j	k	clk	q(t+1)
0	-	-	-	0
1	-	-	↑ (X)	q(t)
1	0	0	↑ (O)	q(t)
1	0	1	↑ (O)	0
1	1	0	↑ (O)	1
1	1	1	↑ (O)	not q(t)

- 입출력 단자

이름	방향	비트수	기능
reset_n	In	1	리셋 (Active Low)
clk	In	1	클럭 (상승 에지 동기)
j	In	1	입력 데이터
k	In	1	입력 데이터
q	Out	1	저장된 데이터

● 모듈의 Verilog 코드 설계

◇ 모듈 이름 : jkflipflop

```
module jkflipflop (reset_n, clk, j, k, q);
  input reset_n;
  input clk;
  input j;
  input k;
  output q;

  reg qtmp;

  always @(posedge clk, negedge reset_n)
  begin
    if (!reset_n) qtmp <= 0;
    else if (!j && k) qtmp <= 0;
    else if (j && !k) qtmp <= 1;
    else if (j && k) qtmp <= ~qtmp;
  end

  assign q = qtmp;

endmodule
```

● 테스트벤치 모듈의 Verilog 코드 설계

◇ 모듈 이름 : jkflipflop_tb

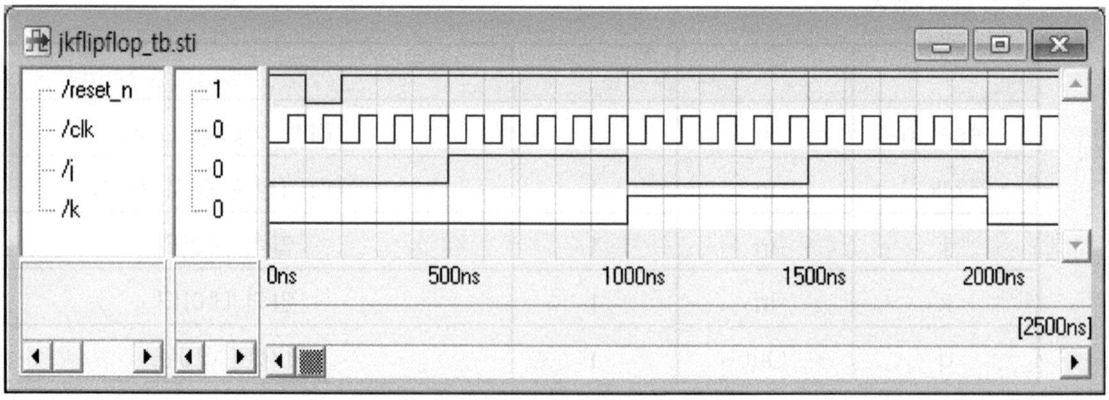

● 시뮬레이션 결과 파형

◇ 최초에 신호 reset_n='0' 이므로 리셋 동작에 의해 신호 q='0' 이 된다.

◇ 클럭 clk 의 상승 에지 마다 신호 j 와 k 가 감지 되어 플립플롭에 저장 된다.

◇ 클럭 clk 의 상승 에지에 동기 되어 j='1' 이고 k='0' 이면 q='1' 이 출력 된다.

◇ 클럭 clk 의 상승 에지에 동기 되어 j='0' 이고 k='1' 이면 q='0' 이 출력 된다.

◇ 클럭 clk 의 상승 에지에 동기 되어 j='1' 이고 k='1' 이면 저장된 데이터가 반전 된다.

◇ 클럭 clk 의 상승 에지에 동기 되어 j='0' 이고 k='0' 이면 저장된 데이터가 유지 된다.

◇ 출력 신호 q 에 나타나는 신호가 클럭 clk 의 상승 에지에 동기 됨을 관찰할 수 있다.

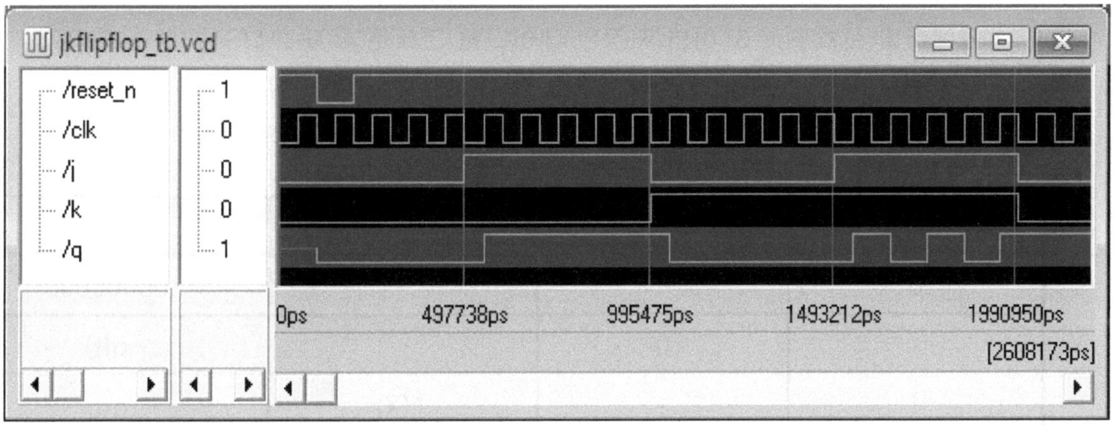

2.4. 레지스터 설계

● 사양

◇ 레지스터 (Register)는 플립플롭을 이용하여 여러 비트의 데이터를 저장 하는 모듈이다.

◇ 본 예제는 D형 플립플롭 8 개로 이루어진 레지스터 이다.

◇ 입력 단자 d 와 출력단자 q 는 각 비트는 플립플롭에 각각 따로 연결되지만 단자 en, clk, rst_n 은 모든 플립플롭에 공통으로 연결 된다.

◇ 리셋 rst_n='0' 이 되면 즉시 단자 q="00000000" 이 된다 (비동기 리셋).

◇ 인에이블 신호 en='0' 이면 저장된 데이터를 그대로 유지 한다.

◇ 클럭 clk 이 상승 에지가 아니면 저장된 데이터가 그대로 유지 된다.

◇ 클럭 clk 의 상승 에지에 동기 되어 입력 단자 d 가 플립플롭에 저장 된다.

rst_n	en	clk	q(t+1)
0	–	–	"00000000"
1	0	–	q(t)
1	1	↑(X)	q(t)
1	1	↑(O)	d

● 입출력 단자

이름	방향	비트수	기능
rst_n	In	1	리셋 (Active Low)
clk	In	1	클럭 (상승 에지 동기)
en	In	1	인에이블 입력 (Active High)
d	In	8	입력 데이터
q	Out	8	저장된 데이터

● 모듈의 Verilog 코드 설계

◇ 모듈 이름 : reg8b

```
module reg8b (rst_n, clk, en, d, q);
  input rst_n;
  input clk;
  input en;
  input [7:0] d;
  output [7:0] q;

  reg [7:0] qtmp;

  always @(posedge clk, negedge rst_n)
  begin
    if (!rst_n)
      qtmp <= 8'b00000000;
    else if (en)
      qtmp <= d;
  end

  assign q = qtmp;

endmodule
```

● 테스트벤치 모듈의 Verilog 코드 설계

◇ 모듈 이름 : reg8b_tb

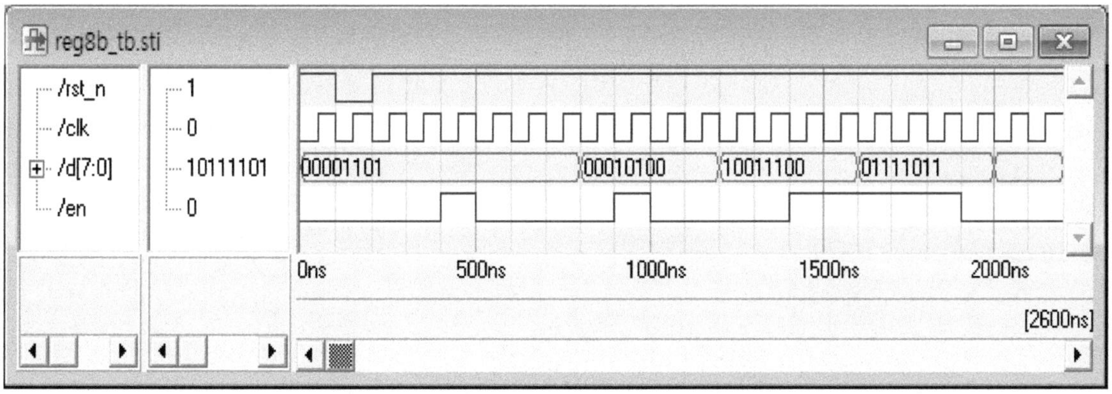

● 시뮬레이션 결과 파형

◇ 최초에 신호 rst_n='0' 이므로 리셋 동작에 의해 신호 q="00000000" 이 된다.

◇ 인에이블 신호 en='0' 이면 레지스터에 저장된 데이터가 그대로 유지 된다.

◇ 인에이블 신호 en='1' 이면 클럭 신호 clk 의 상승 에지 마다 신호 d 가 레지스터에 저장 되고 신호 q 에 출력 된다.

◇ 출력 신호 q 에 나타나는 신호가 클럭 clk 의 상승 에지에 동기 됨을 관찰할 수 있다.

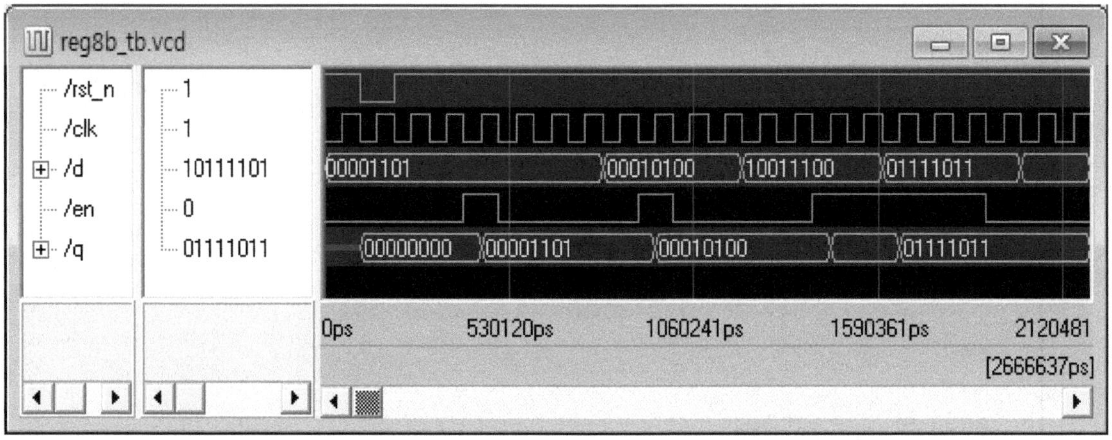

2.5. 쉬프트 레지스터 설계

● 사양

◇ 쉬프트 레지스터 (Shift Register)는 8 비트 데이터를 저장 하면서 요청에 따라 오른쪽 이나 왼쪽으로 데이터를 이동시킬 수 있는 모듈 이다.

◇ 리셋 단자 rst_n='0' 이 되면 즉시 단자 q="00000000" 이 된다 (비동기 리셋).

◇ 인에이블 단자 en='0' 이면 저장된 신호를 그대로 유지 한다.

◇ 클럭 단자 clk 가 상승 에지가 아니면 저장된 데이터를 그대로 유지 된다.

◇ 로드 단자 ld='1' 이면 클럭 단자 clk 의 상승 에지에 동기 되어 입력 단자 d 의 신호가 즉시 레지스터에 저장 된다.

◇ dir='0' 이면 오른쪽으로, dir='1' 이면 왼쪽으로 쉬프트 방향을 결정 한다.

◇ 클럭 단자 clk 의 상승 에지에 동기 되어 단자 dir 에 따라 저장된 데이터가 오른쪽이나 왼쪽으로 쉬프트 된다.

rst_n	ld	en	clk	dir	q(t+1)
0	-	-	-	-	"00000000"
1	0	0	-	-	q(t)
1	0	1	↑ (X)	-	q(t)
1	1	-	↑ (O)	-	d
1	0	1	↑ (O)	0	'0' & q[7:1]
1	0	1	↑ (O)	1	q[6:0] & '0'

● 입출력 단자

이름	방향	비트수	기능
rst_n	In	1	리셋 (Active Low)
clk	In	1	클럭 (상승 에지 동기)
ld	In	1	단자 d 의 입력값 로드 (Active High)
en	In	1	쉬프트 인에이블 (Active High)
dir	In	1	쉬프트 방향 ('0'=오른쪽, '1'=왼쪽)
d	In	8	로드될 데이터
q	Out	8	저장된 데이터

● 모듈의 Verilog 코드 설계

◇ 모듈 이름 : shiftreg8b

```
module shiftreg8b (rst_n, clk, ld, en, dir, d, q);
  input rst_n;
  input clk;
  input ld;
  input en;
  input dir;
  input [7:0] d;
  output [7:0] q;

  reg [7:0] qtmp;

  always @(posedge clk, negedge rst_n)
    begin
      if (!rst_n)
         qtmp <= 8'b00000000;
      else if (ld)
         qtmp <= d;
      else if (en)
        begin
          case (dir)
            1'b0 : qtmp <= {1'b0, qtmp[7:1]};
            1'b1 : qtmp <= {qtmp[6:0], 1'b0};
            default : ;
          endcase
        end
    end

  assign q = qtmp;

endmodule
```

● 테스트벤치 모듈의 Verilog 코드 설계

◇ 모듈 이름 : shiftreg8b_tb

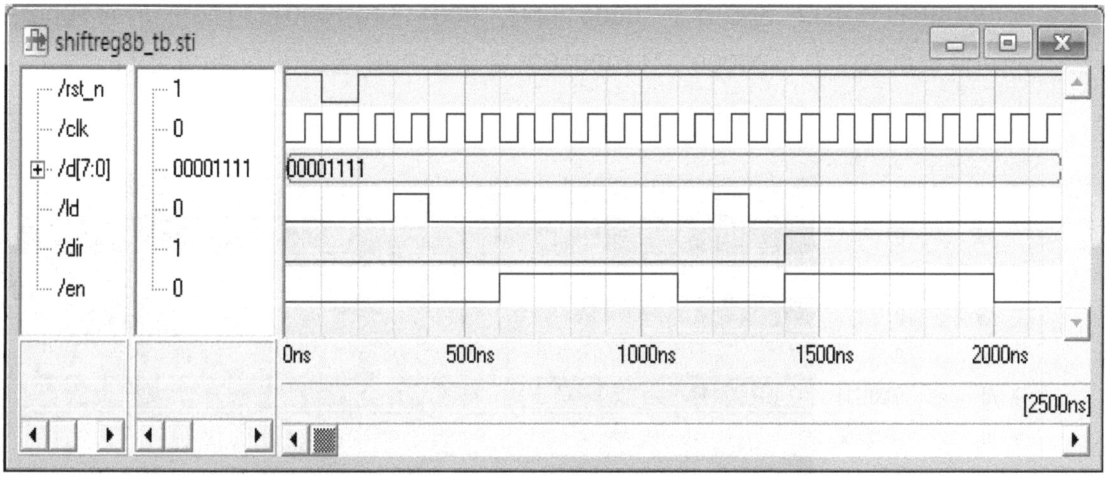

● 시뮬레이션 결과 파형

◇ 최초에 신호 rst_n='0' 이므로 리셋 동작에 의해 신호 q="00000000" 이 된다.

◇ 로드 신호 ld='1' 이면 신호 d="00001111" 이 레지스터에 저장 되어 q="00001111" 이 된다.

◇ 인에이블 신호 en='1' 이 되면 쉬프트를 시작 하는데 dir='0' 이므로 오른쪽으로 쉬프트 되면서 MSB 비트에 '0' 이 입력 된다. 신호 q 는 "00001111", "00000111", "00000011", "00000001", "00000000" 으로 클럭에 동기 되어 변화 한다.

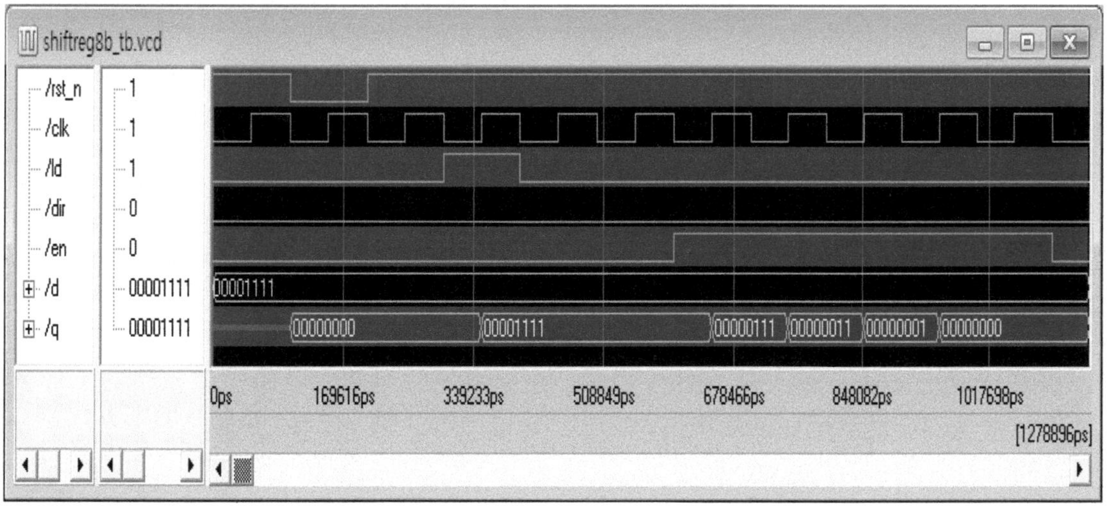

◇ 인에이블 신호 en='1' 이 되면서 dir='1' 이므로 왼쪽으로 쉬프트 되면서 LSB 비트에 '0' 이 입력 된다. 신호 q 는 "00001111", "00011110", "00111100", "01111000", "11110000", "11100000", "11000000" 으로 클럭에 동기 되어 변화 한다.

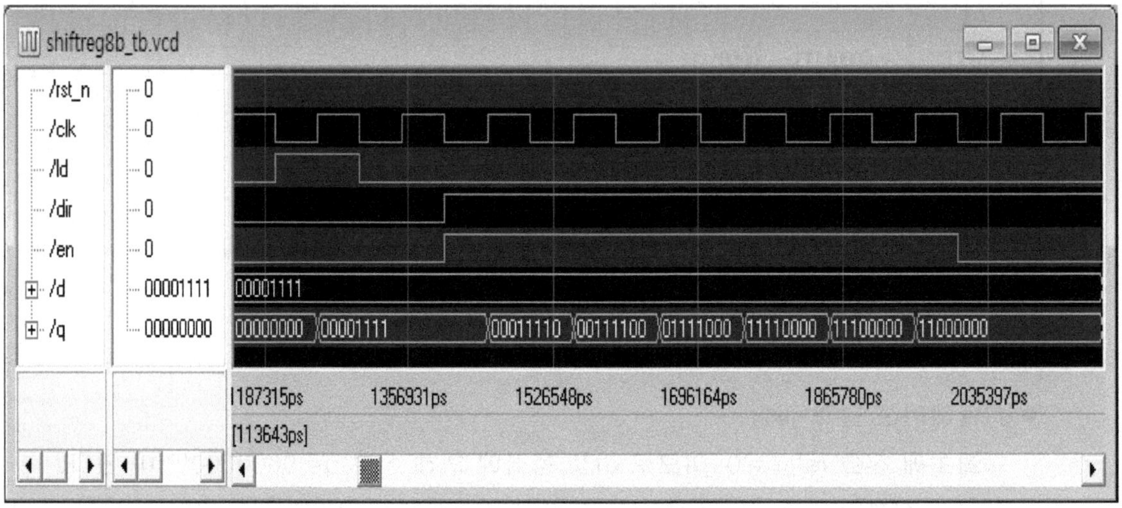

2.6. BCD 카운터 설계

● 사양

◇ BCD (Binary Coded Decimal) 카운터는 이진수를 출력 하는 카운터 모듈 이다.

◇ 본 예제는 0~9 사이의 이진수를 증가방향으로 카운팅 하는 Modulo-10 이진 카운터 이다.

◇ 리셋으로 "0000" 이 된 후 매 클럭 상승 에지에 동기 되어 1 씩 증가 하는데 "1001"가 되면 다시 "0000" 이 되어 카운팅을 반복하게 된다.

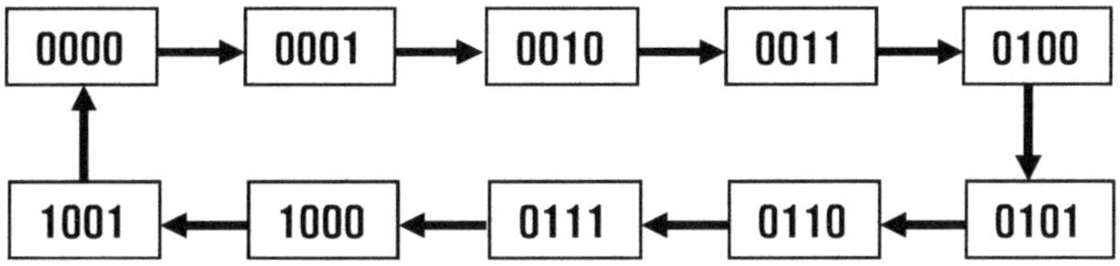

● 입출력 단자

이름	방향	비트수	기능
rst_n	In	1	리셋 (Active Low)
clk	In	1	클럭 (상승 에지 동기)
q	Out	4	카운트 출력 데이터

● 모듈의 Verilog 코드 설계

◇ 모듈 이름 : bcdcount

```
module bcdcount (rst_n, clk, q);
  input rst_n;
  input clk;
  output [3:0] q;

  reg [3:0] qtmp;
```

```
  always @(posedge clk, negedge rst_n)
    begin
      if (!rst_n)
        qtmp <= 4'b0000;
      else
        begin
        if (qtmp == 4'b1001)
          qtmp <= 4'b0000;
        else
          qtmp <= qtmp + 1;
      end
    end

   assign q = qtmp;

endmodule
```

● 테스트벤치 모듈의 Verilog 코드 설계
 ◇ 모듈 이름 : bcdcount_tb

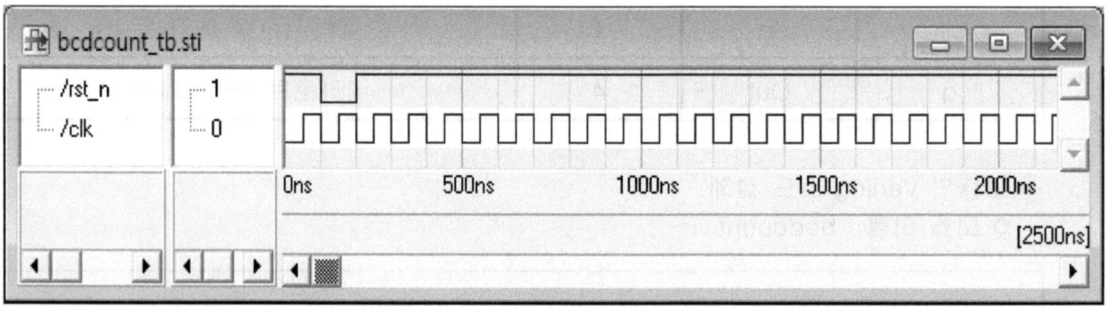

● 시뮬레이션 결과 파형
 ◇ 4 비트인 신호 q 는 십진수로 변환하여 표현 되었다.
 ◇ 최초에 신호 rst_n='0' 이므로 리셋 동작에 의해 신호 q=0 이 된다.
 ◇ 클럭 신호 clk 의 상승 에지에 동기 되어 신호 q 가 1 씩 증가하다가 9 가 되면 0 으로 다시 시작 하는 동작을 반복 한다.

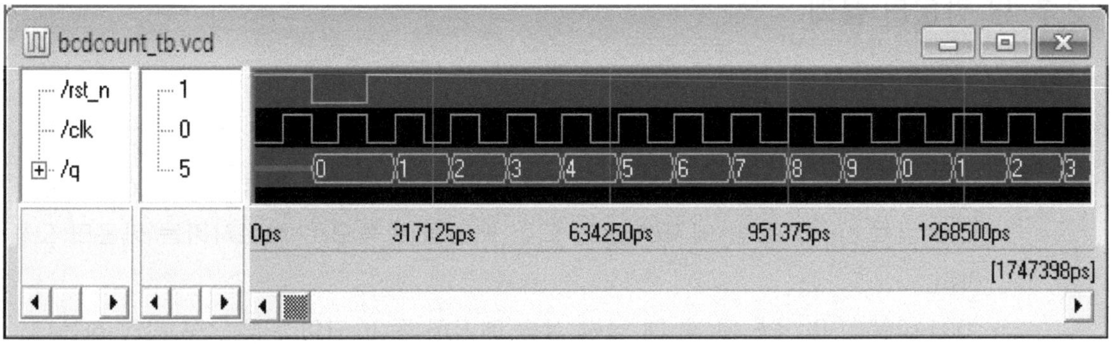
bcdcount_tb.vcd
/rst_n
/clk
/q
1
0
5
0 1 2 3 4 5 6 7 8 9 0 1 2 3
0ps
317125ps
634250ps
951375ps
1268500ps
[1747398ps]

2.7. 링 카운터 설계

- 사양
  - ◇ 링 카운터 (Ring Counter)는 일정한 패턴이 회전 하는 카운터 모듈 이다.
  - ◇ 로드 신호 ld='1' 이면 8 비트 데이터를 단자 d 를 통하여 입력시키고, 신호 ld='0' 이 되면 클럭 clk 의 상승 에지에 동기 되어 패턴을 왼쪽으로 회전시키는 카운터 모듈 이다.
  - ◇ "00110000" 이 로드된 후 매 클럭 상승 에지에 동기 되어 왼쪽으로 회전 하는데 MSB 비트는 LSB 비트로 입력 되면서 패턴이 반복적으로 돌게 된다.

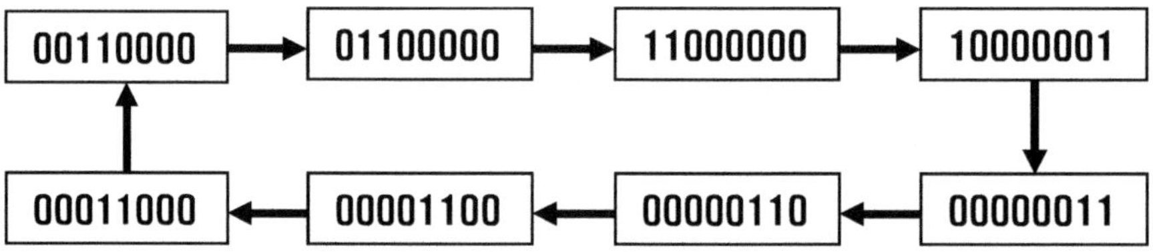

- 입출력 단자

이름	방향	비트수	기능
clk	In	1	클럭 (상승 에지 동기)
ld	In	1	로드 제어 신호 (Active High)
d	In	8	로드할 패턴
q	Out	8	링 카운트 출력 데이터

- 모듈의 Verilog 코드 설계
  - ◇ 모듈 이름 : ringcount

```
module ringcount (clk, ld, d, q);

  input clk;
  input ld;
```

```
  input  [7:0] d;
  output [7:0] q;

  reg [7:0] qtmp;

  always @(posedge clk, posedge ld)
    begin
      if (ld)
        qtmp <= d;
      else
        qtmp <= {qtmp[6:0], qtmp[7]};
    end

  assign q = qtmp;

endmodule
```

● 테스트벤치 모듈의 Verilog 코드 설계

◇ 모듈 이름 : ringcount_tb

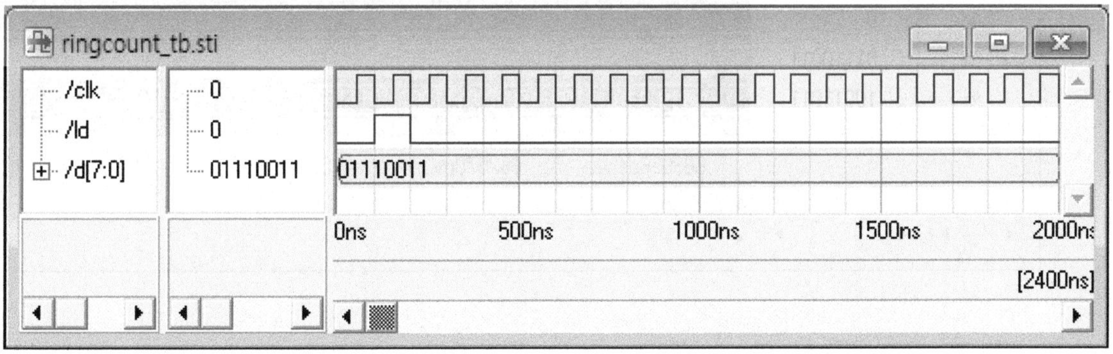

● 시뮬레이션 결과 파형

◇ 최초에는 초기화가 이루어지지 않았으므로 q="XXXXXXXX" 을 유지 한다.

◇ 로드 신호 ld='1' 이 되면 데이터 신호 d="00110000" 이 카운터에 입력 되므로 q="01110011" 이 된다.

◇ 로드 신호 ld='0' 이 되면 링 카운팅을 시작 하는데 클럭의 상승 에지에 동기 되어 신호 q 가 왼쪽으로 한 비트씩 회전 된다.

◇ 링 카운터는 "01110011" 으로 시작해서 "11100110", "11001101", "10011011", "00110111", "01101110", "11011100", "10111001" 의 8 개 서로 다른 패턴을 만들어낸다.

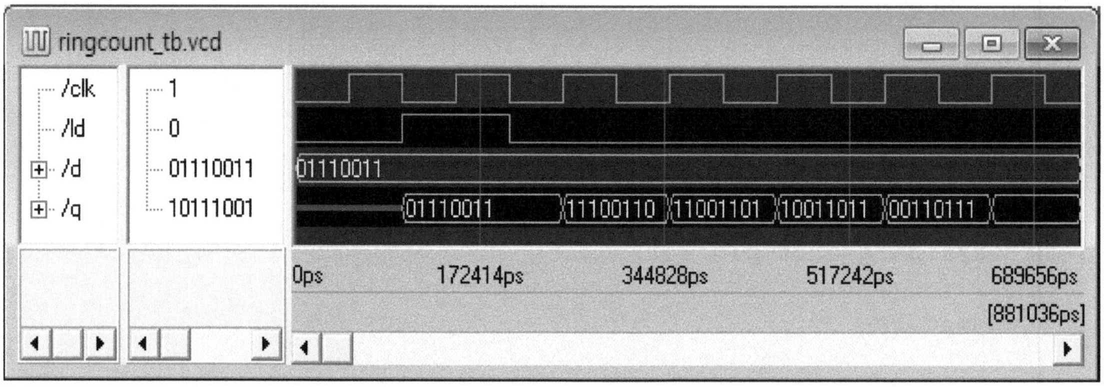

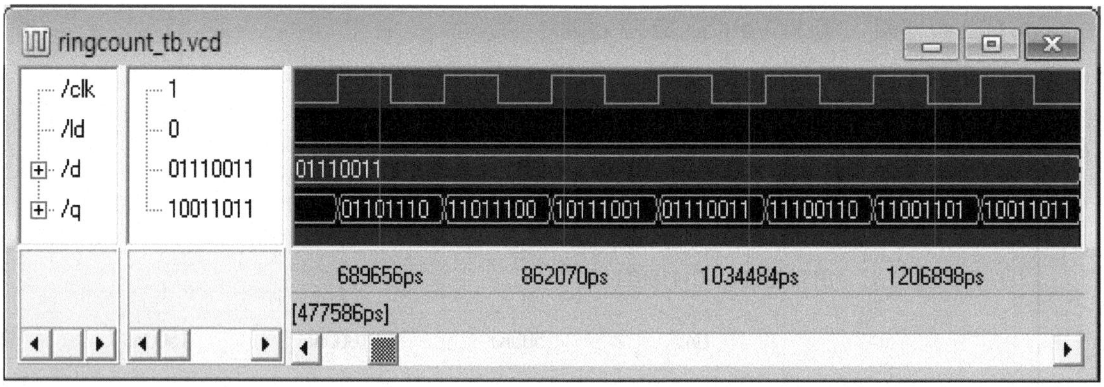

2.8. 롬 (ROM) 설계

● 사양

◇ 롬 (ROM, Read Only Memory)은 정해진 데이터를 저장 하는 기억매체로서 내용을 바꿀 수는 없고 읽기만 가능한 메모리 모듈 이다.

◇ 본 예제는 8 비트의 워드 16 개를 저장 하는 롬으로서 아래 표와 같은 데이터를 내장하고 있다.

◇ 16 개 워드를 구분하기 위한 어드레스 단자 adr 은 4 비트 폭 이다.

◇ 롬의 인에이블 단자 en='1' 이 되고, 읽기 동작을 요청 하는 단자 rd='1' 이 되어야 롬에 저장된 내용이 출력 단자 data 에 나타난다. 그렇지 않은 경우 출력단자는 High Impedance 상태를 유지 한다.

어드레스	내용	어드레스	내용
"0000" (0)	"00001010"	"1000" (8)	"01011010"
"0001" (1)	"00010100"	"1001" (9)	"01100100"
"0010" (2)	"00011110"	"1010" (10)	"01101110"
"0011" (3)	"00101000"	"1011" (11)	"01111000"
"0100" (4)	"00110010"	"1100" (12)	"10000010"
"0101" (5)	"00111100"	"1101" (13)	"10001100"
"0110" (6)	"01000110"	"1110" (14)	"10010110"
"0111" (7)	"01010000"	"1111" (15)	"10100000"

● 입출력 단자

이름	방향	비트수	기능
en	In	1	롬 선택 (Active High)
rd	In	1	읽기 요청 (Active High)
adr	In	4	어드레스
data	Out	8	메모리 저장 데이터

● 모듈의 Verilog 코드 설계

◇ 모듈 이름 : rom

```
module rom (en, rd, adr, data);
  input en;
  input rd;
  input [3:0] adr;
  output [7:0] data;

  reg [7:0] ROM_DATA [0:15];
  reg [7:0] tmp;

  initial
    begin
    ROM_DATA[0] = 8'b00001010;
    ROM_DATA[1] = 8'b00010100;
    ROM_DATA[2] = 8'b00011110;
    ROM_DATA[3] = 8'b00101000;
    ROM_DATA[4] = 8'b00110010;
    ROM_DATA[5] = 8'b00111100;
    ROM_DATA[6] = 8'b01000110;
    ROM_DATA[7] = 8'b01010000;
    ROM_DATA[8] = 8'b01011010;
    ROM_DATA[9] = 8'b01100100;
    ROM_DATA[10] = 8'b01101110;
    ROM_DATA[11] = 8'b01111000;
    ROM_DATA[12] = 8'b10000010;
    ROM_DATA[13] = 8'b10001100;
    ROM_DATA[14] = 8'b10010110;
    ROM_DATA[15] = 8'b10100000;
  end
```

```
  always @(adr, en, rd)
    begin
      if (en && rd)
        tmp = ROM_DATA[adr];
      else
        tmp = 8'bzzzzzzzz;
    end

  assign data = tmp;

endmodule
```

● 테스트벤치 모듈의 Verilog 코드 설계
  ◇ 모듈 이름 : rom_tb

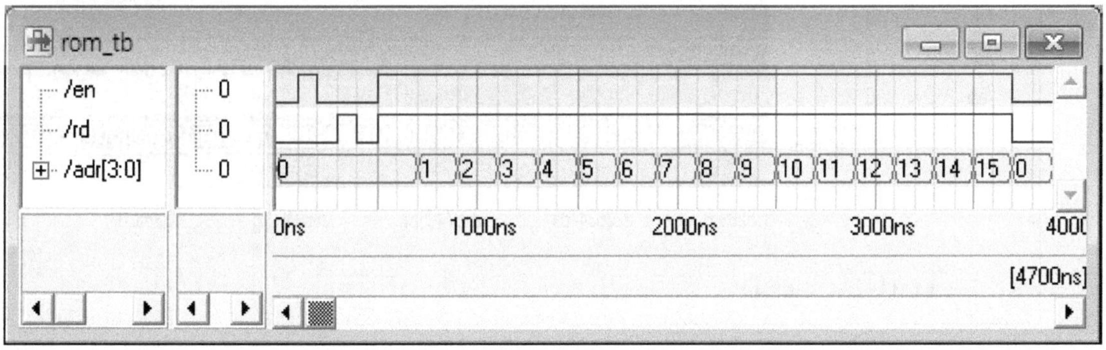

● 시뮬레이션 결과 파형
  ◇ 롬 선택 신호 en='0' 이거나 읽기 요청 신호 rd='0' 이면 신호 data="ZZZZZZZZ" 가 출력 된다.
  ◇ 신호 en='1' 이고 rd='1' 이면 어드레스 신호 adr 에 해당 하는 번지의 롬 데이터가 신호 data 로 출력 된다.
  ◇ 신호 adr=0 인 0 번지에는 신호 data="00001010" 이 저장 되어 있다.
  ◇ 신호 adr=1 인 1 번지에는 신호 data="00010100" 이 저장 되어 있다.
  ◇ 신호 adr=2 인 2 번지에는 신호 data="00011110" 이 저장 되어 있다.

◇ 나머지 번지수에도 앞서 설명된 테이블의 값들이 순차적으로 출력됨을 확인할 수 있다.

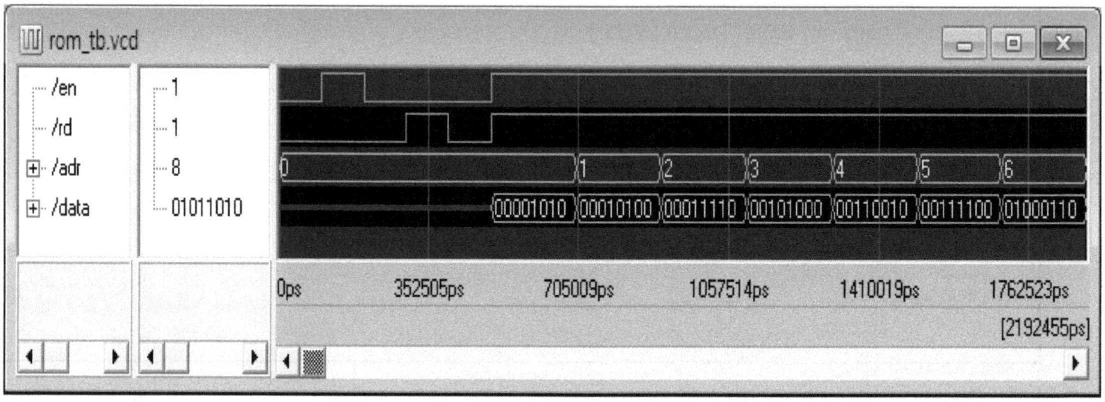

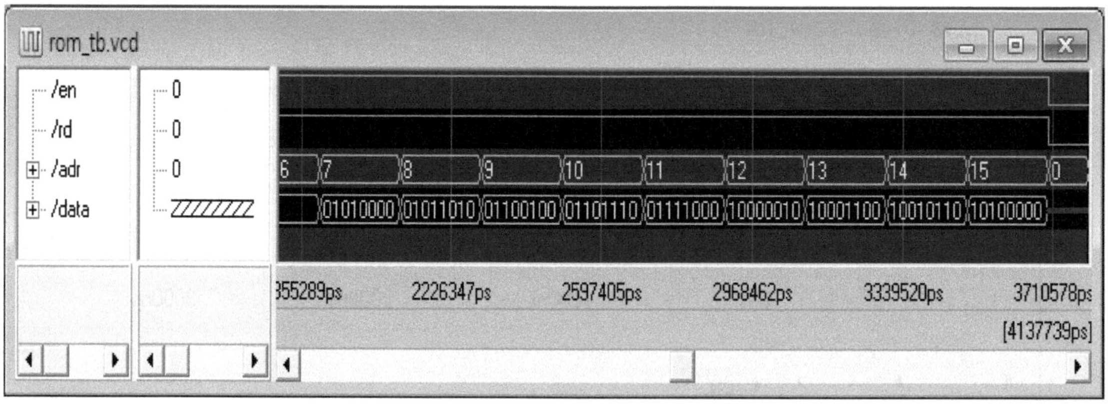

2.9. 램 (RAM) 설계

● 사양

◇ 램 (RAM, Random Access Memory) 은 데이터를 임의의 번지수에 저장도 하고 읽기도 하는 메모리 모듈 이다.

◇ 본 예제는 8 비트의 워드 8 개를 저장 하는 램 이다. 워드는 2.4 절에서 설계된 8 비트 레지스터 모듈 reg8b 을 사용 하고 8 개의 인스턴스 구문을 이용하여 8 개의 워드로 이루어진 롬을 구현 하는 방식으로 설계 한다.

◇ 레지스터 램으로 구현했기 때문에 읽기와 쓰기 동작은 독립적으로 동작 한다.

◇ 쓰기 동작은 단자 cs_n='0' 이고 wr_n='0' 인 상태에서 쓰기 어드레스 단자 wr_addr 이 가리키는 주소로 단자 data_in 에 입력된 데이터가 저장 된다.

◇ 읽기 동작은 단자 cs_n='0' 인 상태에서 읽기 어드레스 단자 rd_addr 이 가리키는 주소의 데이터가 단자 data_out 에 나타난다.

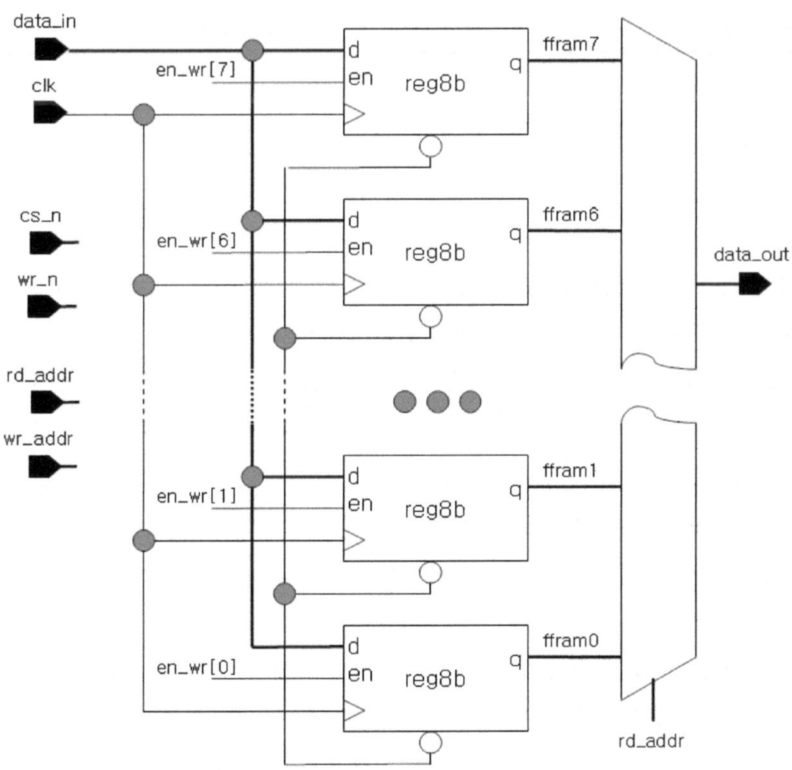

● 입출력 단자

이름	방향	비트수	기능
rst_n	In	1	리셋 (Active Low)
clk	In	1	클럭 (상승 에지 동기)
cs_n	In	1	칩 선택 (Active Low)
wr_n	In	1	쓰기 선택 (Active Low)
rd_addr	In	3	읽기 어드레스
wr_addr	In	3	쓰기 어드레스
data_in	In	8	램에 저장할 입력 데이터
data_out	Out	8	램에 저장된 출력 데이터

● 모듈의 Verilog 코드 설계

◇ 모듈 이름 : ram

◇ Verilog 코드

- 8 비트 레지스터 reg8b 를 8 개 인스턴스로 생성 하는데, 단자 clk, rst_n, d 는 동일한 시그널에 연결되지만 인에이블 단자 en 과 출력 단자 q 는 다르게 연결된다. 단자 en 은 신호 en_wr 에 연결되는데 쓰기 주소와 같은 레지스터만이 인에이블 되도록 한다. 단자 q 는 신호 ffram 에 연결되는데 뒷 단에 있는 멀티플렉서에 연결 시키기 위하여 시그널 어레이에 연결 하였다.
- 첫 번째 always 구문은 쓰기 동작을 수행 하는 레지스터에는 인에이블 단자에 '1' 을 가 하고, 그렇지 않는 단자에는 '0' 을 결정 하는 신호를 생성 한다.
- 두 번째 always 구문은 멀티플렉서의 동작을 모델링 한다. 단자 rd_addr 의 값에 따라 레지스터의 출력 단자에 연결된 신호 ffram# 중 하나를 선택하여 단자 data_out 에 출력 한다.

```
module ram (rst_n, clk, cs_n, wr_n, rd_addr, wr_addr,
            data_in, data_out);
  input rst_n;
  input clk;
  input cs_n;
  input wr_n;
  input [2:0] rd_addr;
  input [2:0] wr_addr;
  input [7:0] data_in;
  output [7:0] data_out;

  reg [7:0] data_out;
  wire [7:0] ffram7;
  wire [7:0] ffram6;
  wire [7:0] ffram5;
  wire [7:0] ffram4;
  wire [7:0] ffram3;
  wire [7:0] ffram2;
  wire [7:0] ffram1;
  wire [7:0] ffram0;
  reg [7:0] en_wr;
  integer i;

  reg8b
    REG7 (
      .q (ffram7),
      .clk (clk),
      .rst_n (rst_n),
      .en (en_wr[7]),
      .d (data_in));

  reg8b
    REG6 (
      .q (ffram6),
      .clk (clk),
```

```
    .rst_n (rst_n),
    .en (en_wr[6]),
    .d (data_in));

reg8b
  REG5 (
    .q (ffram5),
    .clk (clk),
    .rst_n (rst_n),
    .en (en_wr[5]),
    .d (data_in));

reg8b
  REG4 (
    .q (ffram4),
    .clk (clk),
    .rst_n (rst_n),
    .en (en_wr[4]),
    .d (data_in));

reg8b
  REG3 (
    .q (ffram3),
    .clk (clk),
    .rst_n (rst_n),
    .en (en_wr[3]),
    .d (data_in));

reg8b
  REG2 (
    .q (ffram2),
    .clk (clk),
    .rst_n (rst_n),
    .en (en_wr[2]),
    .d (data_in));
```

```
reg8b
  REG1 (
    .q (ffram1),
    .clk (clk),
    .rst_n (rst_n),
    .en (en_wr[1]),
    .d (data_in));

reg8b
  REG0 (
    .q (ffram0),
    .clk (clk),
    .rst_n (rst_n),
    .en (en_wr[0]),
    .d (data_in));

always @(wr_addr, cs_n, wr_n)
  begin
    if (!cs_n && !wr_n)
      begin
      for (i = 0; i <= 7; i = i + 1)
        begin
          if (i == wr_addr)
            en_wr[i] = 1'b1;
          else
            en_wr[i] = 1'b0;
        end
      end
    end

always @(rd_addr, ffram0, ffram1, ffram2, ffram3,
         ffram4, ffram5, ffram6, ffram7)
  begin
    case (rd_addr)
      3'b000 : data_out = ffram0;
      3'b001 : data_out = ffram1;
      3'b010 : data_out = ffram2;
```

```
        3'b011 : data_out = ffram3;
        3'b100 : data_out = ffram4;
        3'b101 : data_out = ffram5;
        3'b110 : data_out = ffram6;
        3'b111 : data_out = ffram7;
         default : ;
      endcase
    end

endmodule
```

- 테스트벤치 모듈의 Verilog 코드 설계
  - ◇ 모듈 이름 : ram_tb

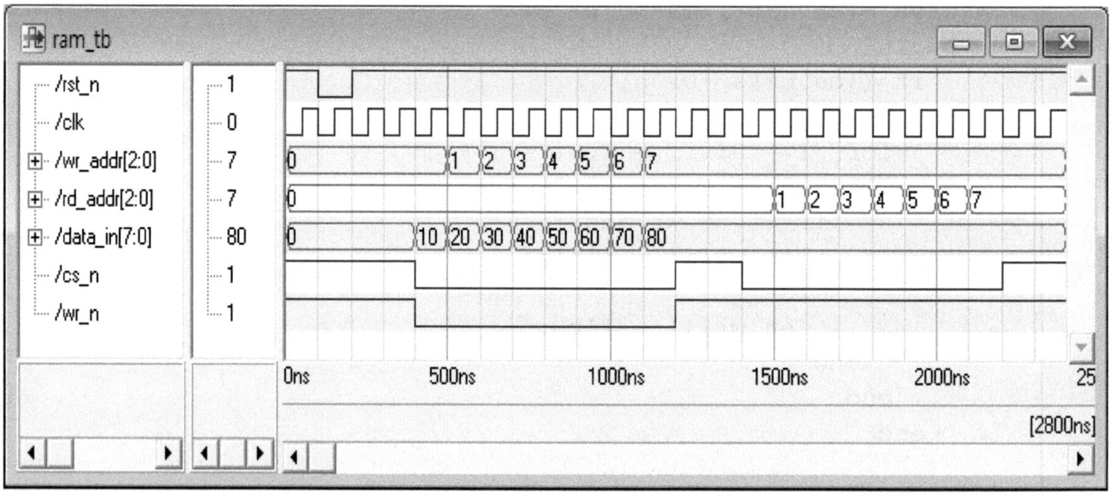

- 시뮬레이션 결과 파형
  - ◇ 아래 시뮬레이션 결과는 램에 일정한 패턴의 데이터를 썼다가 다시 읽는 동작 이다.
  - ◇ 칩 선택 신호 cs_n='0' 이고 쓰기 동작 신호 wr_n='0' 이면 신호 wr_addr 가 지정하는 어드레스에 신호 data_in 의 값이 저장 된다. 0~7 번지까지 10~80 정수 값이 차례로 입력 되었다.

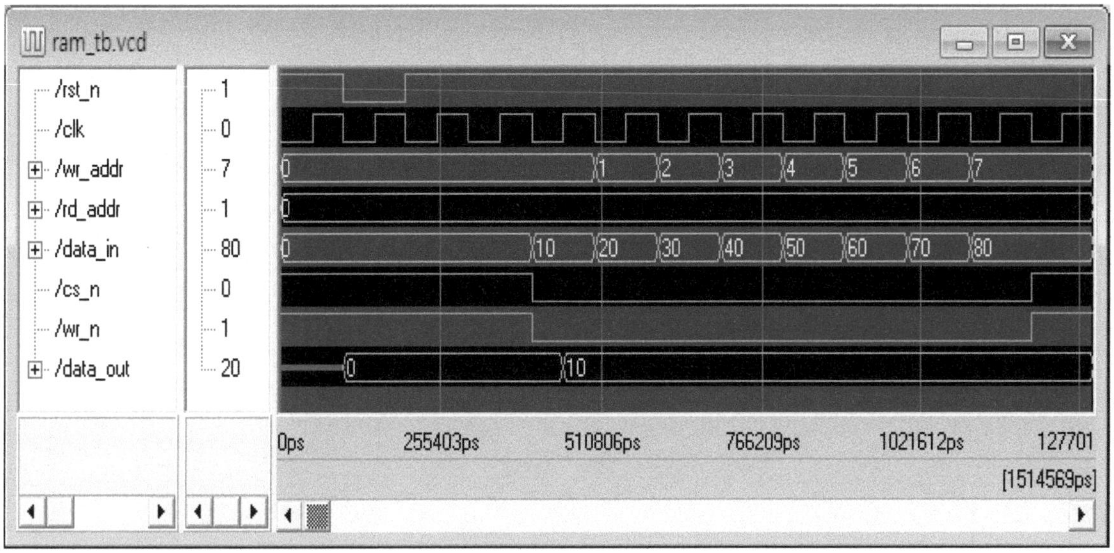

◇ 칩 선택 신호 cs_n='0' 이고 쓰기 동작 신호 wr_n='1' 이면 램에 저장된 데이터를 읽는 동작으로써 신호 rd_addr 가 가리키는 어드레스에 저장된 데이터가 신호 data_out 에 나타난다. 0~7 번지까지 저장된 데이터를 읽었더니 10~80 정수 값이 차례로 출력 되었다. 이는 앞에서 저장된 데이터가 그대로 출력됨을 확인할 수 있다.

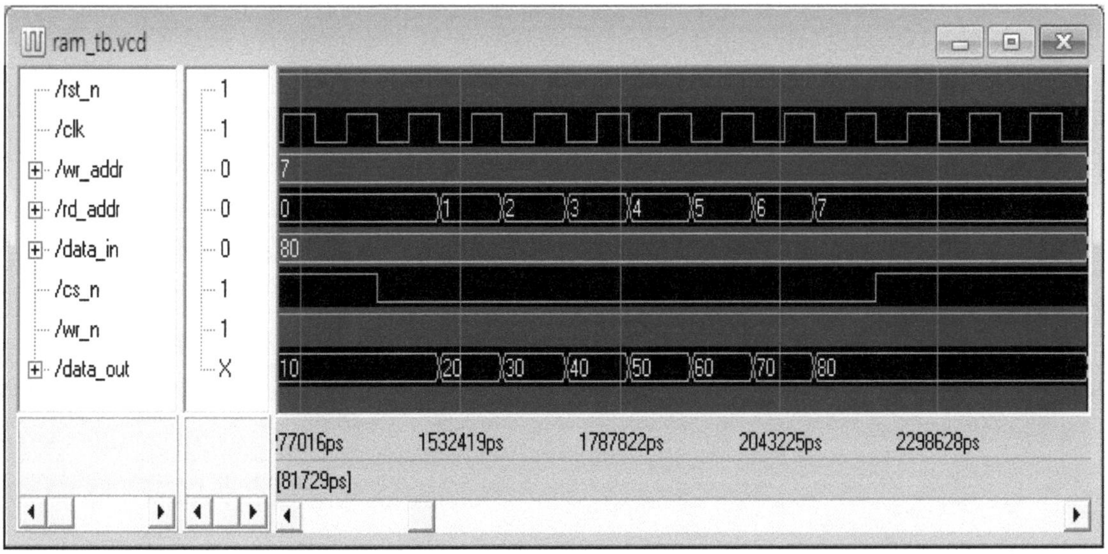

3 장
유한상태머신

3.1. Level to Pulse 변환기 설계
3.1.1. Mealy 타입의 RTL 설계
3.1.2. Mealy 타입의 논리회로도 설계
3.1.3. Moore 타입의 RTL 설계
3.1.4. Moore 타입의 논리회로도 설계
3.2. 패턴 감지 회로 설계
3.3. 마이크로 시퀀서 설계
3.4. 교통 신호등 제어기 설계
3.4.1. 전역 상수 설계
3.4.2. 타이머 모듈 설계
3.4.3. 제어 모듈의 설계
3.4.4. 최상위 모듈 설계

3.1. Level to Pulse 변환기 설계

● 사양

◇ Level to Puse 변환기는 입력신호의 논리가 '0' 에서 '1' 상태로 바뀔 때마다 하나의 펄스를 생성시키는 회로 이다.

◇ 본 예제 회로는 유한상태머신 (FSM, Finite State Machine) 으로 구현 하는데 4 가지 방법으로 설계를 진행할 것 이다. Mealy 와 Moore 타입의 차이점을 이해 하고 상태도로부터 각 타입의 FSM 논리회로도를 추출 하는 과정을 실습 하게 된다.

- Mealy 타입의 RTL 설계 (3.1.1 절)
- Mealy 타입의 논리회로도 설계 (3.1.2 절)
- Moore 타입의 RTL 설계 (3.1.3 절)
- Moore 타입의 논리회로도 설계 (3.1.4 절)

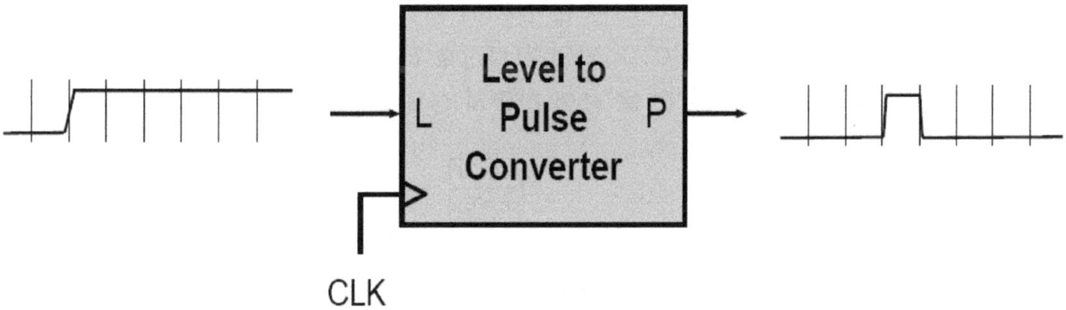

● 입출력 단자 (Level to Pulse 변환기 모든 설계에 공통)

이름	방향	비트수	기능
rst_n	In	1	리셋 (Active Low)
clk	In	1	클럭 (상승 에지 동기)
si	In	1	레벨 입력 신호
so	Out	1	펄스 출력 신호

3.1.1. Mealy 타입의 RTL 설계

● 사양

◇ Mealy 타입 FSM은 출력 신호가 현재 상태와 입력 신호의 함수가 되는 논리회로로서 상태를 구현 하는 플립플롭의 개수가 줄어드는 반면 조합논리가 증가 하는 특징을 갖는다.

◇ Mealy 타입 FSM의 동작을 설계한 상태도는 아래 그림과 같다.

- Mealy 상태도는 입력신호에 의한 조건식과 출력신호 지정이 모두 천이에 정의 된다.
- 상태 S0 는 시작상태로서 입력 신호 si='0' 일 때 머무는 상태 이다.
- 상태 S1 은 입력신호 si='1' 일 때 머무는 상태 이다.
- 상태 S0 에서 신호 si='0' 이면 현 상태에 계속 머물면서 신호 so='0' 을 출력 한다.
- 상태 S0 에서 신호 si='1' 이 되면 입력신호 레벨이 '0' 에서 '1' 로 변경된 경우 이므로 신호 so='1' 을 출력 하면서 상태 S1 으로 이동 한다.
- 상태 S1 에서 신호 si='1' 이면 현 상태에 계속 머물면서 신호 so='0' 을 출력 한다.
- 상태 S1 에서 신호 si='0' 이 되면 입력신호 레벨이 '1' 에서 '0' 로 변경된 경우 이므로 신호 so='0' 을 출력 하면서 상태 S0 으로 이동 한다.

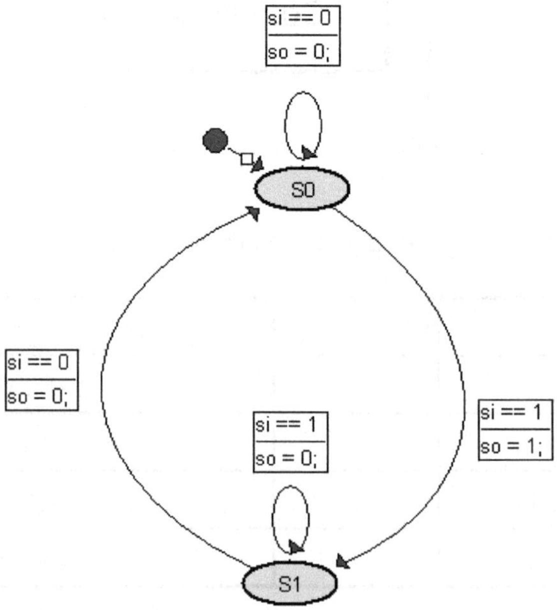

● 모듈의 Verilog 코드 설계

◇ 모듈 이름 : l2p_Mealy_RTL

```
module l2p_Mealy_RTL (rst_n, clk, si, so);
  input rst_n;
  input clk;
  input si;
  output so;

  reg so;
  parameter S0 = 0, S1 = 1;
  reg current_state, next_state;

  always @(current_state, si)
    begin: COMBIN
    case (current_state)
      S0:
        begin
        if (!si)
          begin
          next_state = S0;
          so = 1'b0;
          end
        else if (si)
          begin
          next_state = S1;
          so = 1'b1;
          end
        end
      S1:
        begin
        if (si)
          begin
          next_state = S1;
          so = 1'b0;
          end
```

```
         else if (!si)
           begin
           next_state = S0;
           so = 1'b0;
           end
         end

       default:
         next_state = S0;

     endcase
     end

   always @(posedge clk, negedge rst_n)
     begin: SYNCH
     if (!rst_n)
        current_state <= S0;
     else
        current_state <= next_state;
     end

endmodule
```

● 테스트벤치 모듈의 Verilog 코드 설계

◇ 모듈 이름 : l2p_Mealy_RTL_tb

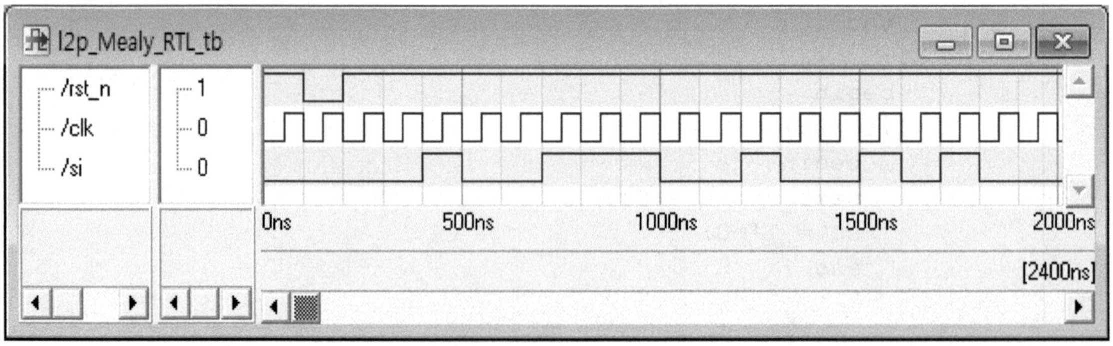

● 시뮬레이션 결과 파형

◇ 신호 rst='0' 이면 리셋 되어 신호 so='0' 이 된다.

◇ 신호 si='1' 로 바뀌어 유지되는 시간에 상관없이 신호 so 에 펄스가 출력 된다.

◇ 신호 so 에 출력되는 펄스의 상승 에지는 신호 si 에 동기 되고, 하강 에지는 클럭 신호 clk 의 상승 에지에 동기 된다. Mealy 타입은 입력 신호 si 의 함수가 되기 때문이다.

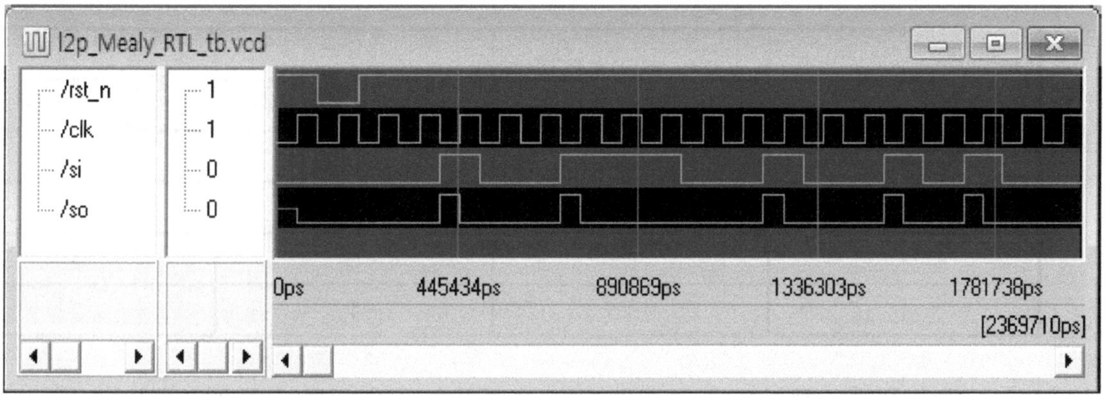

3.1.2. Mealy 타입의 논리회로도 설계

● 사양

◇ Mealy 타입의 상태도에서 FSM 논리회로도를 구하는 과정은 다음과 같다.

- 상태는 S0 와 S1, 2 개 뿐이므로 1 비트를 할당하며 S0='0', S1='1' 으로 결정 한다.
- 입력신호는 현재 상태 S 와 입력 신호 si 이고, 출력신호는 다음 상태 S+ 와 출력 신호 so 로 진리표를 작성 하면 아래와 같다.

현재 상태	입력 신호	다음 상태	출력 신호
S	si	S+	so
0	0	0	0
0	1	1	1
1	0	0	0
1	1	1	0

- 진리표에서 출력 신호 각각에 대해 논리식을 추출 하면 다음과 같다.

For S+

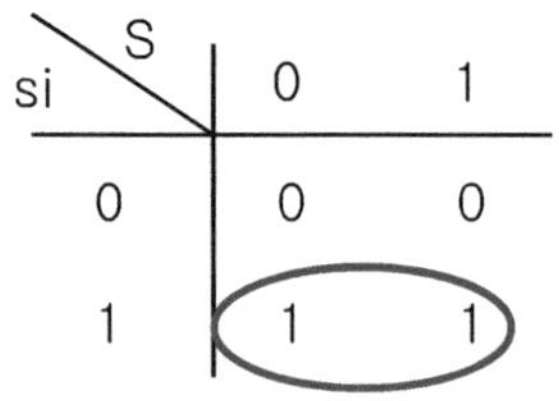

S+ = si

For so

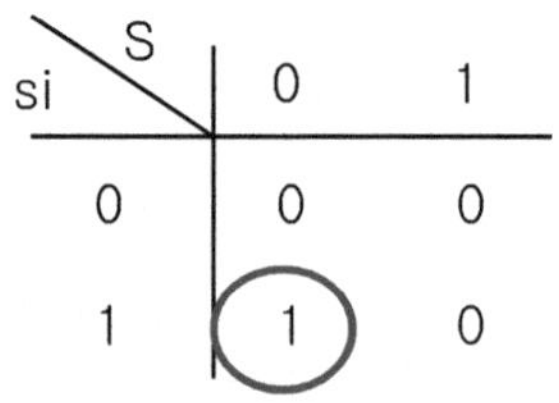

so = si · ^S

- 상태는 하나의 D 플립플롭으로 구현되고 플립플롭의 출력 단자 Q 가 현재 상태, 입력 단자 D가 다음 상태가 된다. 첫 번째 논리식 "S+ = si" 는 플립플롭의 단자 D 가 입력 단자 si 에 연결되는 것이고, 두 번째 논리식 "so = si · ^S" 은 플립플롭의 출력단자 QN (^S) 과 입력 단자 si 를 입력으로 하는 AND 게이트로 구현 된다.

- D 플립플롭은 2.2 절에서 설계된 dflipflop 모듈을 사용 한다.

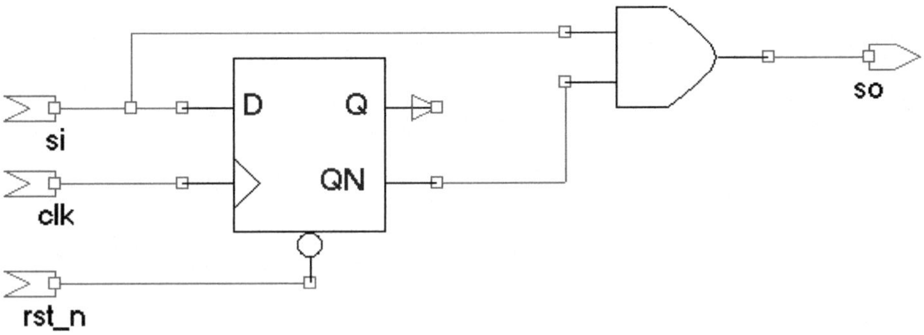

● 모듈의 Verilog 코드 설계

◇ 모듈 이름 : l2p_Mealy_STR

```
module l2p_Mealy_STR (rst_n, clk, si, so);
  input rst_n;
  input clk;
  input si;
  output so;

  wire  tmp_qb;

  dflipflop
    s0 (
      .d (si),
      .clk (clk),
      .reset_n (rst_n),
      .q (),
      .qb (tmp_qb));

  assign so = si & tmp_qb;

endmodule
```

- 테스트벤치 모듈의 Verilog 코드 설계
  - ◇ 모듈 이름 : l2p_Mealy_STR_tb

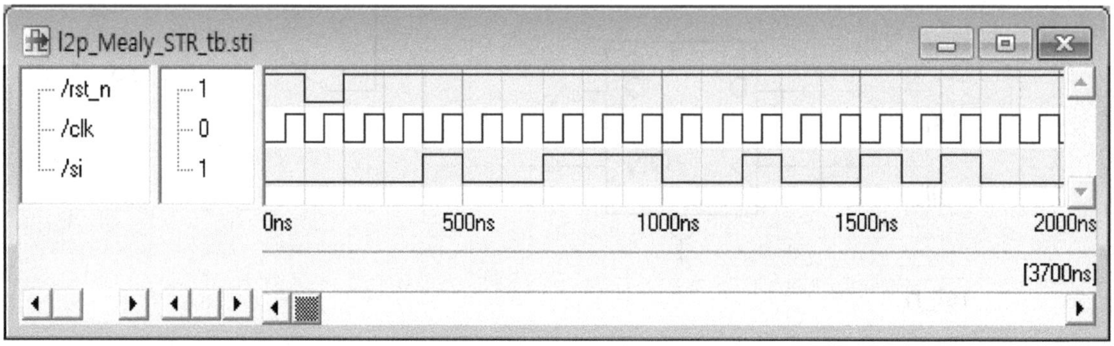

- 시뮬레이션 결과 파형
  - ◇ 신호 rst='0' 이면 리셋 되어 신호 so='0' 이 된다.
  - ◇ 신호 si='1' 로 바뀌어 유지되는 시간에 상관없이 신호 so 에 펄스가 출력 된다.
  - ◇ 신호 so 에 출력되는 펄스의 상승 에지는 신호 si 에 동기 되고, 하강 에지는 클럭 신호 clk 의 상승 에지에 동기 된다. Mealy 타입은 입력 신호 si 의 함수가 되기 때문이다.
  - ◇ 3.1.1 절의 Mealy 타입의 RTL 설계와 동일한 결과를 얻었다.

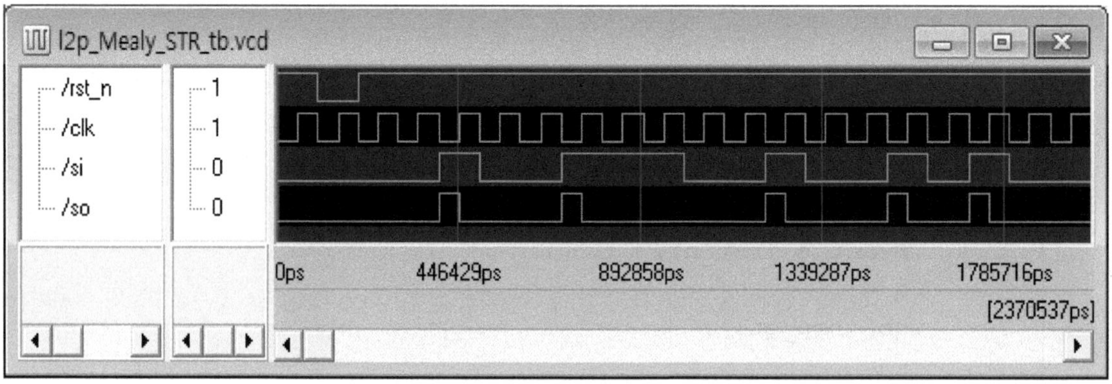

3.1.3. Moore 타입의 RTL 설계

● 사양

◇ Moore 타입 FSM은 출력 신호가 현재 상태만의 함수가 되는 논리회로로서 상태의 개수가 늘어나 플립플롭의 개수가 증가 하는 반면 조합논리가 감소 하는 특징을 갖는다.

◇ Moore 타입 FSM의 동작을 설계한 상태도는 아래 그림과 같다.

- Moore 상태도는 입력신호에 의한 조건식은 천이에 정의되지만 출력신호 지정은 상태에 정의 된다.
- 상태 S0 는 시작상태로서 입력 신호 si='0' 으로 머무는 상태 이다.
- 상태 S1 은 입력신호 si='0' 에서 '1' 로 바뀐 경우의 상태 이다.
- 상태 S2 는 입력신호 si 가 계속 '1' 에 머무는 상태 이다.
- 상태 S0 에서 신호 si='0' 이면 현 상태에 계속 머물면서 신호 so='0' 을 출력 하고 신호 si='1' 이 되면 상태 S1 으로 옮기면서 신호 so='1' 을 출력 한다.
- 상태 S1 에서 신호 si='0' 이 되면 상태 S0 로 옮기면서 신호 so='0' 을 출력 하고 신호 si='1' 을 유지 하면 상태 S2 로 옮기면서 신호 so='0' 을 출력 한다.
- 상태 S2 에서 신호 si='1' 을 유지 하면 상태 S2 에 계속 머물면서 신호 so='0' 을 출력 하지만 신호 si='0' 이 되면 상태 S0 로 옮기고 신호 so='0' 을 출력 한다.

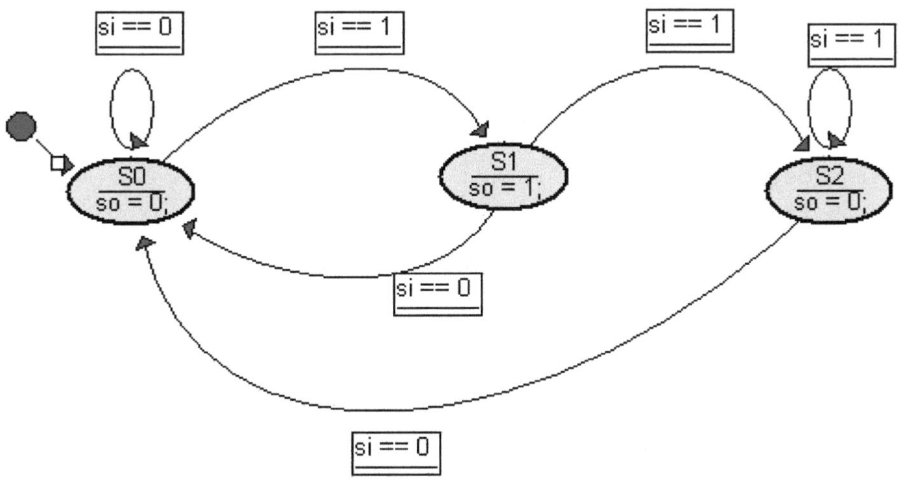

● 모듈의 Verilog 코드 설계

◇ 모듈 이름 : l2p_Moore_RTL

```
module l2p_Moore_RTL (rst_n, clk, si, so);
  input rst_n;
  input clk;
  input si;
  output so;

  reg so;
  parameter [1:0] S0 = 0, S1 = 1, S2 = 2;
  reg [1:0] current_state, next_state;

  always @(current_state, si)
    begin: COMBIN
    case (current_state)
      S0:
        begin
        if (!si)
          next_state = S0;
        else if (si)
          next_state = S1;
        so = 1'b0;
        end

      S1:
        begin
        if (si)
          next_state = S2;
        else if (!si)
          next_state = S0;
        so = 1'b1;
        end
```

```
      S2:
        begin
        if (si)
          next_state = S2;
        else if (!si)
          next_state = S0;
        so = 1'b0;
        end

      default:
        next_state = S0;
    endcase
    end

  always @(posedge clk, negedge rst_n)
    begin: SYNCH
    if (!rst_n)
       current_state <= S0;
    else
       current_state <= next_state;
    end

endmodule
```

● 테스트벤치 모듈의 Verilog 코드 설계

◇ 모듈 이름 : l2p_Moore_RTL_tb

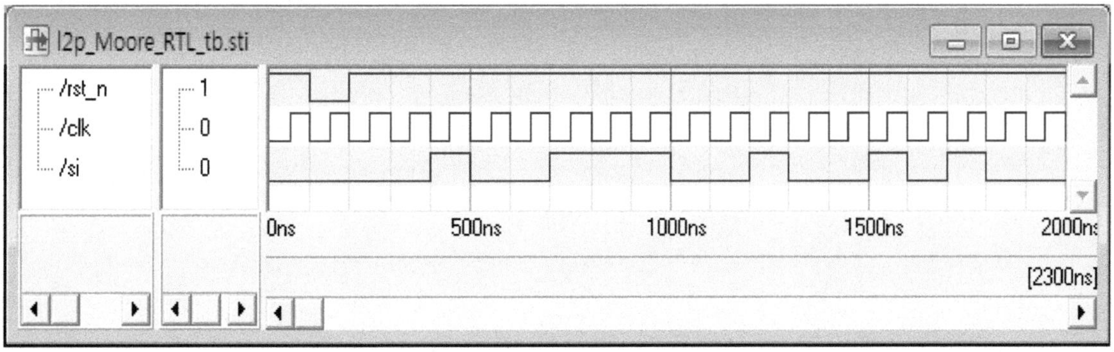

● 시뮬레이션 결과 파형

◇ 신호 rst='0' 이면 리셋 되어 신호 so='0' 이 된다.

◇ 신호 si='1' 로 바뀌어 유지되는 시간에 상관없이 신호 so 에 펄스가 출력 된다.

◇ 신호 so 에 출력되는 펄스는 클럭의 상승 에지에 동기 된다. Moore 타입은 상태만의 함수이고 상태는 플립플롭의 출력이기 때문 이다.

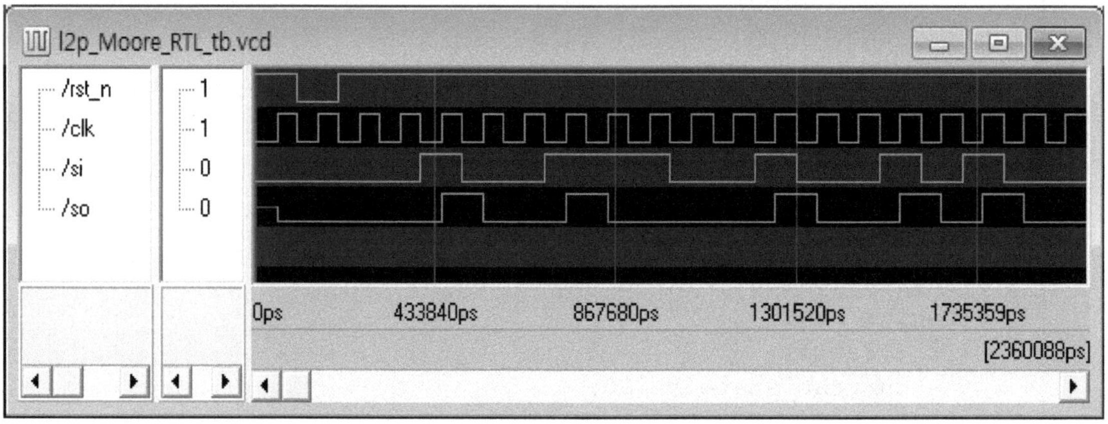

3.1.4. Moore 타입의 논리회로도 설계

● 사양

◇ Moore 타입의 상태도에서 FSM 논리회로도를 구하는 과정은 다음과 같다.

- 상태는 S0, S1, S2 의 3 개이므로 2 비트를 할당하며 S0="00", S1="01", S2="11" 으로 결정 한다.
- 진리표에서 입력은 천이의 시작상태에 해당되는 두 비트값 {X1, X0} 와 입력 신호 si 이고, 출력은 천이의 끝 상태 에 해당되는 {X1+, X0+} 와 출력 신호 so 이다.

현재 상태		입력 신호	다음 상태		출력 신호
X1	X0	si	X1+	X0+	so
0	0	0	0	0	0
0	0	1	0	1	0
0	1	0	0	0	1
0	1	1	1	1	1
1	1	0	0	0	0
1	1	1	1	1	0

- 진리표에서 출력 상태 X1+ 과 X0+ 에 대해 논리식을 추출 하면 다음과 같다.

For X1+

si \ X1X0	00	01	11	10
0	0	0	0	-
1	0	1	1	-

X1+ = X0 · si

For X0+

si \ X1X0	00	01	11	10
0	0	0	0	-
1	1	1	1	-

X0+ = si

- 진리표에서 출력 so 는 현재상태 X1 과 X0 만의 논리식이므로 다음과 같다.

For so

X0 \ X1	0	1
0	0	-
1	(1)	0

so = X0 · ^X1

- 상태는 2 개의 D 플립플롭으로 구현되고 플립플롭의 출력 단자 Q 가 현재 상태 (X0 와 X1), 플립플롭 입력 단자 D가 다음 상태 (X0+ 와 X1+) 가 된다.
- 첫 번째 논리식 "X1+ = X0 · si" 는 상단 플립플롭의 출력 단자 Q 와 입력단자 si 를 입력으로 하는 AND 게이트의 출력이 하단 플립플롭의 입력단자 D 에 연결됨을 의미 한다.
- 두 번째 논리식 "X0+ = si" 는 입력단자 si 가 상단 플립플롭의 입력단자 D 에 직접 연결됨을 의미 한다.
- 세 번째 논리식 "so = X0 · X1" 은 상단 플립플롭의 출력단자 Q 와 하단 플립플롭의 출력단자 QN 을 입력으로 하는 AND 게이트의 출력이 출력단자 so 에 연결됨을 의미 한다.

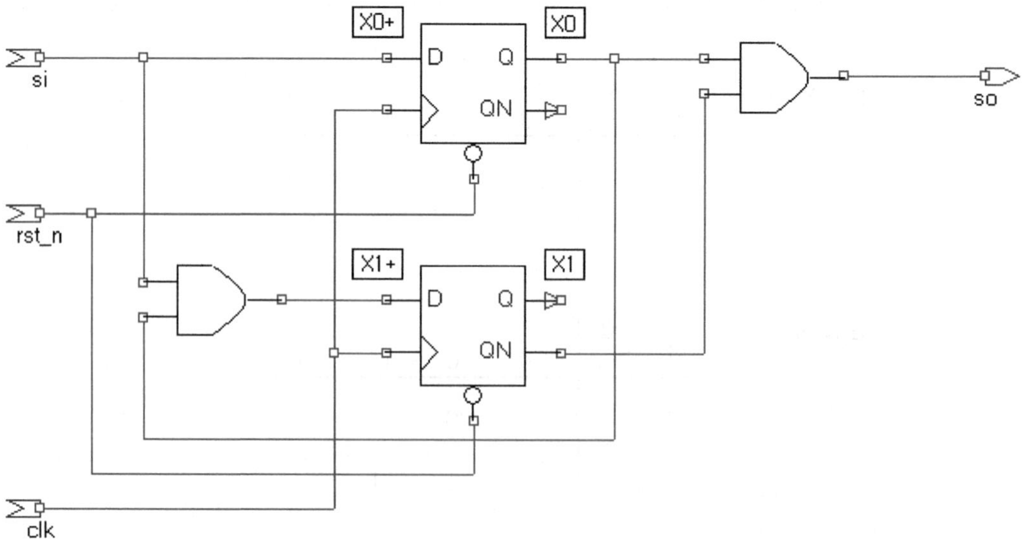

● 모듈의 Verilog 코드 설계
◇ 모듈 이름 : l2p_Moore_STR

```
module l2p_Moore_STR (rst_n, clk, si, so);
  input rst_n;
  input clk;
  input si;
  output so;

  wire  s1n;
  wire  s0c;
  wire  s1c_n;

  dflipflop
    s0 (
      .d (si),
      .clk (clk),
      .reset_n (rst_n),
      .q (s0c),
      .qb ());

  dflipflop
    s1 (
      .d (s1n),
      .clk (clk),
      .reset_n (rst_n),
      .q (),
      .qb(s1c_n));

  assign s1n = si & s0c;
  assign so = s0c & s1c_n;

endmodule
```

- 테스트벤치 모듈의 Verilog 코드 설계
  - ◇ 모듈 이름 : l2p_Moore_STR_tb

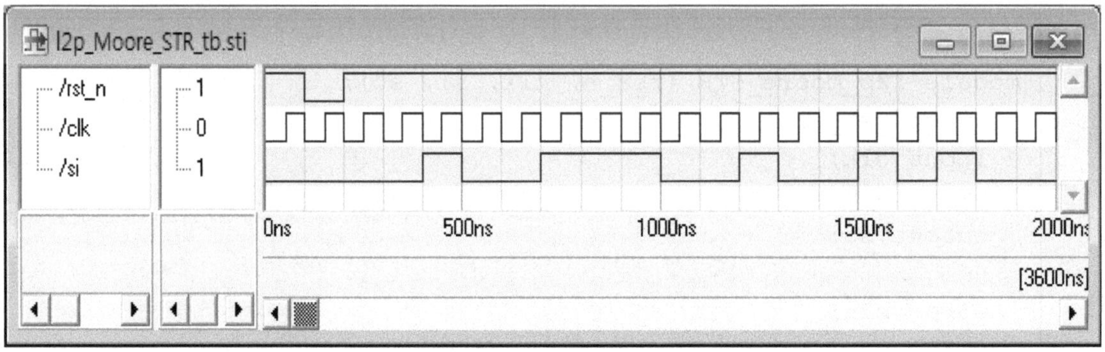

- 시뮬레이션 결과 파형
  - ◇ 3.1.3 절의 Moore 타입의 RTL 설계와 동일한 결과를 얻었다.

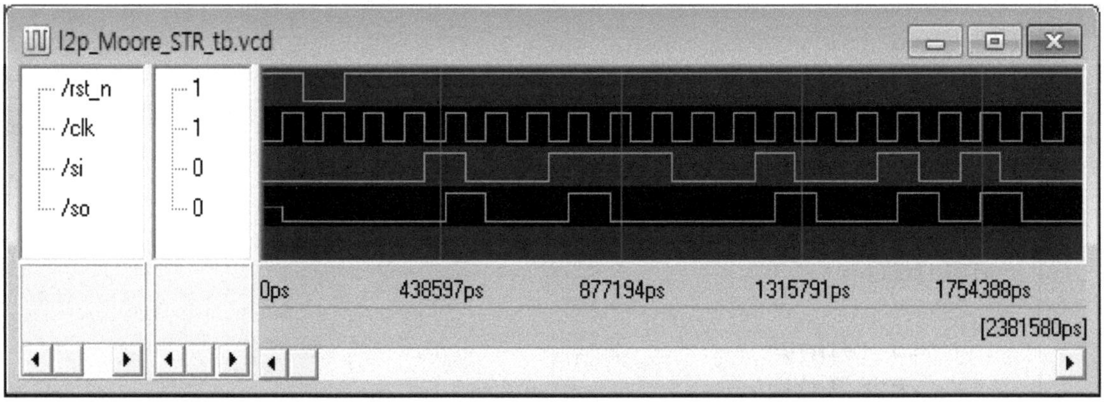

3.2. 패턴 감지 회로 설계

● 사양

◇ 패턴 감지 회로 회로는 입력에 흘러 들어오는 비트 스트림 (bit stream)에서 일정한 패턴을 찾아 내는 기능의 모듈 이다.

◇ 비트 스트림은 단자 si 에 입력되는데 클럭 단자 clk 의 상승 에지 순간에 신호값이 감지 된다.

◇ 연속적으로 감지되는 값이 "1101" 패턴과 동일한지를 판단 하는데 4 비트 단위로 비교 하는 것이 아니고 감지되는 비트를 차례로 검사하다가 패턴이 틀리면 곧바로 다시 시작하게 된다.

◇ "1101" 패턴을 발견 하면 단자 flag='1' 을 출력하여 정해진 패턴을 발견했음을 알린다.

◇ Moore 타입의 유한상태머신으로 설계 한다.

● 입출력 단자

이름	방향	비트수	기능
rst_n	In	1	리셋 (Active Low)
clk	In	1	클럭 (상승 에지 동기)
si	In	1	비트 스트림 데이터 입력
flag	Out	1	패턴 발견 (Active High)
so	Out	1	입력된 비트 스트림의 출력

● Moore 타입 상태도 설계

◇ 패턴 "1101" 을 찾아내는 동작을 Moore 타입 상태도로 나타내면 아래 그림과 같다.

◇ 5 개의 상태 (SRART, S1, S2, S3, S4)를 가지며 처음 시작 하는 상태는 START 이다. 상태 이름에서 'S' 글자 다음의 숫자는 패턴 "1101" 과 일치된 비트의 개수를 의미 한다. 예를 들어 단자 si 에 입력된 비트에서 "11" 이 입력되면 "1101" 의 처음 2 개의 비트가 동일하므로 S2 상태에 머물러야 한다.

◇ 시작 상태 START 에서 '1' 이 감지되면 "1101" 의 첫째 비트 '1' 과 동일하므로 상태 S1 으로 이동 하고, 아니면 상태 START 에 머물러 있게 된다.

◇ 상태 S1 에서 '1'이 감지되면 "1101" 의 두 번째 비트 '1' 과 동일하므로 상태 S2 로 이동 하고, '0' 이 감지되면 동일한 비트가 없으므로 상태 START 로 이동 한다.

◇ 상태 S2 에서 '0' 이 감지되면 "1101" 의 세 번째 비트 '0' 과 동일하므로 상태 S3 로 이동 하고, '1' 이 감지되면 "1101" 의 처음 "11" 과 동일하므로 상태 S2 에 머문다.

◇ 상태 S3 에서 '1' 이 감지되면 "1101" 의 네 번째 비트 '1' 과 동일하므로 상태 S4 로 이동 하면서 flag='1' 로 패턴을 찾았음을 알린다. '0' 이 감지되면 최초의 상태 START 로 이동 한다.

◇ 상태 S4 에서 '1' 이 감지되면 "1101" 의 처음 "11" 과 동일하므로 상태 S2 로 이동 하고, '0' 이 감지되면 최초의 상태 START로 이동 한다.

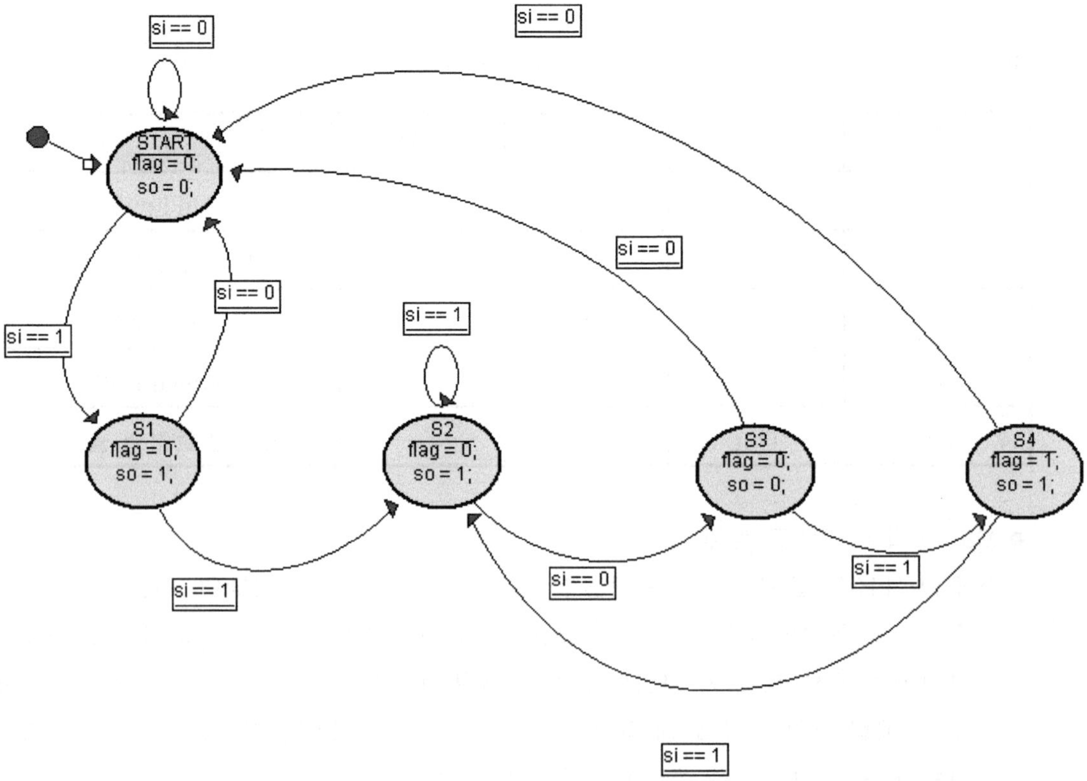

● 모듈의 Verilog 코드 설계

◇ 모듈 이름 : seqdet

```
module seqdet (rst_n, clk, si, flag, so);
  input rst_n;
  input clk;
  input si;
  output flag;
  output so;

  reg so;
  reg flag;

  parameter [2:0] S1 = 0, S2 = 1, S3 = 2, S4 = 3, START = 4;
  reg [2:0] current_state, next_state;

  always @(current_state, si)
    begin: COMBIN
    case (current_state)

      START:
        begin
          if (!si)
            next_state = START;
          else if (si)
            next_state = S1;
          flag = 1'b0;
          so = 1'b0;
        end

      S1:
        begin
          if (si)
            next_state = S2;
```

```
      else if (!si)
        next_state = START;
      flag = 1'b0;
      so = 1'b1;
    end

    S2:
    begin
      if (!si)
        next_state = S3;
      else if (si)
        next_state = S2;
      flag = 1'b0;
      so = 1'b1;
    end

  S3:
    begin
      if (si)
        next_state = S4;
      else if (!si)
        next_state = START;
      flag = 1'b0;
      so = 1'b0;
    end

  S4:
    begin
      if (!si)
        next_state = START;
      else if (si)
        next_state = S2;
```

```
          flag = 1'b1;
          so = 1'b1;
        end

      default:
        next_state = START;

    endcase
    end

  always @(posedge clk, negedge rst_n)
    begin: SYNCH
    if (!rst_n)
       current_state <= START;
    else
       current_state <= next_state;
    end

endmodule
```

● 테스트벤치 모듈의 Verilog 코드 설계

◇ 모듈 이름 : seqdet_tb

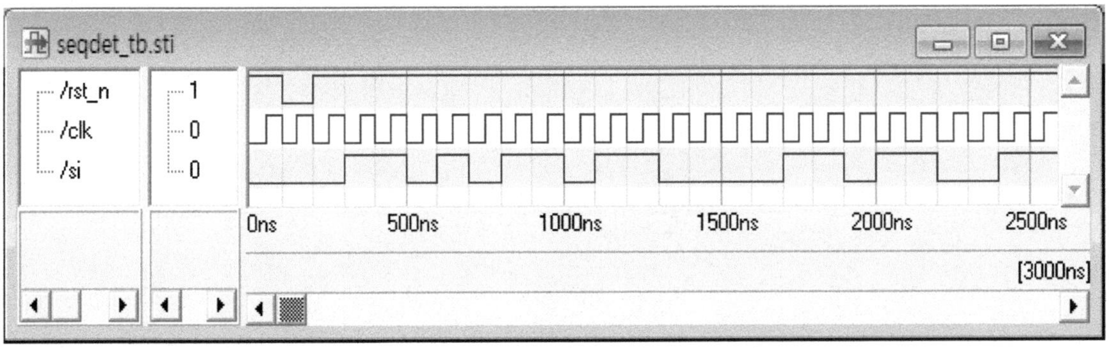

- 시뮬레이션 결과 파형
  - ◇ 초기에는 리셋 신호 rst_n='0' 에 의해 신호 so='0', flag='0' 으로 초기화 된다.
  - ◇ 클럭 신호 clk의 상승 에지 마다 신호 si 값이 감지되면서 정해진 "1101" 패턴이 발견 되면 신호 flag='1' 을 출력 한다.
  - ◇ 신호 so 는 입력되는 신호 si 에서 입력된 값을 그대로 출력 한다. 신호 so 는 클럭 신호 clk 의 상승 에지에 동기 되어 출력 된다.
  - ◇ 신호 flag='1' 이 3 번 출력된 것은 "1101" 패턴을 3 번 발견했기 때문 이다.

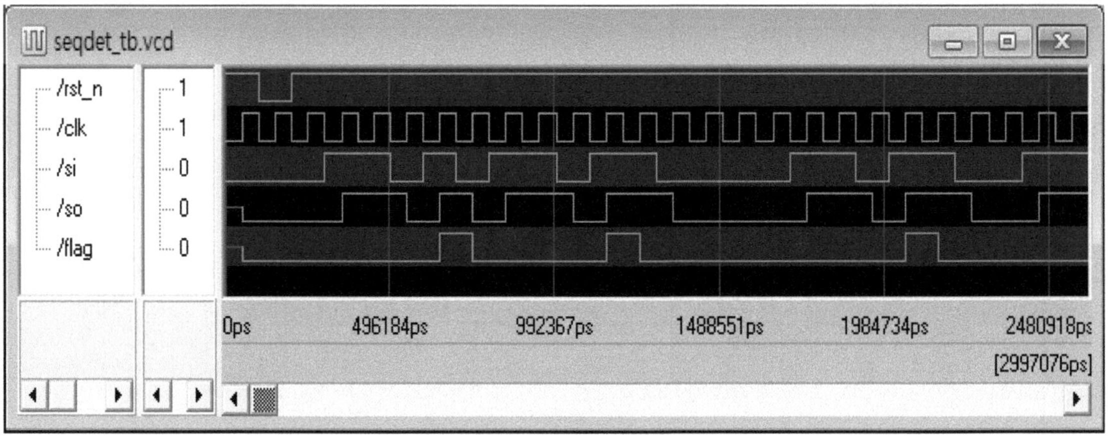

3.3. 마이크로 시퀀서 설계

● 사양

◇ 3.2 절에서 설계한 모든 FSM 은 하드웨어만으로 이루어진 논리회로로 설계 되어 다시 설계하지 않으면 부분 수정이 불가능한 Hardwired 제어기 이다.

◇ 반면에 마이크로 시퀀서 (Micro-sequencer) 는 ROM 을 이용하여 제어신호를 발생 시키는 제어회로로서 ROM 에 저장된 바이너리 데이터가 출력 되어 제어신호를 생성 한다. 그러므로 ROM 의 내용을 변경함으로써 제어회로의 동작을 용이하게 가변 시킬 수 있다.

◇ 마이크로 시퀀서는 일반적으로 아래 그림과 같이 3가지 블록으로 구성 된다.

- ROM : 제어에 관련된 데이터를 저장.
- Current Address Register : ROM 의 주소, 즉 현재 상태값을 저장
- Next Address Generator : 다음 상태값을 생성하기 위한 회로

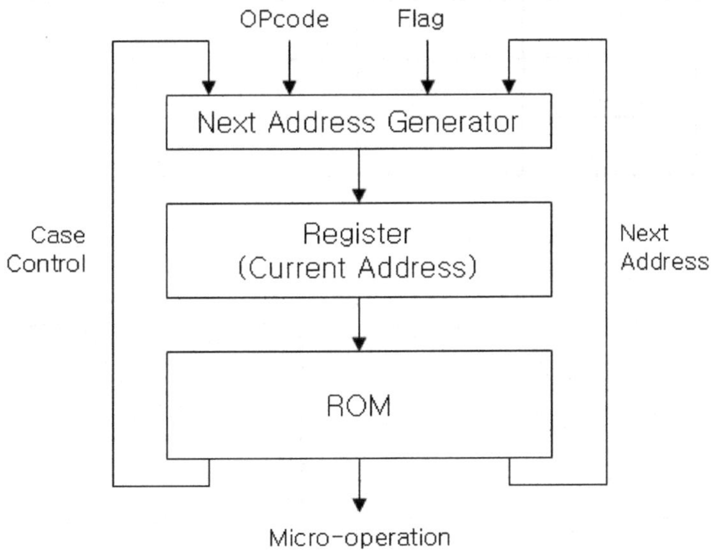

◇ 제어신호를 발생 하는 ROM 을 FSM 에 대응시키면 주소는 현재 상태에 해당되고, 데이터는 제어신호에 해당 된다. ROM 데이터는 데이터의 동작을 제어 하는 Micro-operation 코드와 다음 상태의 주소 값, 그리고 다음 상태를 결정 하는 경우가 여러 가지 있을 수 있으므로 그것들을 구분하기 위한 경우 수를 코드로 표현 한다.

◇ Next Address Generator 는 다음 주소(상태)를 결정 하는 Mux 로서 ROM 이 제공 하는 Case Control 과 Next Address 와 더불어 OPcode 와 Flag 가 있을 수 있다. 마이크로 프로세서가 수행 하는 OPcode 에 따라 수행해야 할 다음 상태가 달라진다. 또한 데이터패스에서 어떤 연산을 수행한 후의 결과에 따라 다음 상태가 달라진다. 비교연산의 결과가 True 나 False 에 따라 다음으로 수행해야 할 코드가 달라지는 것을 의미 한다.

◇ 3.2 절에서 설계한 패턴 감지 회로 회로를 동일하게 선택하여 마이크로 시퀀서 회로로 설계 한다. 상태도와 동작 설명은 3.2 절을 참조 한다.

● 입출력 단자

이름	방향	비트수	기능
rst_n	In	1	리셋 (Active Low)
clk	In	1	클럭 (상승 에지 동기)
si	In	1	비트 스트림 데이터 입력
flag	Out	1	패턴 발견 (Active High)
so	Out	1	입력된 비트 스트림의 출력

● 마이크로 시퀀서 구조 설계

◇ 첫 번째 작업으로 패턴 감지 회로 상태도에서 각 상태에 주소 값을 할당 한다. 5 개의 상태가 있으므로 주소는 3 비트가 필요하다. START 상태는 시작 상태이므로 "000" 번지를 할당 한다. 나머지 상태들 - S1, S2, S3, S4 - 각 상태의 숫자를 의미 있게 살려서 "001", "010", "011", "100" 으로 할당 한다.

상태 이름	상태 주소
START	"000"
S1	"001"
S2	"010"
S3	"011"
S4	"100"

◇ 마이크로 시퀀서 회로의 ROM 에서 출력되는 신호는 3 가지 이다. 이 중에서 case 신호에 대해 설명 한다. 신호 case 는 si 값과 함께 다음 주소를 zero, addr, inc 중에서 어떤 것을 선택할지를 구분 하는 역할을 담당 한다.

◇ 다음 쪽에 나타난 표는 각 상태에서 si 신호 값에 따라 다음 주소를 결정 되는 방법을 나타낸다. zero 값은 START 상태로 이동함을 의미 하고, inc 값은 주소 값이 하나 많은 다음 상태로 이동함을 의미 한다. Addr 값은 ROM 이 직접 제공 하는 값을 다음 주소로 사용 한다. ROM 은 하나의 주소만을 제공할 수 있으므로 각 상태가 포함 하는 여러 경우 수 중에서 한번만 나타날 수 있다.

◇ 신호 si 와 다음 주소의 조합은 결론적으로 3 가지 다른 경우 - {START, S1, S3}, S2, S4 - 가 존재 한다. 이 3 가지 경우를 구별하려면 2 비트의 case 신호가 필요하고, 각 경우의 순서대로 "00", "01", "10" 코드를 할당 한다.

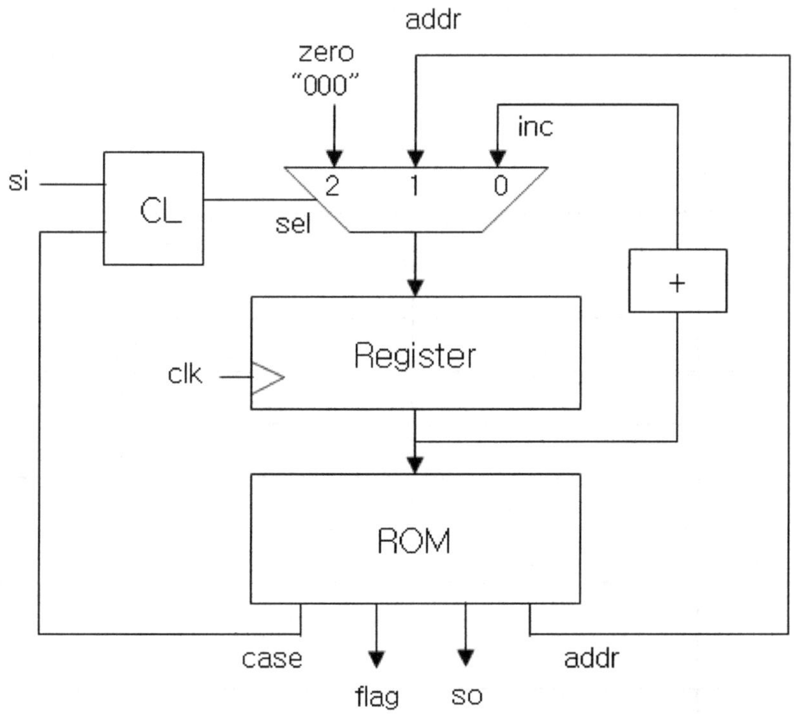

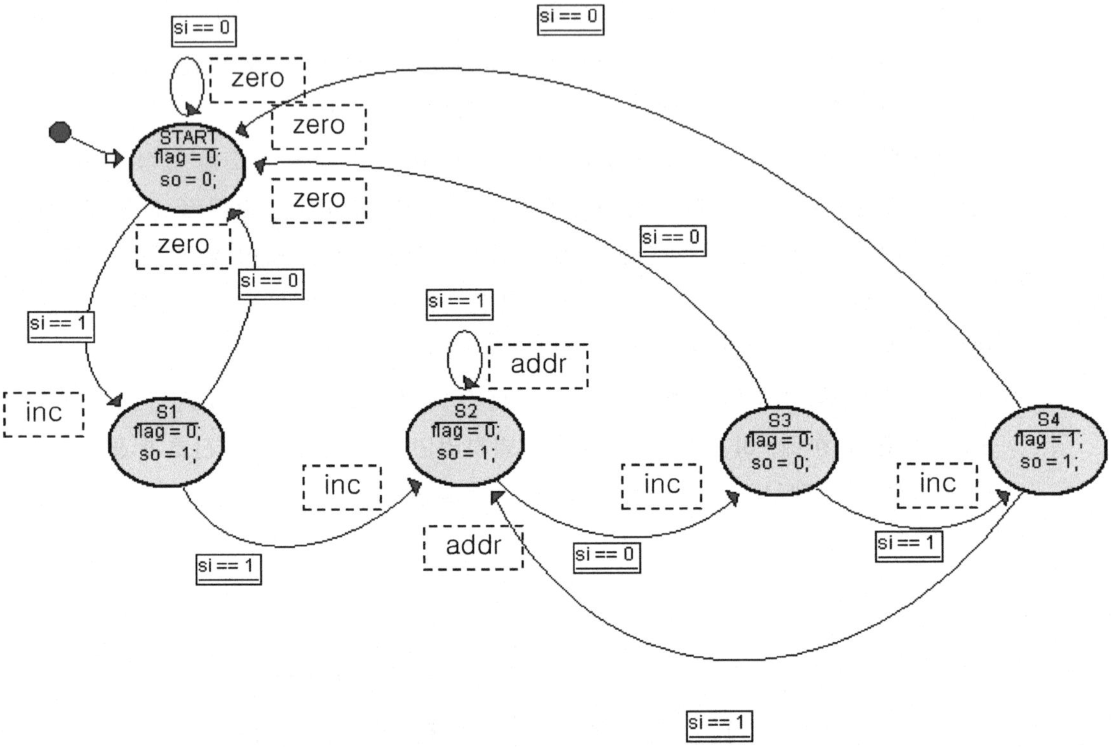

상태 이름	si 신호값	다음 주소 동작	Case 코드 할당
START	'0'	zero	"00"
	'1'	inc	
S1	'0'	zero	"00"
	'1'	inc	
S2	'0'	inc	"01"
	'1'	addr	
S3	'0'	zero	"00"
	'1'	inc	
S4	'0'	zero	"10"
	'1'	addr	

◇ CL 모듈은 Si 신호와 Case 코드를 입력으로 zero, addr, inc 신호를 발생시키기 위한 조합논리 이다. 위의 표를 이용하여 입출력 신호간의 논리식을 추출할 수 있다.

For zero sel[2]

si \ case	00	01	11	10
0	1	0	-	1
1	0	0	-	0

~si · ~case[0]

For addr sel[1]

si \ case	00	01	11	10
0	0	0	-	0
1	0	1	-	1

si · case[0]
+ si · case[1]

For inc sel[0]

si \ case	00	01	11	10
0	0	1	-	0
1	1	0	-	0

~si · case[0]
+ si · case[1] · ~case[0]

◇ 마지막으로 Micro-operation codes 는 출력신호인 flag 와 so 이다. 이 값들은 현재 상태에 의해 아래 표와 같이 결정 된다.

상태 이름	flag 신호값	so 신호값
START	'0'	'0'
S1	'0'	'1'
S2	'0'	'1'
S3	'0'	'0'
S4	'1'	'1'

◇ ROM 에 저장되는 데이터 값은 아래와 같이 결정 된다. ROM[2:0] 의 ADDR 값은 상태 S2 와 S4 에서만 사용되기 때문에 다른 상태에서는 "000" 값으로 지정하였다.

상태	번지	ROM			
		[6:5]	[4]	[3]	[2:0]
		case	flag	so	addr
START	"000" (0)	"00"	'0'	'0'	"000"
S1	"001" (1)	"00"	'0'	'1'	"000"
S2	"010" (2)	"01"	'0'	'1'	"011"
S3	"011" (3)	"00"	'0'	'0'	"000"
S4	"100" (4)	"10"	'1'	'1'	"010"

● 모듈의 Verilog 코드 설계

◇ 모듈 이름 : seqdet_microseq

```
`define ONE 1'b1
`define ZERO 1'b0
`define ZERO3 3'b000

module seqdet_microseq (rst_n, clk, si, so, flag);
  input rst_n;
  input clk;
  input si;
  output so;
  output flag;

  wire en_s;
  wire ROMrd_s;
  wire [2:0] addr_s;
  wire [2:0] sel;
```

```
  wire [2:0] zero3_s;
  wire [1:0] case_s;
  wire [2:0] inc_s;
  reg [2:0] regq_s;
  reg [2:0] mux_s;
  reg [6:0] ROM [0:4];
  reg [6:0] ROMdata;

 initial
  begin
    ROM[0] = 7'b0000000;
    ROM[1] = 7'b0001000;
    ROM[2] = 7'b0101010;
    ROM[3] = 7'b0000000;
    ROM[4] = 7'b1011010;
  end

  assign en_s = `ONE;
  assign ROMrd_s = `ONE;
  assign zero3_s = `ZERO3;
  assign case_s = ROMdata[6:5];
  assign flag = ROMdata[4];
  assign so = ROMdata[3];
  assign addr_s = ROMdata[2:0];
  assign sel[2] = ~si & ~case_s[0];
  assign sel[1] = si & (case_s[0] | case_s[1]);
  assign sel[0] = ~si & case_s[0] | si & ~case_s[0] & ~case_s[1];
  assign inc_s = regq_s + 1;

 always @(sel, zero3_s, addr_s, inc_s)
  begin
```

```
    case(sel)
      3'b100 : mux_s = zero3_s;
      3'b010 : mux_s = addr_s;
      3'b001 : mux_s = inc_s;
      default : mux_s = `ZERO3;
    endcase
  end

  always @(posedge clk, negedge rst_n)
  begin
    if(!rst_n) regq_s <= `ZERO3;
    else if (en_s) regq_s <= mux_s;
  end

  always @(regq_s, en_s, ROMrd_s)
  begin
    if(en_s && ROMrd_s) ROMdata = ROM[regq_s];
    else ROMdata = 7'bzzzzzzz;
  end
endmodule
```

● 테스트벤치 모듈의 Verilog 코드 설계

◇ 모듈 이름 : seqdet_microseq_tb

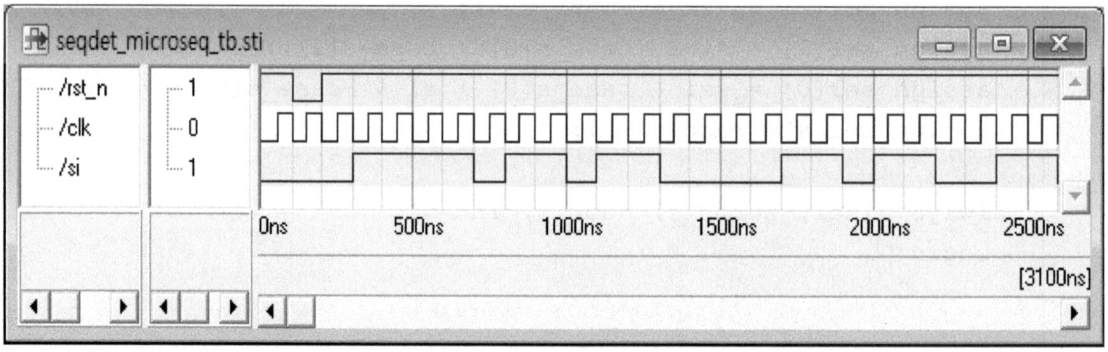

● 시뮬레이션 결과 파형

◇ 초기에는 리셋 신호 rst_n='0' 에 의해 신호 so='0', flag='0' 으로 초기화 된다.

◇ 클럭 신호 clk 의 상승 에지 마다 신호 si 값이 감지되면서 정해진 "1101" 패턴이 발견 되면 신호 flag='1' 을 출력 한다.

◇ 신호 so 는 입력되는 신호 si 에서 입력된 값을 그대로 출력 한다. 신호 so 는 클럭 신호 clk 의 상승 에지에 동기 되어 출력 된다.

◇ 신호 flag='1' 이 3 번 출력된 것은 "1101" 패턴을 3 번 발견했기 때문 이다.

◇ 3.2 절의 설계와 동일한 시뮬레이션 파형을 얻었다.

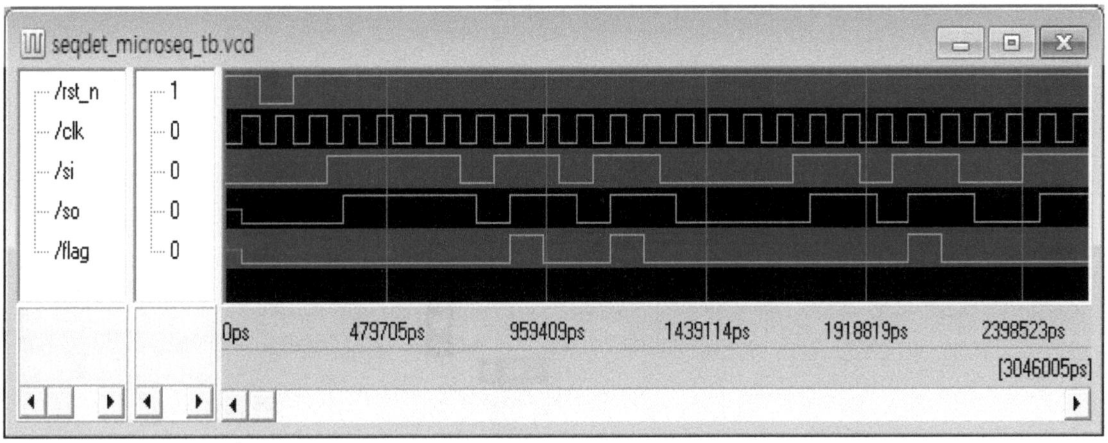

3.4. 교통 신호등 제어기 설계

● 사양

◇ 교통 신호등 제어기 회로는 농로와 국도가 교차 하는 사거리에서 교통신호를 제어 하는 회로 이다.

◇ 국도에는 차량 소통이 많고 농로에는 아주 드물게 농사 차량이 다니는 길 이다. 평상 시는 국도 방향의 신호등이 항상 파란색으로 되어 있다가 농로에 차량이 다가 오면 이를 감지하여 농로 측의 신호등을 파란색으로 바꾸어 교통 흐름을 원활하게 한다.

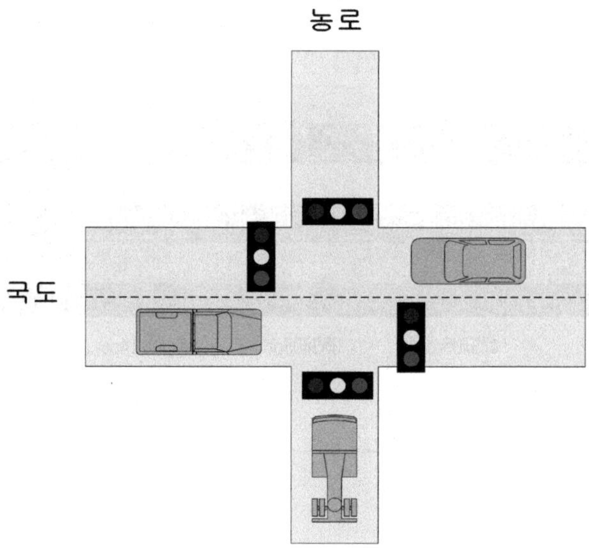

● 회로의 구성

◇ 본 예제 회로는 모듈 tlc가 최상위 블록이고 하위 모듈로는 제어신호를 발생 하는 모듈 tlc_ctl 과 시간을 측정 하는 모듈 tlc_timer 로 구성 된다.

◇ 파일 tlc_define.v 은 본 회로에 사용되는 상수 값들을 정의 한다.

◇ 모듈 tlc_timer 는 시간을 측정 하는 타이머로서 각각의 신호등이 켜져 있는 시간을 측정 하는데 사용 된다.

◇ 모듈 tlc_ctl 은 신호등의 동작을 제어 하는 유한상태머신으로서 Moore 타입으로 설계 되었다.

◇ 모듈 tlc는 최상위 모듈로서 모듈 tlc_timer 와 모듈 tlc_ctl 로 구성 된다.

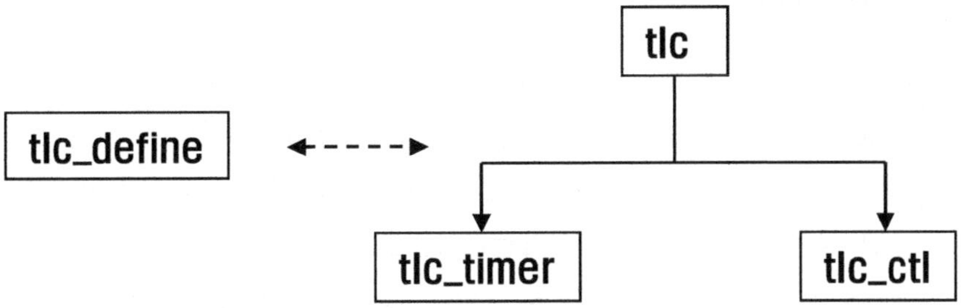

- 회로의 동작
  - ◇ 신호등은 파랑 에서 노랑을 거쳐 빨강의 순서로 변 하고, 빨강에서는 곧바로 파랑의 순서로 변한다.
  - ◇ 파랑은 자동차가 이동함을 의미 하고 빨강은 정지를 의미하며 비교적 긴 시간 동안 유지 한다. 반면에 노랑은 파랑에서 빨강으로 변하는 중간 과정을 나타내므로 비교적 짧은 시간 동안만 유지 한다.
  - ◇ 농로에 차가 와서 대기 하면 입력 단자 car_on='1' 이 되어 대기 상태를 알린다.
  - ◇ 출력 단자 highwaylight 는 국도 측 신호등의 색을 구분 하는 2 비트 시그널로서 빨강, 노랑, 파랑 및 Unknown 을 의미 한다.
  - ◇ 출력 단자 farmwaylight 는 농로 측 신호등의 색을 구분 하는 2 비트 시그널로서 빨강, 노랑, 파랑 및 Unknown으로 구분 한다.

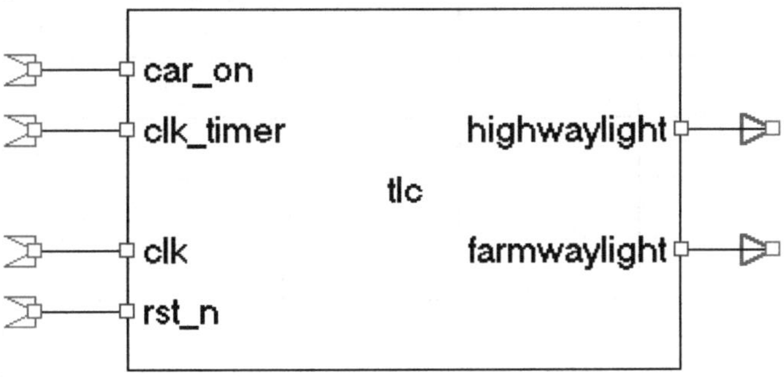

3.4.1. 전역 상수 설계

● 동작 설명

◇ 파일 tlc_define.v 에는 아래 표와 같은 전역상수들이 정의 되어 있다.

◇ 상수 long_duration 은 파란색과 빨간색이 켜져있는 긴 시간을 의미 한다. 클럭 수로 정의되는데 클럭 주기가 1초라고 가정 하면 20초 동안 켜져 있다는 의미 이다.

◇ 상수 short_duration 은 노란색이 켜져있는 짧은 시간을 의미하며 5초로 가정 한다.

◇ 국도와 농로의 신호등 색은 2 비트의 이진수로 구분 하는데 "00" 이면 파란색, "01" 이면 노란색, "10" 이면 빨간색, "11" 이면 알 수 없는 경우를 의미 한다.

◇ 유한상태머신을 설계하기 위한 상태도는 4 개의 상태로 이루어지는데 각 상태를 구분하기 위하여 HG (Highway Green), HY (Highway Yellow), FG (Farmway Green) 및 FY (Farmway Yellow) 상태를 각각 "00", "01", "10", "11" 에 대응시킨다. 즉 이진수 값들은 상태의 현재 값으로 사용 된다.

상수	값	기능
long_duration	20	파란색 신호등이 유지되는 시간
short_duration	5	노란색 신호등이 유지되는 시간
GL	00	파란색 신호등
YL	01	노란색 신호등
RL	10	빨간색 신호등
UL	11	알 수 없는 색 신호등
HG	00	국도=파란색, 농로=빨간색 상태
HY	01	국도=노란색, 농로=빨간색 상태
FG	10	국도=빨간색, 농로=파란색 상태
FY	11	국도=빨간색, 농로=노란색 상태

◇ 이 파일은 다른 Verilog 코드들이 공통으로 필요한 함수나 상수 등을 정의하여 공유하는 것이 목적이므로 별도로 시뮬레이션을 하지 않는다. 다른 Verilog 코드에 참고가 될 뿐 이다.

● 패키지의 Verilog 코드 설계

◇ 파일 이름 : tlc_define.v

```
`define     LONG_DURATION              20
`define     SHORT_DURATION             5

`define     GL           2'b00         // Green Light
`define     YL           2'b01         // Yellow Light
`define     RL           2'b10         // Red Light
`define     UL           2'b11         // Unknown Light

`define     HG           2'b00         // Highway Green
`define     HY           2'b01         // Highway Yellow
`define     FG           2'b10         // Farmway Green
`define     FY           2'b11         // Farmway Yellow
```

3.4.2. 타이머 모듈 설계

- 동작 설명
  - ◇ 타이머 모듈은 신호등이 유지되는 시간을 측정 하는 역할을 한다.
  - ◇ 단자 clk 에 입력되는 클럭은 시간을 측정 하기 위한 것이므로 회로 동작을 위한 클럭과는 다르게 입력 되어야 한다. Clk 클럭의 주기는 1초로 가정 한다.
  - ◇ 단자 start='1' 이 되면 타이머가 측정을 시작 한다.
  - ◇ 2 가지 종류의 시간을 측정 하는데 출력 단자 gl_time 은 파란색이나 빨간색이 켜져 있는 긴 시간을 의미 한다. 파일 tlc_define.v 에 정의 되어 있는 long_duration 클럭수 이상의 시간이 지나면 단자 gl_time='1' 이 유지 된다.
  - ◇ 출력 단자 yl_time 은 노란색이 켜져있는 짧은 시간을 의미 한다. 파일 tlc_define.v 에 정의된 short_duration 클럭수 이상의 시간이 지나면 단자 yl_time='1' 이 유지 된다.

- 입출력 단자

이름	방향	비트수	기능
start	In	1	타이머 측정 시작 (Active High)
clk	In	1	클럭 (상승 에지 동기)
gl_time	Out	1	파란색 신호 유지시간 초과
yl_time	Out	1	노란색 신호 유지시간 초과

- 모듈의 Verilog 코드 설계
  - ◇ 모듈 이름 : tlc_timer

```
`include "tlc_define.v"

module tlc_timer (clk, start, gl_time, yl_time);
```

```
    input clk;
    input start;
    output gl_time;
    output yl_time;
    reg gl_time, yl_time;
    reg [7:0] temp;

    always @(posedge clk, posedge start)
    begin
       if (start)
          begin
          temp = 0;
          gl_time = 1'b0;
          yl_time = 1'b0;
          end
       else
          begin
          if (temp >= `SHORT_DURATION)
             yl_time = 1'b1;
          else
             yl_time = 1'b0;
          if (temp >= `LONG_DURATION)
             gl_time = 1'b1;
          else
              gl_time = 1'b0;
          temp = temp + 1;
          end
    end

endmodule
```

● 테스트벤치 모듈의 Verilog 코드 설계

◇ 모듈 이름 : tlc_timer_tb

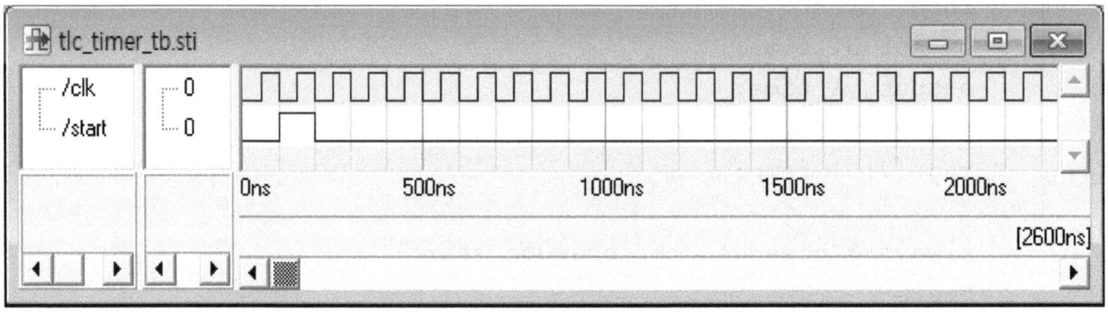

● 시뮬레이션 결과 파형

◇ 신호 start='1' 이었다가 '0' 이 되는 시각부터 클럭 신호 clk 를 카운트하기 시작 한다.

◇ 신호 gl_time 은 클럭 clk 의 개수가 20 개가 넘으면 '1' 이 되어 유지 된다.

◇ 신호 yl_time 은 클럭 clk 의 개수가 5 개가 넘으면 '1' 이 되어 유지 된다.

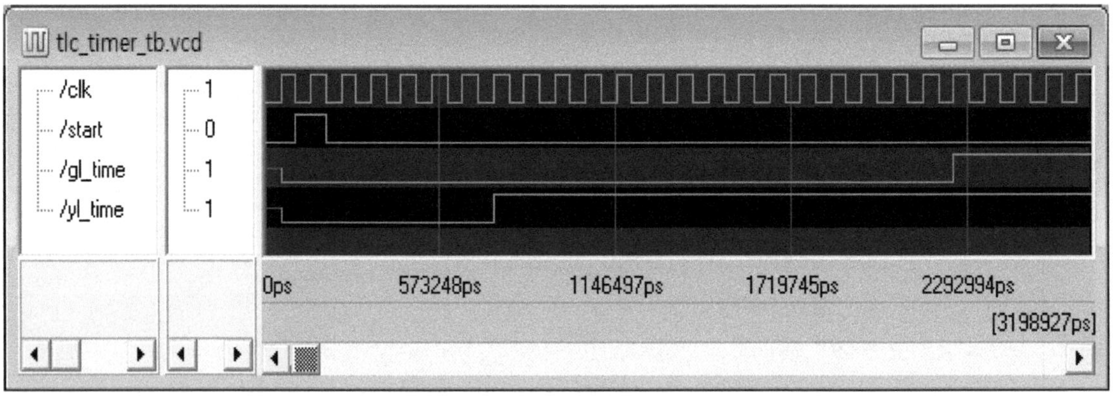

3.4.3. 제어 모듈 설계

● 동작 설명

◇ 제어 모듈은 신호등을 제어 하는 유한상태머신으로서 아래 그림과 같은 Moore 타입 상태도로 설계 한다.

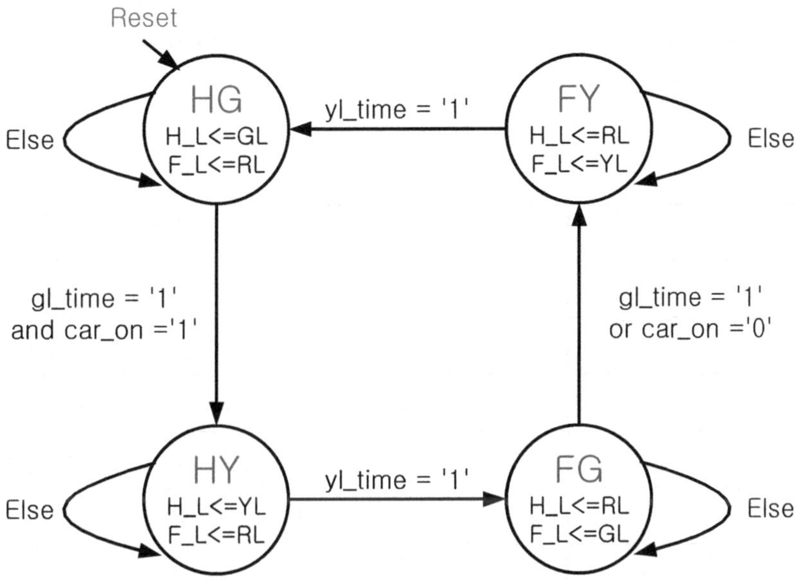

◇ 상태 HG 는 시작 상태로서 국도는 파란색 h_l=GL 로 차량이 소통되고, 농로는 빨간색 f_l=RL 로 대기상태 이다.

◇ 상태 HY 에서 국도는 노란색 h_l=YL, 농로는 빨간색 f_l=RL 으로서 국도의 신호등이 파란색에서 빨간색으로 바뀌는 과정 이다.

◇ 상태 FG 에서 국도는 빨간색 h_l=RL 로 대기상태이고, 농로는 파란색 f_l=GL 으로 차량이 이동 한다.

◇ 상태 FY 에서 국도는 빨간색 h_l=RL, 농로는 노란색 f_l=YL 으로서 농로의 신호등이 파란색에서 빨간색으로 바뀌는 과정 이다.

◇ 상태 HG 에서 상태 HY 로 바뀌는 것, 즉 국도가 파란색에서 노란색으로 바뀌는 것은 타이머가 긴 시간을 초과 하고 (gl_time='1') 농로에 차가 대기한 상태 car_on='1' 이어야 한다. 농로에 차가 대기하지 않으면 국도 신호등은 바뀌지 않는다.

◇ 상태 HY 에서 상태 FG 로 바뀌는 천이나 상태 FY 에서 상태 FG 로 바뀌는 천이는 신호등이 노란색을 나타내는 과도 상태로서 타이머가 짧은 시간을 초과 yl_time='1' 이어야 한다.

◇ 상태 FG 에서 상태 FY 로 바뀌는 것, 즉 농로가 파란색에서 노란색으로 바뀌는 것은 타이머가 짧은 시간을 초과하거나 (yl_time='1') 농로에 대기한 차가 없어지는 경우이다. 농로에 차가 없으면 국도 신호등은 긴 시간을 기다리지 않고 곧바로 바뀔 수 있다.

● 입출력 단자

이름	방향	비트수	기능
clk	In	1	클럭 (상승 에지에 동기)
rst_n	In	1	리셋 (Active Low)
car_on	In	1	농로에 차가 대기 (Active High)
gl_time	In	1	파란색 신호등 유지시간 초과 (Active High)
yl_time	In	1	노란색 신호등 유지시간 초과 (Active High)
f_l	Out	2	농로 신호등 결정
h_l	Out	2	국도 신호등 결정
start	Out	1	신호등 유지시간 측정 시작 (Active High)

● 모듈의 Verilog 코드 설계

◇ 모듈 이름 : tlc_ctl

```
`include "tlc_define.v"

module tlc_ctl (clk, rst_n, car_on, gl_time, yl_time, f_l, h_l,
                start);
  input clk;
```

```
  input rst_n;
  input car_on;
  input gl_time;
  input yl_time;
  output [1:0] f_l;
  output [1:0] h_l;
  output start;

  reg [1:0] f_l, h_l;
  reg start;

  reg [2:0] CURRENT_ST, NEXT_ST;
  reg start_fsm, start_reset;

  always @(posedge clk, negedge rst_n)
  begin : SYNCH
    if (!rst_n)
      begin
      CURRENT_ST <= `HG;
      start <= 1'b1;
      end
    else
      begin
      CURRENT_ST <= NEXT_ST;
      start <= start_fsm;
      end
  end

 always @(CURRENT_ST, car_on, gl_time, yl_time)
  begin : COMBIN
    case (CURRENT_ST)
```

```
`HG:
  begin
  if (car_on && gl_time)
    begin
    NEXT_ST = `HY;
    start_fsm = 1'b1;
    end
  else
    begin
    NEXT_ST = `HG;
    start_fsm = 1'b0;
    end
  h_l = `GL;
  f_l = `RL;
  end

`HY:
  begin
  if (yl_time)
    begin
    NEXT_ST = `FG;
    start_fsm = 1'b1;
    end
  else
    begin
    NEXT_ST = `HY;
    start_fsm = 1'b0;
    end
  h_l = `YL;
  f_l = `RL;
  end
```

```
      `FG:
        begin
        if (!car_on || gl_time)
          begin
          NEXT_ST = `FY;
          start_fsm = 1'b1;
          end
        else
          begin
          NEXT_ST = `FG;
          start_fsm = 1'b0;
          end
        h_l = `RL;
        f_l = `GL;
        end

      default:
        begin
        if (yl_time)
          begin
          NEXT_ST = `HG;
          start_fsm = 1'b1;
          end
        else
          begin
          NEXT_ST = `FY;
          start_fsm = 1'b0;
          end
        h_l = `RL;
        f_l = `YL;
        end
    endcase
  end

endmodule
```

● 테스트벤치 모듈의 Verilog 코드 설계

◇ 모듈 이름 : tlc_ctl_tb

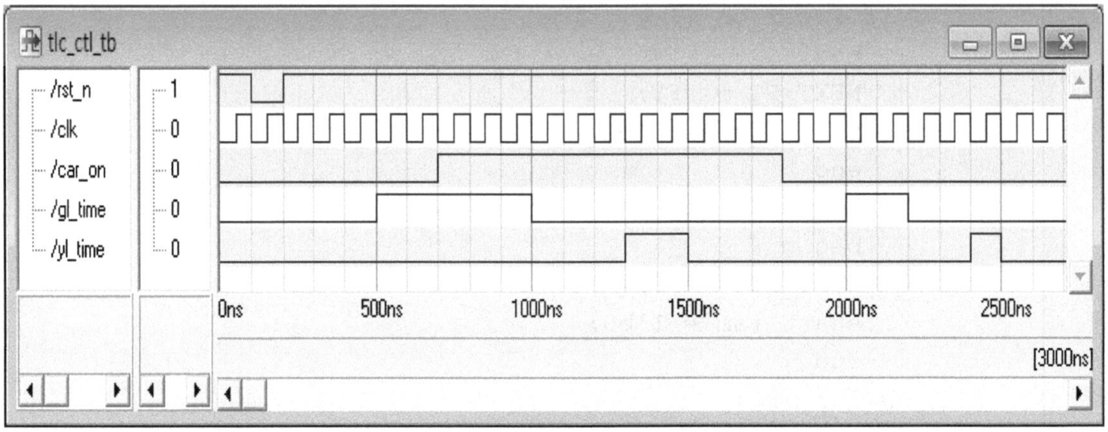

● 시뮬레이션 결과 파형

◇ 맨 처음에는 신호 f_l="10" (농로 신호등은 빨간색)과 신호 h_l="00" (국도 신호등은 파란색)이 초기상태 이다.

◇ 신호 car_on='1' (농로에 차가 대기)과 신호 gl_time='1' (파란색 유지 시간 초과)가 모두 만족되면 신호 h_l="01" (국도 신호등은 노란색)으로 바뀐다.

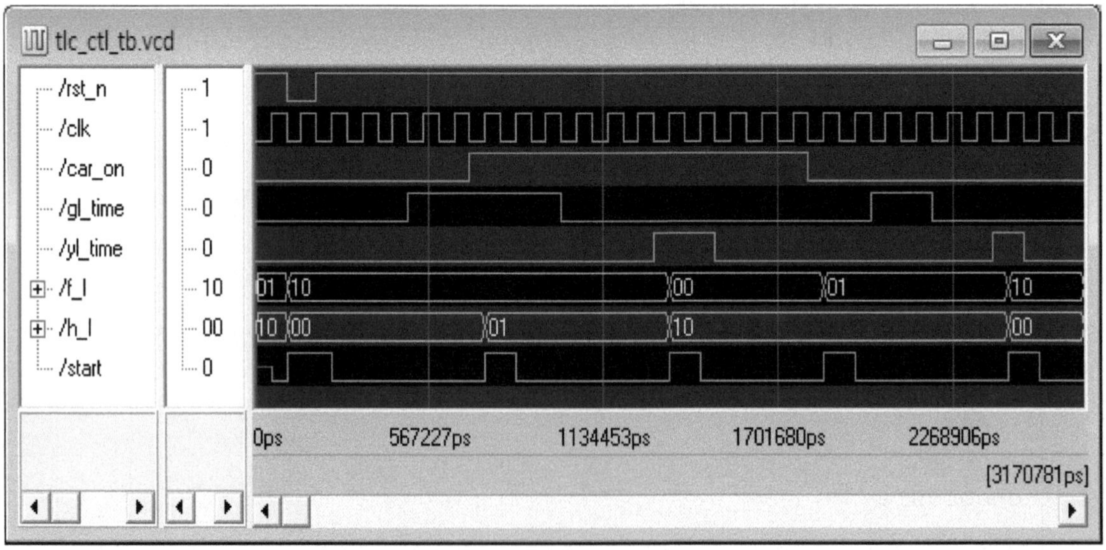

◇ 신호 yl_time='1' (노란색 유지 시간 초과)이 되면 신호 f_l="00" (농로 신호등은 파란색)과 신호 h_l="10" (국도 신호등은 빨간색)으로 바뀐다.

◇ 신호 car_on='0' (농로에 차가 없음)이 되면 신호 yl_time='0' 이라도 신호 f_l="01" (농로 신호등은 노란색)으로 바뀐다.

◇ 신호 yl_time='1' (노란색 유지 시간 초과)이 되면 신호 f_l="10" (농로 신호등은 빨간색)과 신호 h_l="00" (국도 신호등은 파란색)으로 바뀌면서 처음 상태와 동일해 진다.

3.4.4. 최상위 모듈 설계

● 동작 설명

◇ 아래 그림에 나타난 최상위 모듈의 구조는 앞 절에서 설계된 모듈 tlc_timer 와 tlc_ctl 을 연결한 모듈 이다.

◇ 모듈 tlc_timer 에 입력되는 단자 clk_timer 는 신호등의 시간을 측정 하는 클럭 이다.

◇ 모듈 tlc_ctl 에 입력되는 단자 clk 는 컨트롤러를 동작시키는 클럭 이다.

◇ 단자 car_on 는 농로에 차가 대기 하고 있을 경우 '1' 의 값이 입력 된다.

◇ 단자 farmwaylight 와 highwaylight 는 각각 농로와 국도 신호등 구동 신호 이다.

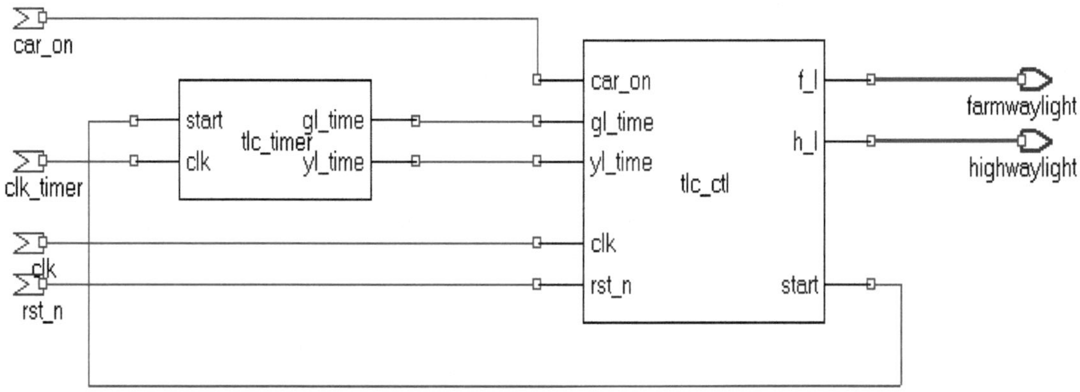

● 입출력 단자

이름	방향	비트수	기능
rst_n	In	1	리셋 (Active Low)
clk	In	1	클럭 (상승 에지에 동기)
clk_timer	In	1	타이머의 클럭
car_on	In	1	농로에 차가 대기 (Active High)
farmwaylight	Out	2	농로 신호등 결정
highwaylight	Out	2	국도 신호등 결정

● 모듈의 Verilog 코드 설계

◇ 모듈 이름 : tlc

```
module tlc (rst_n, clk, clk_timer, car_on, farmwaylight,
            highwaylight);

input rst_n;
input clk;
input clk_timer;
input car_on;
output [1:0] farmwaylight;
output [1:0] highwaylight;

wire  w0;
wire  w1;
wire  w2;

tlc_timer
     s1 (
      .clk(clk_timer),
      .start(w2),
      .gl_time(w0),
      .yl_time(w1));

tlc_ctl
     s2 (
      .rst_n(rst_n),
      .clk(clk),
      .car_on(car_on),
      .gl_time(w0),
      .yl_time(w1),
```

```
        .f_l(farmwaylight));
        .h_l(highwaylight),
        .start(w2));

endmodule
```

● 테스트벤치 모듈의 Verilog 코드 설계

◇ 모듈 이름 : tlc_tb

◇ 클럭 신호가 2 개가 존재 하는데 신호 clk 는 회로를 동작시키는데 필요한 클럭 신호이고, 신호 clk_timer 는 신호등이 지속되는 시간을 측정하기 위하여 사용되는 클럭이다. 그러므로 당연히 신호 clk_timer 가 신호 clk 보다 큰 주기를 갖는다.

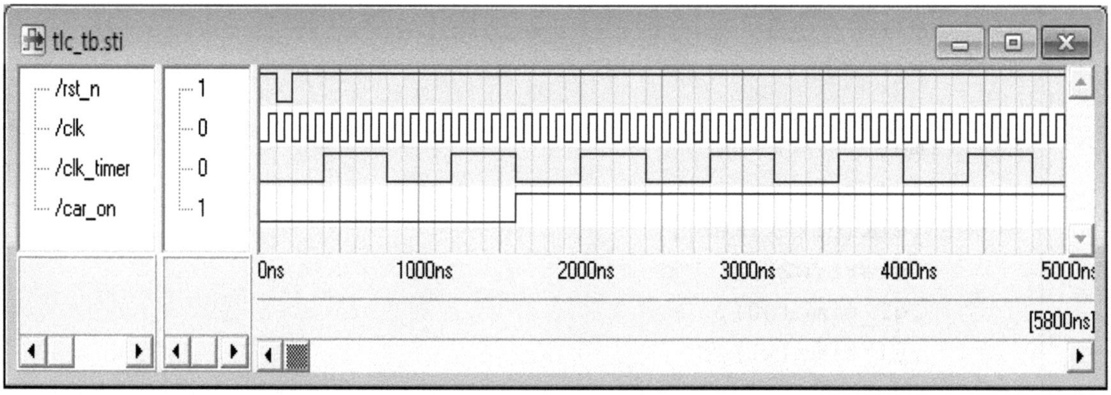

● 시뮬레이션 결과 파형

◇ 맨 처음 리셋에 의해 농로 신호등 farmlight="10" (빨간색)이고 국도 신호등 highwaylight="00" (파란색)이 초기상태 이다.

◇ 신호 car_on='1' 이 계속 유지되는 것은 농로에 차가 계속 대기중임을 의미 한다.

◇ 긴 시간이 지난 후에 국도 신호등이 highwaylight="01" (노란색) 을 거쳐 "10" (빨간색)으로 바뀌는 것을 관찰할 수 있다.

◇ 반대로 농로 신호등도 farmlight="00" (파란색)에서 "01" (노란색)을 거쳐 "10" (빨간색)으로 바뀌는 것을 관찰할 수 있다.

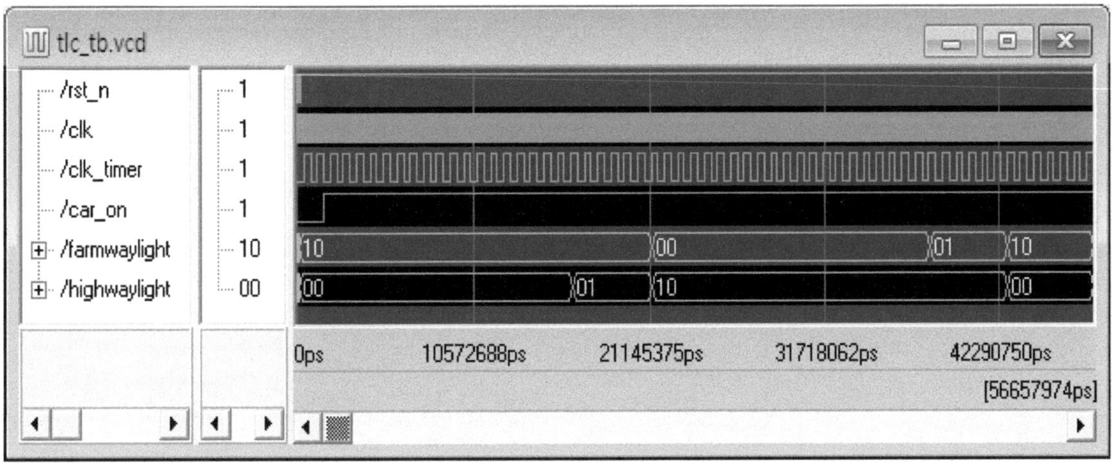
tlc_tb.vcd
/rst_n
/clk
/clk_timer
/car_on
/farmwaylight
/highwaylight
1
1
1
1
10
00
10
00
01
10
00
01
10
00
0ps
10572688ps
21145375ps
31718062ps
42290750ps
[56657974ps]

4 장
데이터패스

4.1. ALU 회로 설계
4.2. 버스를 통한 데이터 이동 회로 설계
4.2.1. 8 비트 Tri-State Buffer 설계
4.2.2. 최상위 모듈 설계
4.3. Look-up Table 을 이용한 곱셈 회로 설계
4.3.1. 6 비트 레지스터 설계
4.3.2. Look-up Table 설계
4.3.3. 최상위 모듈 설계

4.1. ALU 회로 설계

● 사양

◇ 본 예제는 ALU 연산을 수행 하는 회로로서 레지스터, 멀티플렉서, 쉬프터, 연산자 등으로 구성 된다.

◇ 단자 clk 는 클럭이고, 단자 rst_n 은 리셋 신호 이다.

◇ 단자 opcode 는 각 모듈의 동작을 결정 하는 제어신호들의 집합 이다.

◇ 연산에 수행될 데이터는 단자 a 와 b 에 입력되고, 변형된 데이터는 단자 z 로 출력 된다.

◇ ALU 회로의 구조는 아래 그림과 같다.

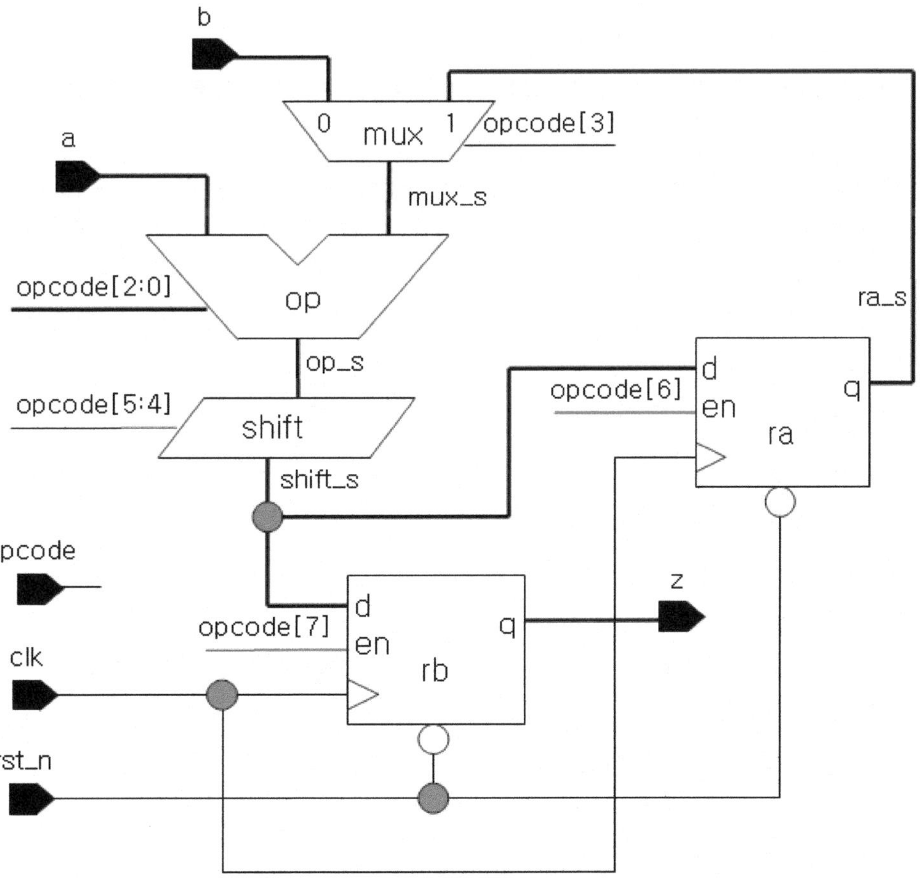

◇ 단자 opcode 의 8 비트는 다음과 같은 제어신호로 사용 된다.
- 2~0 비트 : 연산자의 연산 종류를 선택
- 3 비트 : 멀티플렉서의 입력 선택
- 5~4 비트 : 쉬프트 동작 모드 선택
- 6 비트 : 레지스터 ra 의 인에이블 신호
- 7 비트 : 레지스터 rb 의 인에이블 신호

◇ 2 개의 레지스터 모듈이 있는데 각각의 인에이블 여부를 결정 하는 것이 opcode (7-6) 이다. 레지스터 ra 의 인에이블 단자가 opcode(6) 에, 레지스터 rb 의 인에이블 단자가 opcoode(7) 에 연결 된다.

◇ 멀티플렉서 모듈은 입력 신호를 선택 하는 제어 신호로 opcode(3) 를 사용 한다. opcode(3)='0' 이면 왼쪽 입력이, opcode(3)='1' 이면 오른쪽 입력이 선택 된다.

◇ 연산자 모듈은 opcode(2-0) 값에 따라 아래와 같이 다른 연산을 수행 한다.
- 000 : op_s = a
- 001 : op_s = mux_s
- 010 : op_s = a + mux_s
- 011 : op_s = a - mux_s
- 100 : op_s = mux_s - a
- 101 : op_s = a and mux_s
- 110 : op_s = a or mux_s
- 111 : op_s = a xor mux_s

◇ 쉬프트 모듈은 opcode(5-4) 에 따라 아래와 같이 다른 쉬프트 동작을 수행 한다.
- 00 : No operation
- 01 : 한 비트 오른쪽 쉬프트
- 10 : 두 비트 왼쪽 쉬프트
- 11 : 한 비트 왼쪽 쉬프트

● 입출력 단자

이름	방향	비트수	기능
rst_n	In	1	리셋 (Active Low)
clk	In	1	클럭 (상승 에지에 동기)
opcode	In	8	제어신호
a	In	8	연산자 좌측 데이터
b	In	8	연산자 우측 데이터
z	Out	8	연산 결과

● 모듈의 Verilog 코드 설계

◇ 모듈 이름 : alu8b

```
module alu8b (rst_n, clk, opcode, a, b, z);
  input rst_n;
  input clk;
  input [7:0] opcode;
  input [7:0] a;
  input [7:0] b;
  output [7:0] z;

  wire [2:0] op_sel;
  wire mux_sel;
  wire [1:0] shift_mode;
  wire [7:0] ra_s;
  wire ra_en;
  wire rb_en;

  reg [7:0] mux_s;
  reg [7:0] op_s;
  reg [7:0] shift_s;

 assign op_sel = opcode[2:0];
```

```
assign mux_sel = opcode[3];
assign shift_mode = opcode[5:4];
assign ra_en = opcode[6];
assign rb_en = opcode[7];

always @(b, mux_sel, ra_s)
  begin
  case (mux_sel)
    1'b0 : mux_s = b;
    1'b1 : mux_s = ra_s;
    default : ;
 endcase
 end

 always @(a, mux_s, op_sel)
   begin
   case (op_sel)
     3'b000 : op_s = a;
     3'b001 : op_s = mux_s;
     3'b010 : op_s = a + mux_s;
     3'b011 : op_s = a - mux_s;
     3'b100 : op_s = mux_s - a;
     3'b101 : op_s = a & mux_s;
     3'b110 : op_s = a | mux_s;
     3'b111 : op_s = a ^ mux_s;
     default : ;
   endcase
   end

 always @(op_s, shift_mode)
   begin
   case (shift_mode)
     2'b00 : shift_s = op_s;
     2'b01 : shift_s = {1'b0, op_s[7:1]};
     2'b10 : shift_s = {op_s[5:0], 2'b00};
     2'b11 : shift_s = {op_s[6:0], 1'b0};
     default : ;
   endcase
   end
```

```
  reg8b U_RA (
    .q (ra_s),
    .rst_n (rst_n),
    .clk (clk),
    .en (ra_en),
    .d (shift_s));

  reg8b U_RB (
    .q (z),
    .rst_n (rst_n),
    .clk (clk),
    .en (rb_en),
    .d (shift_s));

endmodule
```

● 테스트벤치 모듈의 Verilog 코드 설계

◇ 모듈 이름 : alu8b_tb

◇ 테스트 파형

- 아래 연산을 수행 하는 테스트벤치 파형을 정의 한다.

8 * (a – b) + 1

순서	opcode				
	7	6	5-4	3	2-0
1	0	1	00	0	011
2	0	1	11	1	001
3	0	1	11	1	001
4	0	1	11	1	001
5	1	0	00	1	010

a	b
15	7
–	–
–	–
–	–
1	–

- 첫 번째 opcode "01000011" 은 "a-b" 의 연산을 수행한 후 그 결과를 레지스터 ra 에 저장 한다. 아래 그림에서 점선으로 표시된 부분이 데이터가 이동 하는 경로가 된다. 입력 단자 a 와 b 로부터 레지스터 ra 의 단자 d 까지의 경로가 형성 되었다.

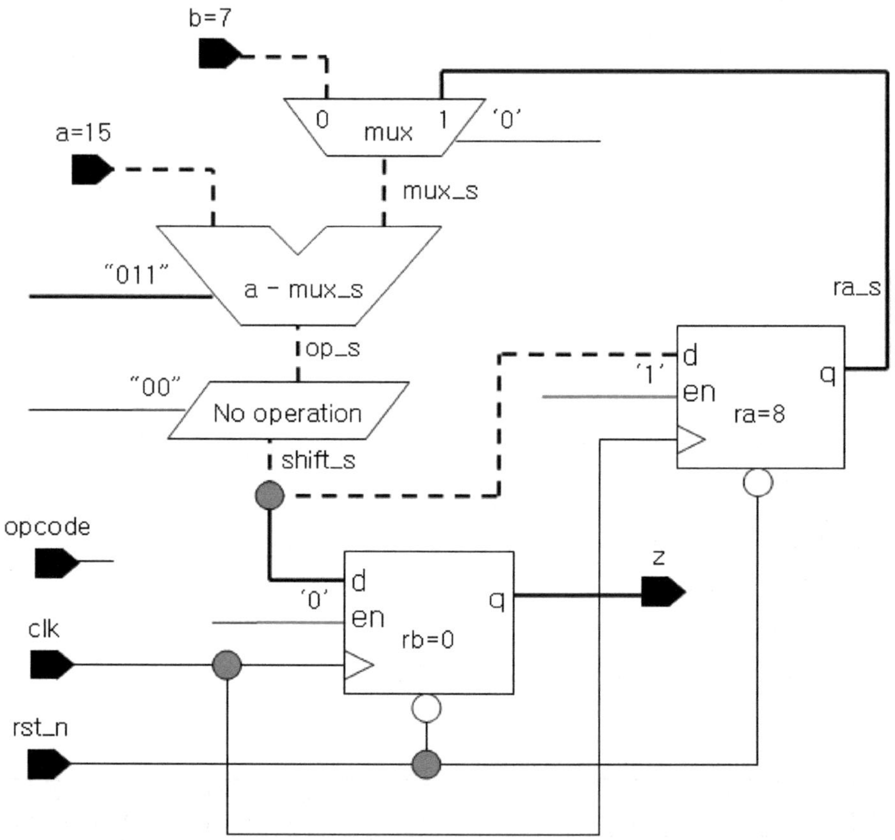

- 두 번째에서 네 번째까지는 같은 opcode "01111001" 이 수행되는데 이는 "8 *" 의 곱셈 연산을 3 번에 걸친 쉬프트 동작으로 구현하기 때문 이다. 레지스터 ra=8 의 값은 멀티플렉서를 통과 하고, 연산자 모듈에서도 아무 변형 없이 통과한 후 쉬프트 모듈에서 좌측으로 한 비트씩 3 번 반복해서 동작하게 된다. 그러므로 레지스터 ra 의 값은 16, 32, 64 로 변하게 된다. 아래 그림에서 점선으로 표시된 부분이 데이터가 이동 하는 경로가 된다.

- 레지스터 ra 의 출력 단자 q 에서 출발하여 멀티플렉서와 연산 모듈을 겨치면서 변형된 데이터 값이 도달 하는 레지스터 ra 의 단자 d 까지의 경로가 형성 되었다.

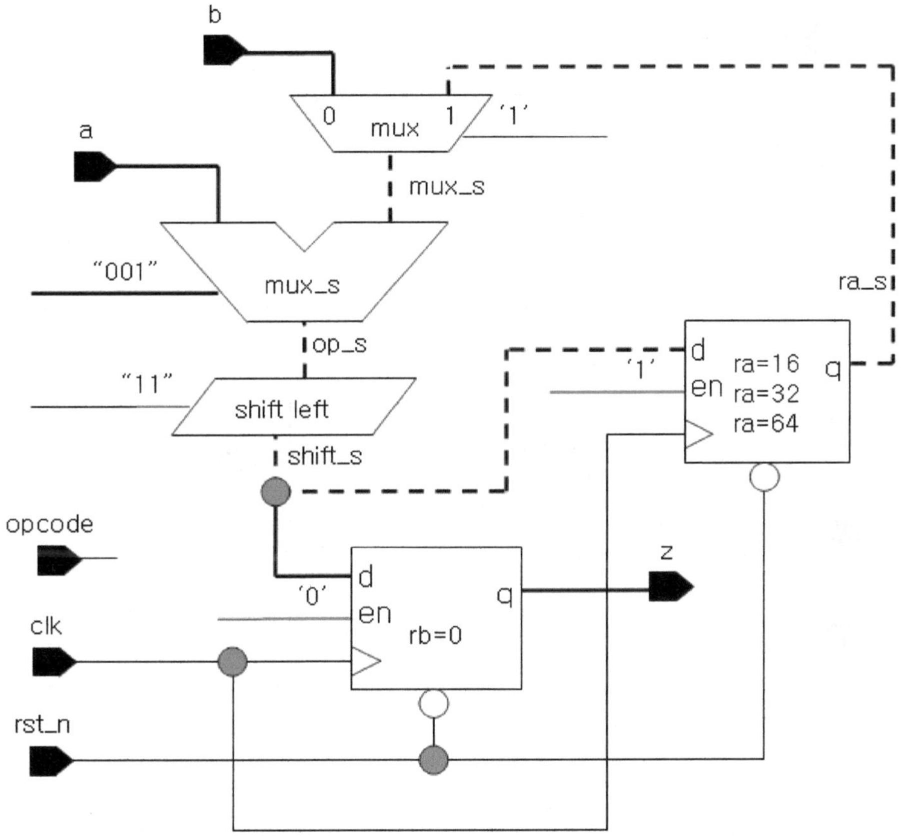

- 다섯 번째 opcode "10001010" 이 수행되는데 이는 " +1" 의 덧셈을 수행 한다. 입력 단자 a=1 이 입력되고 레지스터 ra 에 저장된 값은 멀티플렉서를 통과 하고, 연산자 모듈에서 덧셈 "64 + 1" 을 수행 하고, 쉬프트 모듈은 변형 없이 통과 한다. 이 값은 요구한 연산의 최종 값으로서 레지스터 rb 에 저장되고 단자 z 로 출력 된다.
- 최종 연산된 값은 레지스터 rb 에 저장 되어 변형 없이 유지 된다.

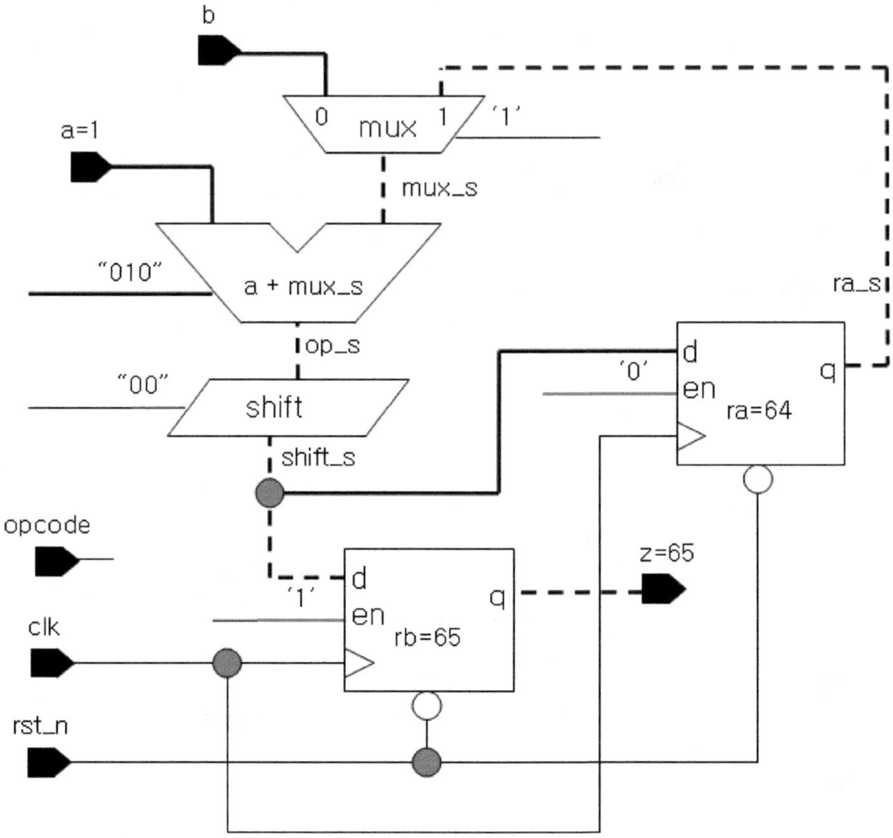
b
a=1
0 mux 1
'1'
mux_s
"010"
a + mux_s
op_s
"00"
shift
shift_s
ra_s
d
en
q
'0'
ra=64
opcode
z=65
d
'1'
en
q
rb=65
clk
rst_n

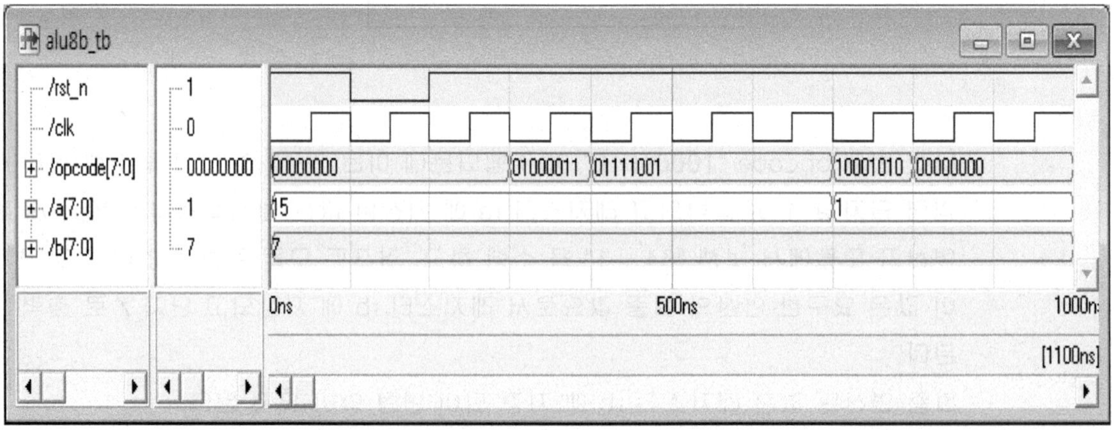
alu8b_tb
/rst_n
/clk
/opcode[7:0]
/a[7:0]
/b[7:0]
1
0
00000000
1
7
00000000
01000011
01111001
10001010
00000000
15
1
7
0ns
500ns
1000ns
[1100ns]

● 시뮬레이션 결과 파형

◇ 신호 opcode 를 제외한 나머지 신호들은 십진수로 표현 되었다.

◇ 초기에는 리셋 신호 rst_n='0' 에 의해 레지스터의 값이 초기화 되므로 신호 z=0 이 된다.

◇ 신호 a=15 이고 b=7 가 입력되었고 5 개의 opcode 가 수행 된 후에 신호 z=65 가 출력 되었다. 아래 연산과 같이 올바른 정답 이다.

$$8 * (a - b) + 1 = 8 * (15 - 7) + 1 = 65$$

◇ 신호 /u0/u_ra/q 는 레지스터 ra 가 단계적으로 저장 하는 값을 보여주고 있다. 앞서 설명한 내용과 일치함을 확인할 수 있다.

◇ 신호 /u0/u_rb/q 는 레지스터 rb 가 저장 하는 값으로서 최종 결과 65 만을 저장 한다.

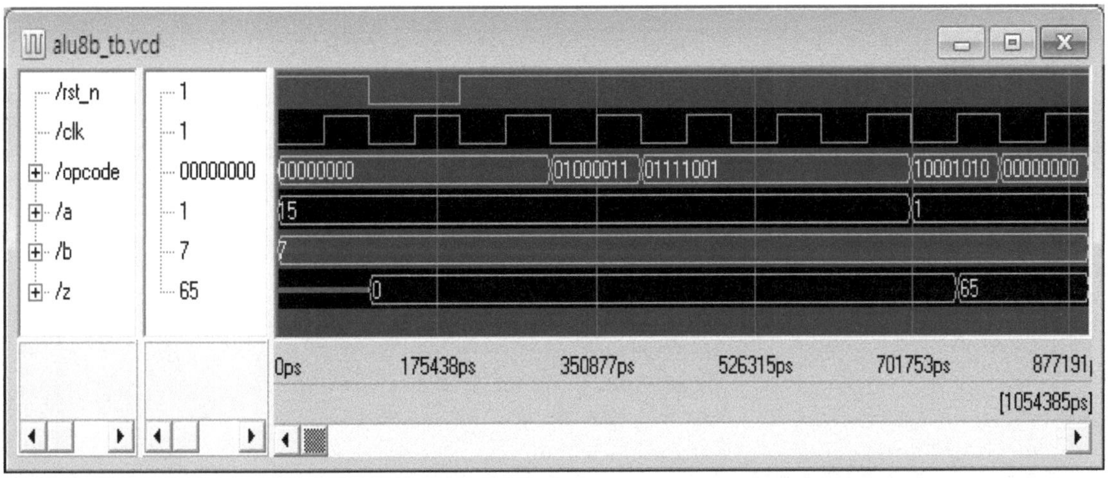

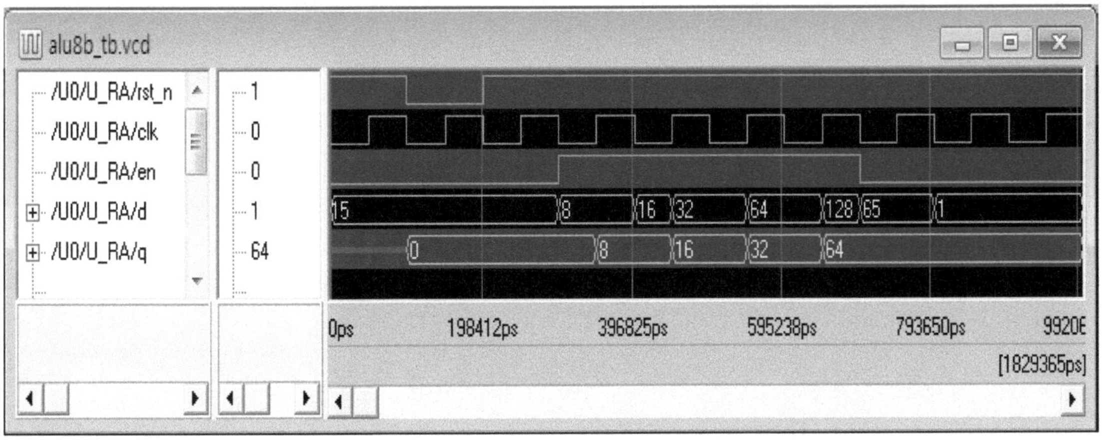

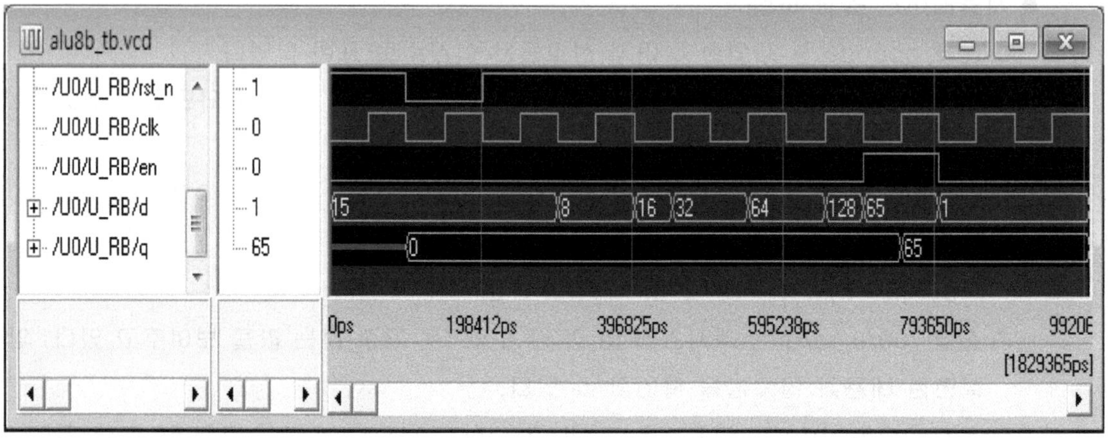
alu8b_tb.vcd
/U0/U_RB/rst_n
/U0/U_RB/clk
/U0/U_RB/en
/U0/U_RB/d
/U0/U_RB/q
1
0
0
1
65
15
8
16
32
64
128
65
1
0
65
0ps
198412ps
396825ps
595238ps
793650ps
[1829365ps]

4.2. 버스를 통한 데이터 이동 회로 설계

● 사양

◇ 본 예제는 버스 배선을 이용하여 레지스터의 값들을 이동시키는 회로 이다.

◇ 여러 개의 모듈이 서로 데이터를 교환해야 하는 경우 모듈간의 연결을 멀티플렉서나 버스로 구현할 수 있다. 버스로 구현 하는 경우 모듈들은 Tri-State 버퍼로 버스에 연결되며 하나의 모듈만이 데이터를 출력하여 버스를 구동시키지만 하나 혹은 여러 개의 모듈이 동시에 데이터를 읽을 수 있다.

◇ 레지스터 A, B, C 의 출력은 Tri-State 버퍼를 통하여 모두 동일한 버스에 연결 되어 있으며 버퍼를 개폐시키는 제어 단자가 각각 ena, enb, enc 이다.

◇ 외부에서 버스에 데이터를 실을 수도 있는데 단자 indata 에 데이터를 입력 하고 제어 신호 eni 를 통하여 버스에 가하게 된다.

◇ 모든 레지스터의 입력은 버스에 연결 되어 있는데 로드 단자 lda, ldb, ldc 의 제어 신호에 의해 버스에 실린 데이터를 읽을지 여부가 결정되게 된다.

◇ 각 레지스터에 저장된 데이터 값은 각각 단자 rega, regb, regc 에 출력되며 버스에 실린 데이터는 단자 zbus 로 출력 된다.

◇ 레지스터는 2.4 절에서 설계된 모듈 reg8b 를 그대로 사용 한다.

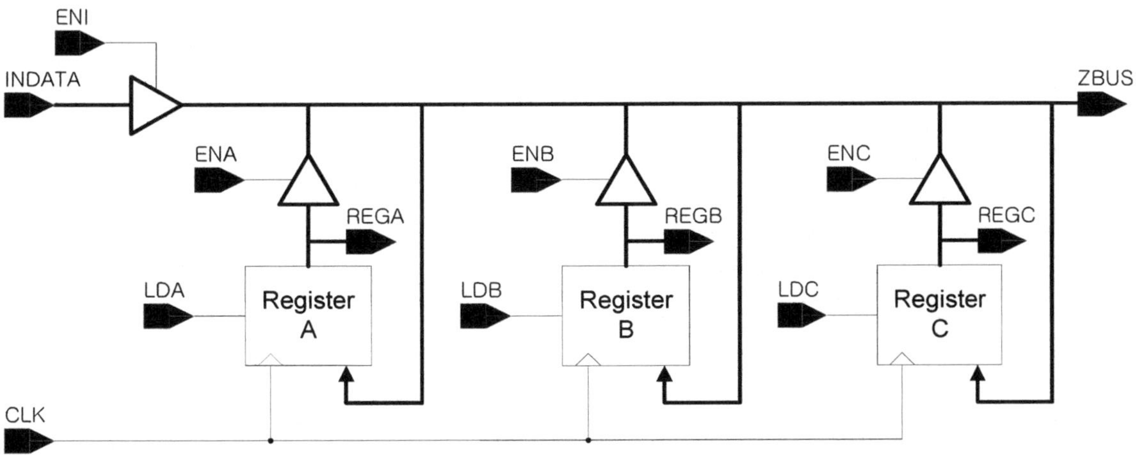

4.2.1. 8 비트 Tri-State Buffer 설계

● 사양

◇ Tri-State Buffer 모듈, tribufs 는 제어 신호에 따라 입력을 통과시킬지 아니면 단절시켜 High Impedance 를 출력할지를 결정 한다.

◇ 단자 en='1' 이면 단자 a 에 입력된 데이터가 단자 z 로 변형 없이 그대로 출력 되고, 그 외의 경우에 단자 z="ZZZZZZZZ" 의 High Impedance 상태를 유지 한다.

● 입출력 단자

이름	방향	비트수	기능
a	In	8	데이터 입력
en	In	1	인에이블 제어신호 (Active High)
z	Out	8	데이터 출력

● 모듈의 Verilog 코드 설계

◇ 모듈 이름 : tribufs

```
module tribufs (a, en, z);
  input [7:0] a;
  input en;
  output [7:0] z;

  reg [7:0] z;

  always @(a, en)
    begin
    case (en)
      1'b0 : z = 8'bZZZZZZZZ;
      1'b1 : z = a;
      default : ;
    endcase
    end

endmodule
```

● 테스트벤치 모듈의 Verilog 코드 설계

◇ 모듈 이름 : tribufs_tb

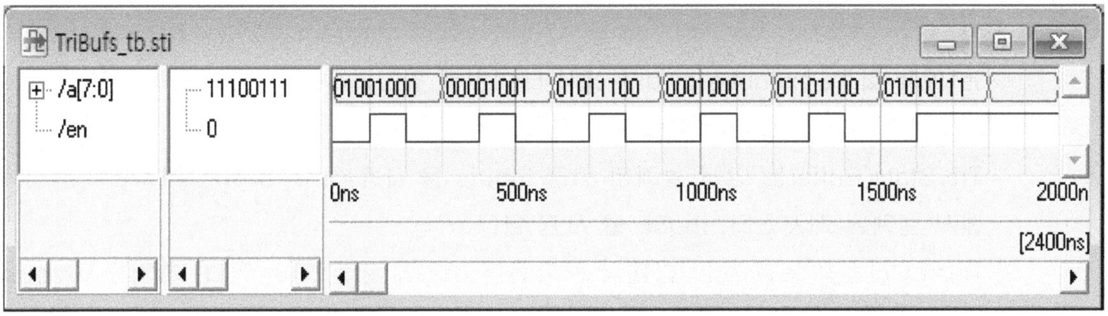

● 시뮬레이션 결과 파형

◇ 인에이블 신호 en='0' 이면 입력 신호 a에 상관없이 z="ZZZZZZZZ" 이 출력 된다. 아래 파형에는 굵은 보라색 라인으로 표시 된다.

◇ 인에이블 신호 en='1' 이 되면 입력 신호 a 의 값이 그대로 신호 z 에 출력 된다.

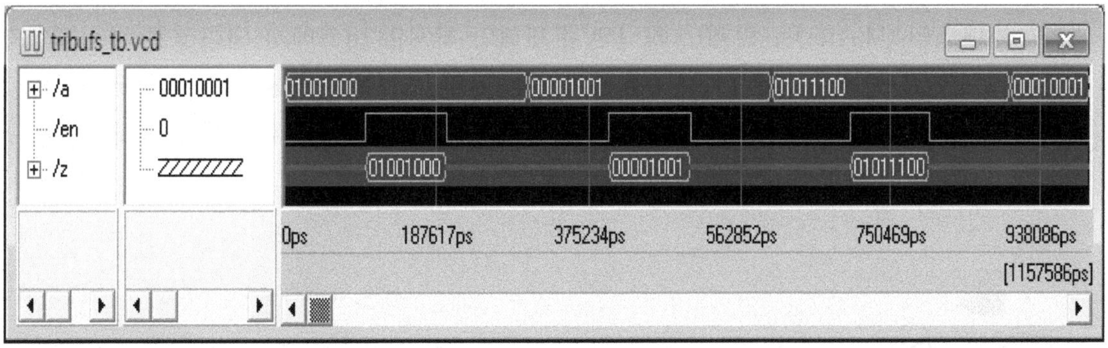

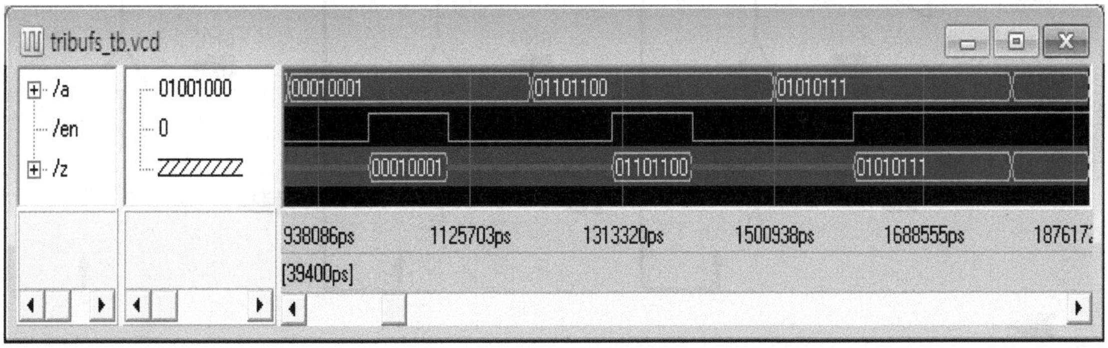

4.2.2. 최상위 모듈 설계

- 사양
  - ◇ 본 예제 회로, exonbus 는 버스에서 데이터를 읽고 쓸 수 있는 3 개의 레지스터와 4 개의 Tri-State Buffer 로 이루어진다.
  - ◇ Tri-State Buffer는 앞서 설계된 모듈 tribufs 을 사용 하고, 8 비트 레지스터는 2.4 절에서 설계된 레지스터, reg8b 를 사용 한다.
  - ◇ 데이터 전송을 위한 모든 입출력 단자들이 버스에 연결 되어 있다. 출력단자 zbus 와 각 레지스터의 입력 단자가 버스에 연결 되어 읽기 동작을 수행할 수 있다. 반대로 입력단자 indata 와 각 레지스터의 출력이 버스에 연결 되어 있는데 하나만이 버스에 데이터를 실을 수 있으므로 버스와의 연결을 개폐시킬 수 있는 Tri-State Buffer 를 통해 연결 되어 있다.
  - ◇ 버스를 통해 데이터를 전송 하는 것은 하나의 입력단자나 모듈이 버스에 데이터를 실은 상태에서 버스의 값을 읽는 것을 의미 한다. 그러므로 버스에 데이터를 올리는 매스터 (Master)는 언제나 하나만 존재해야 하지만 버스에서 데이터를 읽는 슬레이브 (Slave)는 하나 혹은 여러 개 일 수 있다. 여러 개의 데이터를 병렬로 전달하려면 여러 개의 버스를 사용하든지 아니면 분절된 (segmented) 버스를 도입해야 한다. 데이터의 병렬 전달은 본 절에서 다루지 않는다.

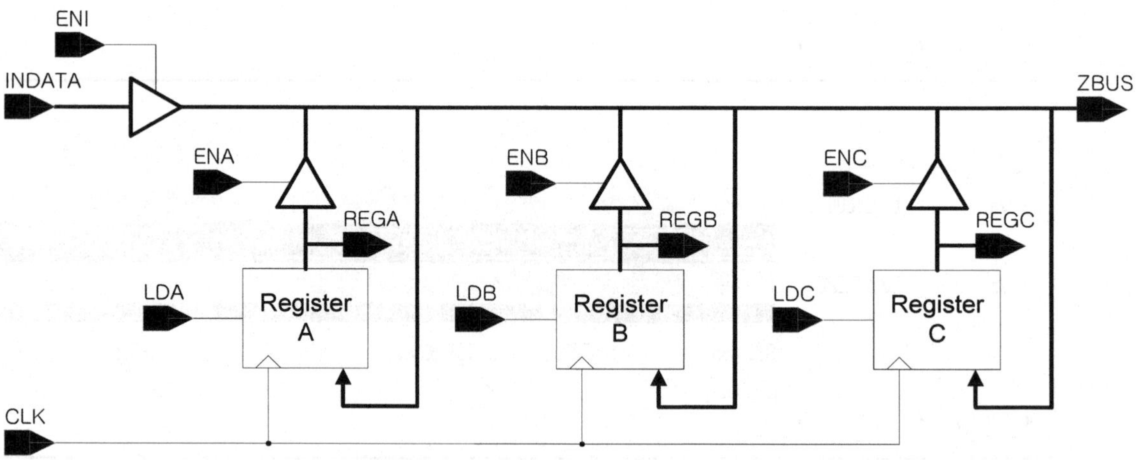

● 입출력 단자

이름	방향	비트수	기능
rst_n	In	1	리셋 (Active Low)
clk	In	1	클럭 (상승 에지에 동기)
ena	In	1	레지스터 A 의 버스 연결 제어 (Active High)
enb	In	1	레지스터 B 의 버스 연결 제어 (Active High)
enc	In	1	레지스터 C 의 버스 연결 제어 (Active High)
eni	In	1	외부 신호의 버스 연결 제어 (Active High)
lda	In	1	레지스터 A 에 데이터 로드 (Active High)
ldb	In	1	레지스터 B 에 데이터 로드 (Active High)
ldc	In	1	레지스터 C 에 데이터 로드 (Active High)
indata	In	8	외부에서 버스로 입력되는 데이터
rega	Out	8	레지스터 A 의 출력 데이터
regb	Out	8	레지스터 B 의 출력 데이터
regc	Out	8	레지스터 C 의 출력 데이터
zbus	Out	8	버스에 실려 있는 데이터

● 모듈의 Verilog 코드 설계

◇ 모듈 이름 : exonbus

```
module exonbus (rst_n, clk, ena, enb, enc, eni, lda,
                ldb, ldc, inData, rega, regb, regc, zbus);
  input rst_n;
  input clk;
  input ena;
  input enb;
  input enc;
  input eni;
```

```
input lda;
input ldb;
input ldc;
input [7:0] inData;
output [7:0] rega;
output [7:0] regb;
output [7:0] regc;
output [7:0] zbus;
wire [7:0] tbus, qa, qb, qc;

assign zbus = tbus;
assign rega = qa;
assign regb = qb;
assign regc = qc;

tribufs
  U_IN (
    .a (inData),
    .en (eni),
    .z (tbus));

tribufs
  U_TA (
    .a (qa),
    .en (ena),
    .z (tbus));

tribufs
  U_TB (
    .a (qb),
    .en (enb),
    .z (tbus));
```

```
  tribufs
    U_TC (
      .a (qc),
      .en (enc),
      .z (tbus));

  reg8b
    U_RA (
      .rst_n (rst_n),
      .clk (clk),
      .en (lda),
      .d (tbus),
      .q (qa));

  reg8b
    U_RB (
      .rst_n (rst_n),
      .clk (clk),
      .en (ldb),
      .d (tbus),
      .q (qb));

  reg8b
    U_RC (
      .rst_n (rst_n),
      .clk (clk),
      .en (ldc),
      .d (tbus),
      .q (qc));

endmodule
```

● 테스트벤치 모듈의 Verilog 코드 설계

◇ 모듈 이름 : exonbus_tb

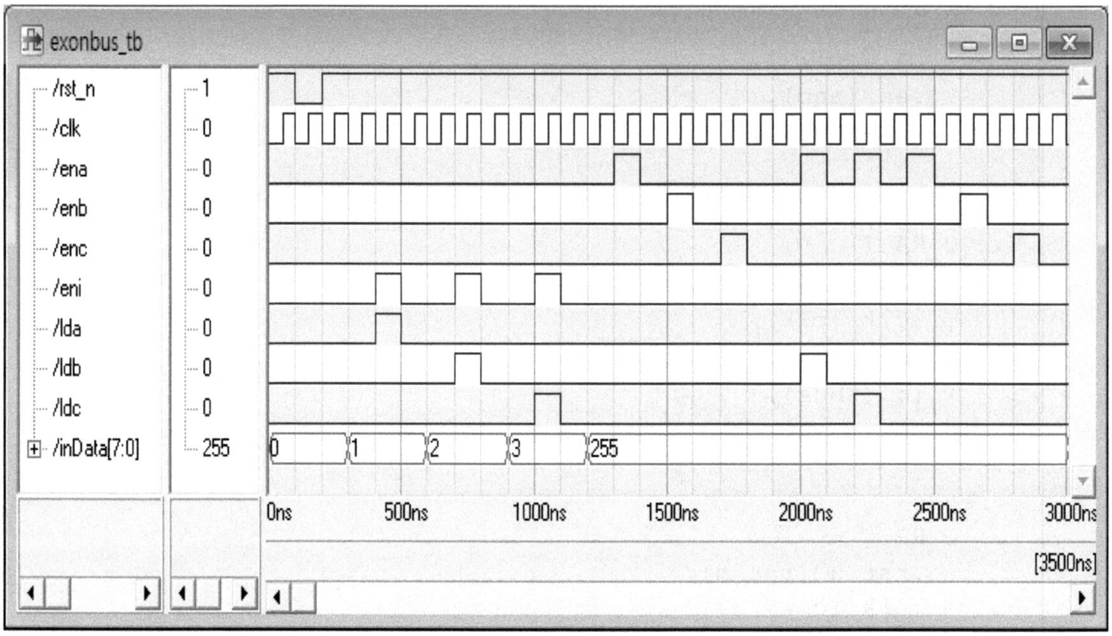

● 시뮬레이션 결과 파형

◇ 모든 버스 파형값은 십진수 값으로 표현 되었다.

◇ 인에이블 신호 eni='1' 이고 레지스터 A 의 로드 신호 lda='1' 이면 외부에서 버스에 가해지는 데이터 indata=01 이 버스 zbus=1 로 실리고 레지스터 A 에 입력 되어 rega=1 이 된다. 이 경우의 데이터 흐름이 아래 논리회로도에서 점선으로 표시된 경로 이다.

◇ 인에이블 신호 eni='1' 이고 레지스터 B 의 로드 신호 ldb='1' 이면 외부에서 버스에 가해지는 데이터 indata=2 가 버스 zbus=2 로 실리고 레지스터 B 에 입력 되어 regb=2 이 된다.

◇ 인에이블 신호 eni='1' 이고 레지스터 C 의 로드 신호 ldc='1' 이면 외부에서 버스에 가해지는 데이터 indata=3 가 버스 zbus=3 로 실리고 레지스터 C 에 입력 되어 regc=3 이 된다.

◇ 레지스터에 저장된 내용을 확인하기 위하여 인에이블 신호 ena, enb, enc를 차례로 '1' 을 가 하면 버스 zbus 에 레지스터에 저장된 데이터 1, 2, 3 이 차례로 나타난다.

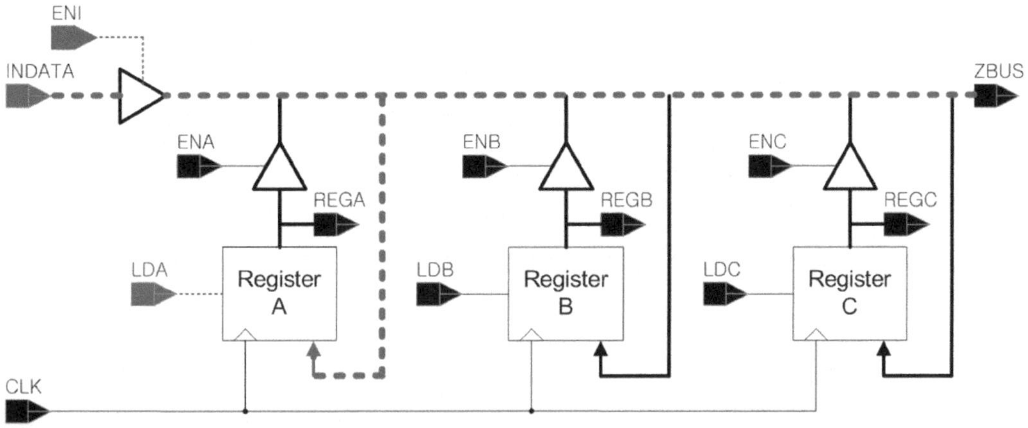

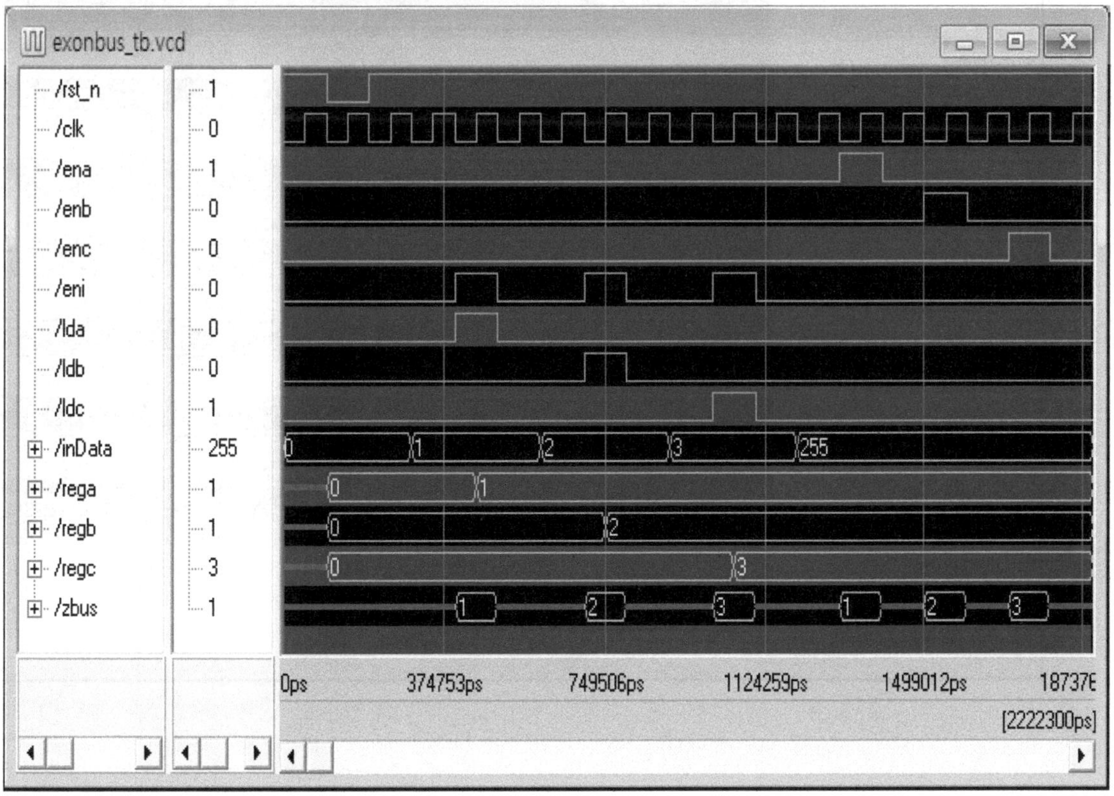

● 시뮬레이션 결과 파형

◇ 레지스터 A 출력에 연결된 Tri-State Buffer 의 인에이블 신호 ena='1' 이고 레지스터 B 의 로드 신호 ldb='1' 이면 레지스터 A 에 저장된 데이터 01 이 버스 zbus=1 를 통해 레지스터 B 에 저장 되어 regb=1 이 된다.

◇ 레지스터 A 출력에 연결된 Tri-State Buffer 의 인에이블 신호 ena='1' 이고 레지스터 C 의 로드 신호 ldc='1' 이면 레지스터 A 에 저장된 데이터 01 이 버스 zbus=1 를 통해 레지스터 C 에 저장 되어 regc=1 이 된다.

◇ 결과적으로 모든 레지스터 B 와 C 는 레지스터 A 의 데이터와 동일하게 된다. 즉 레지스터 A 에서 레지스터 B 로, 레지스터 A 에서 레지스터 C 로 데이터가 복사 되었다.

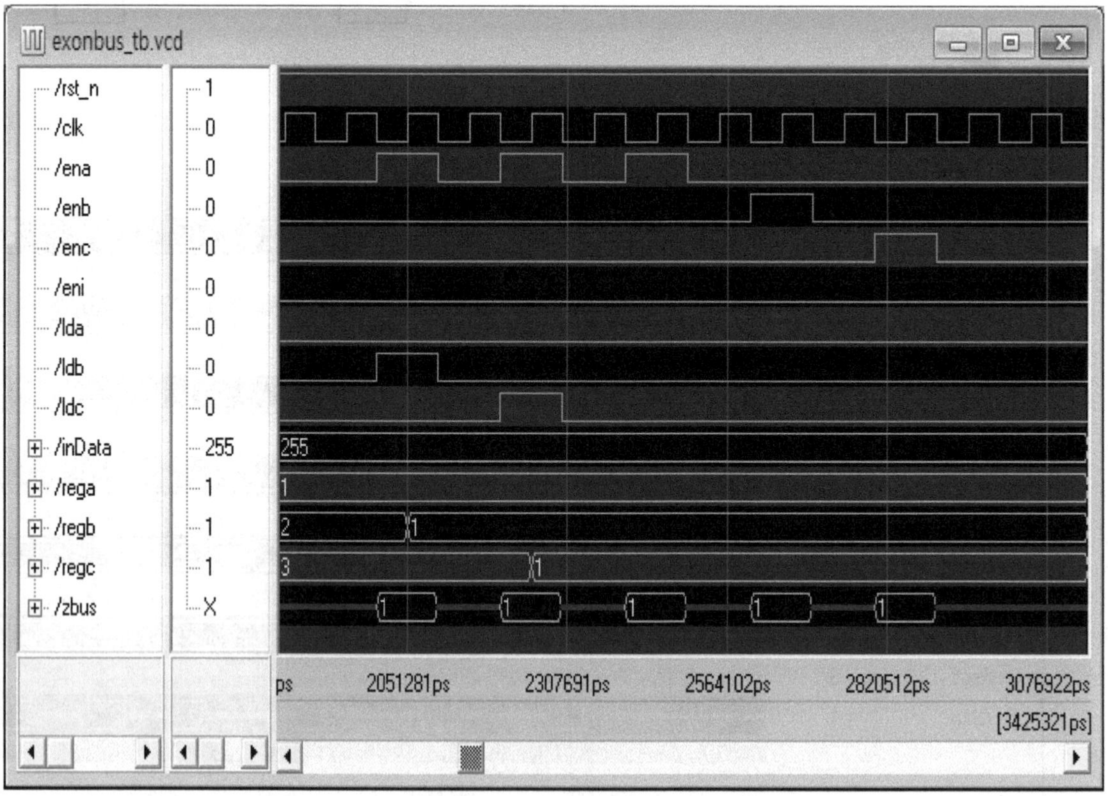

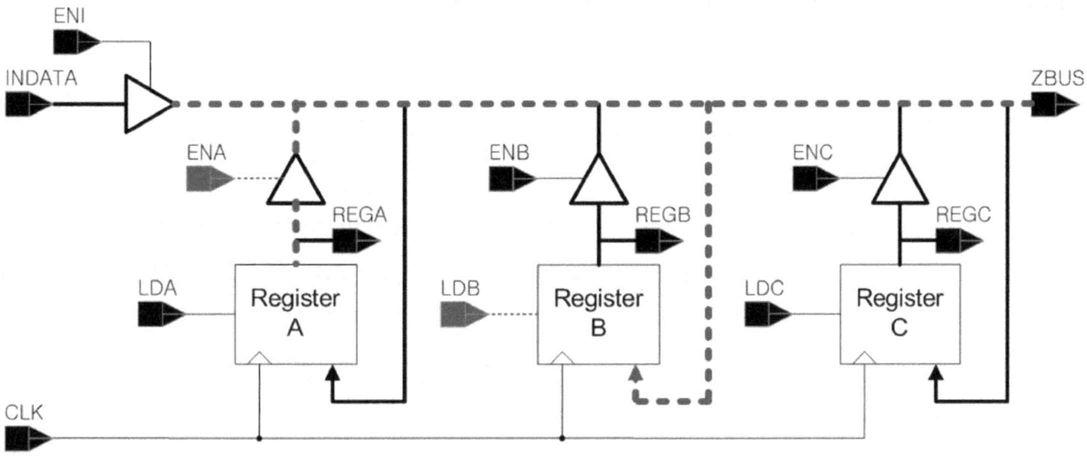
ENI
INDATA
ZBUS
ENA
ENB
ENC
REGA
REGB
REGC
LDA
LDB
LDC
Register A
Register B
Register C
CLK

4.3. Look-up Table 을 이용한 곱셈 회로 설계

● 사양

◇ 본 예제회로는 초고속 곱셈기로서 ROM 으로 구현된 Look-up Table 을 이용하여 곱셈을 수행 한다.

◇ ROM 은 데이터를 저장 하는 역할에 주로 사용되지만 한정된 개수의 값들로 이루어 지는 경우 일일이 계산하지 않고 미리 계산된 값을 ROM 에 저장하여 사용하는 경우가 종종 있다.

◇ 승수와 피승수를 합하여 입력을 받아 레지스터에 저장 하고 이를 ROM 의 어드레스로 제공 한다. 즉, ROM 의 주소가 가리키는 번지의 메모리에는 승수와 피승수의 곱셈 결과가 미리 저장 되어 있다. 즉 곱셈 연산을 하는 것이 아니고 곱셈 결과 값을 미리 ROM 에 저장해 놓은 것 이다.

- 아래 표에서 12 번지 주소는 "001100" 인데 이를 곱셈으로 표현 하면 "001" * "100" = 1 * 4 이다.
- 12번지 주소에 있는 값은 "001100" = 4 로서 1 과 4 의 곱셈 결과 이다.

◇ 복잡한 연산을 수행할 회로를 따로 설계할 필요가 없고, 동작속도가 굉장히 빠른 장점이 있는 반면 ROM 에 저장할 수 있는 메모리의 용량이 제한적이라는 단점이 있다.

◇ 회로는 6 비트 레지스터와 ROM 모듈로 구성되는데 레지스터는 2.4 절에서 설계된 8 비트 레지스터, reg8b 를 비트 폭만 바꾸어 사용 하고 ROM 과 최상위 모듈에 대해서만 설명 한다.

주소	저장 데이터
000000 (1)	000000 (0)
000010 (2)	000000 (0)
...	...
001100 (12)	000100 (4)
...	...
111110 (62)	101010 (42)
111111 (63)	110001 (49)

4.3.1. 6 비트 레지스터 설계

- 사양
  ◇ 이 모듈, reg6b 는 6 비트 입력 레지스터로서 2.4 절에서 설계한 모듈, reg8b 를 수정하여 사용 한다.
- 입출력 단자

이름	방향	비트수	기능
rst_n	In	1	리셋 (Active Low)
clk	In	1	클럭 (상승 에지 동기)
en	In	1	인에이블 입력 (Active High)
d	In	6	입력 데이터
q	Out	6	저장된 데이터

- 모듈의 Verilog 코드 설계
  ◇ 모듈 이름 : reg6b

```
module reg6b (rst_n, clk, en, d, q);
  input rst_n;
  input clk;
  input en;
  input [5:0] d;
  output [5:0] q;
  reg [5:0] qtmp;

 always @(posedge clk, negedge rst_n)
    begin
    if (!rst_n)
      qtmp = 8'b000000;
    else if (en)
      qtmp = d;
    end

  assign q = qtmp;
endmodule
```

4.3.2. Look-up Table 설계

● 사양

◇ 이 모듈, rom 은 3 비트의 승수와 피승수로 구성된 6 비트의 주소를 갖는다.

◇ 양의 정수인 3 비트 승수와 피승수의 곱셈 결과는 0~49 범위를 갖는다. 그러므로 워드의 폭은 6 비트 이어야 한다.

◇ 2.8 절에서 설계한 ROM 모델을 근거하여 변형 한다.

● 입출력 단자

이름	방향	비트수	기능
en	In	1	롬 선택 (Active High)
rd	In	1	읽기 요청 (Active High)
adr	In	6	어드레스
data	Out	6	메모리 저장 데이터

● 모듈의 Verilog 코드 설계

◇ 모듈 이름 : rom

```
module rom (data, en, rd, adr);
  output [5:0] data;
  input en;
  input rd;
  input [5:0] adr;

  reg [5:0] ROM_DATA [0:63];
  reg [5:0] tmp;

  initial
    begin
      $readmemb ("rom.dat", ROM_DATA, 0, 63);
    end
```

```
  always @(adr, en, rd)
    begin
    if (en && rd)
      tmp = ROM_DATA[adr];
    else
      tmp = 8'bz;
    end

  assign data = tmp;

endmodule
```

● ROM 데이터 파일

◇ 파일 이름 : rom.dat

```
000000
000000
000000
000000
000000
000000
000000
000000
000000
000001
000010
000011
000100
000101
000110
000111
000000
```

```
000010
000100
000110
001000
001010
001100
001110
000000
000011
000110
001001
001100
001111
010010
010101
000000
000100
```

```
001000
001100
010000
010100
011000
011100
000000
000101
001010
001111
010100
011001
011110
100011
000000
000110
001100
```

```
010010
011000
011110
100100
101010
000000
000111
001110
010101
011100
100011
101010
110001
```

● 테스트벤치 모듈의 Verilog 코드 설계
◇ 모듈 이름 : rom_tb

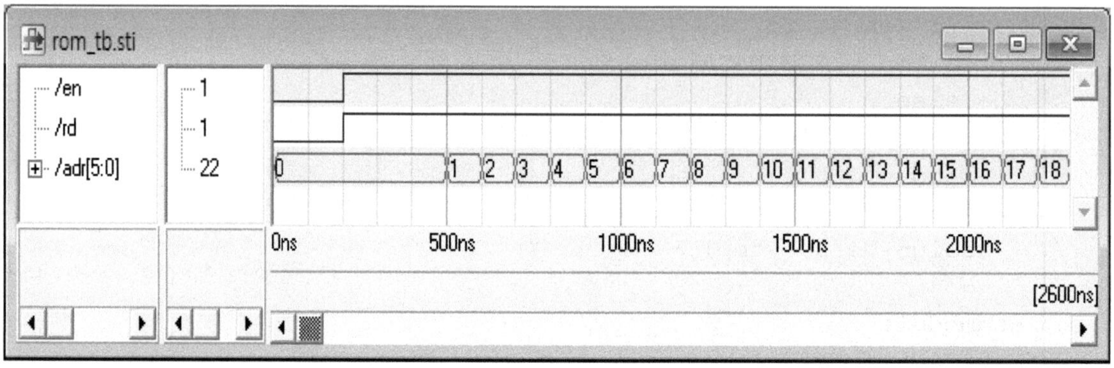

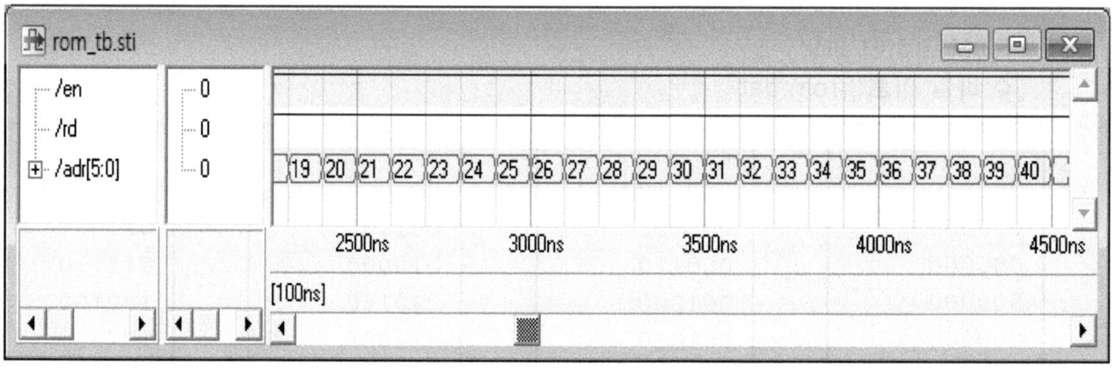

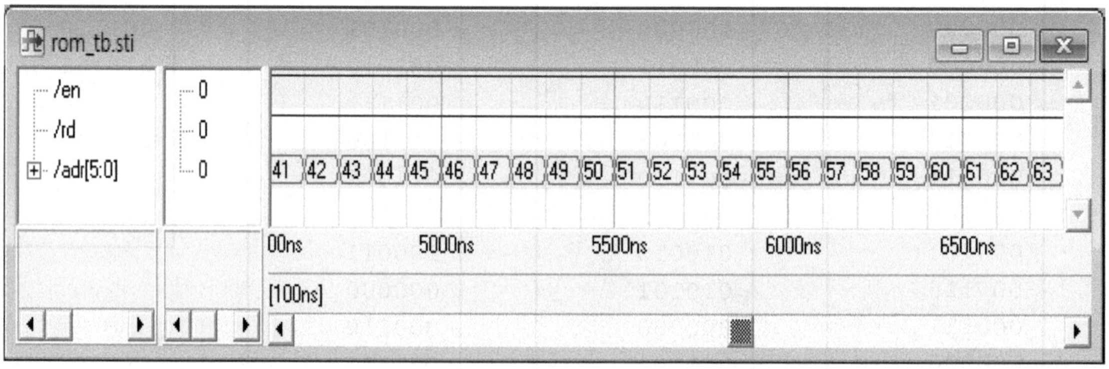

- 시뮬레이션 결과 파형
  - ◇ 롬 선택 신호 en='0' 이거나 읽기 요청 신호 rd='0' 이면 신호 data="ZZZZZZZZ" 이 출력 된다.
  - ◇ 신호 신호 en='1' 이고 rd='1' 이면 어드레스 신호 adr 에 해당 하는 번지의 롬 데이터가 신호 data 로 출력 된다.

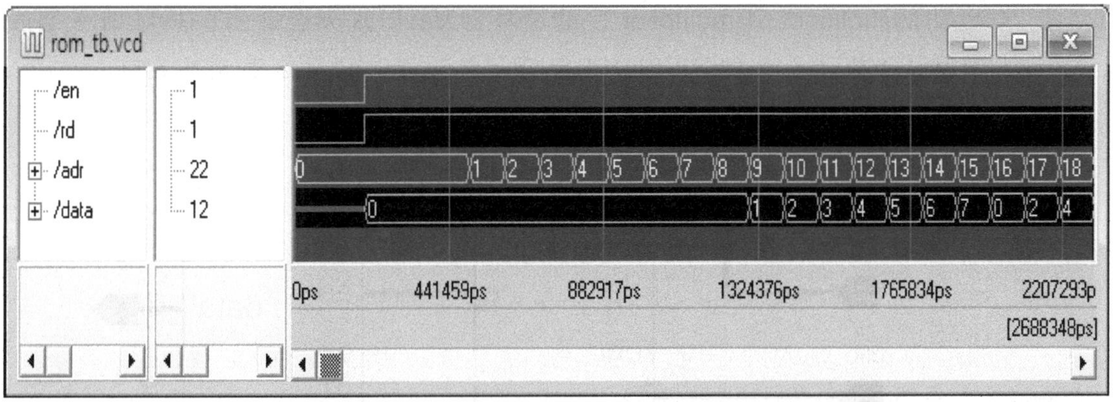

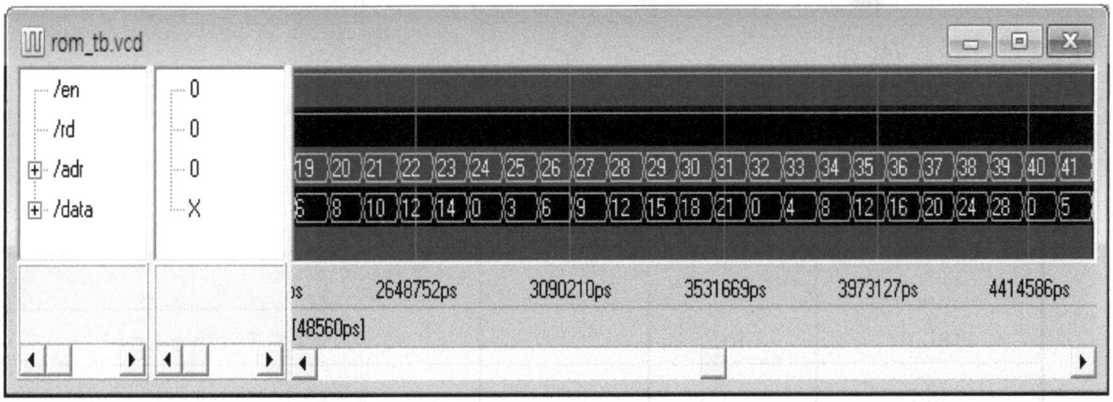

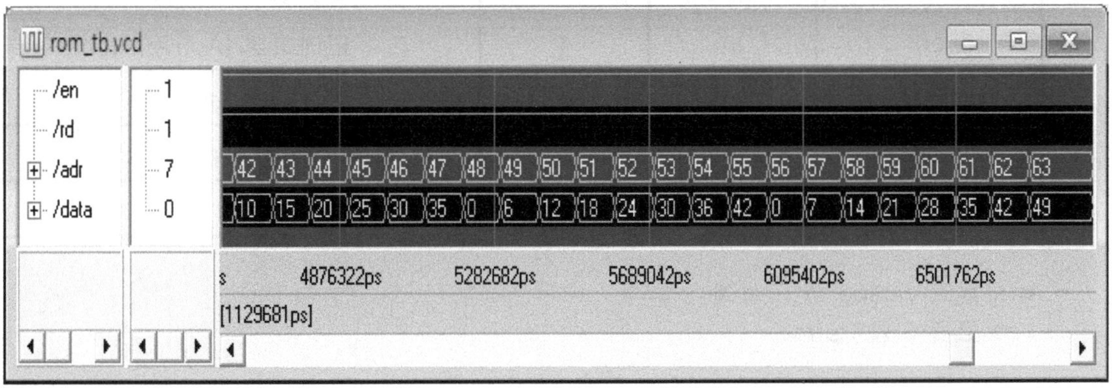

4.3.3. 최상위 모듈 설계

● 사양

◇ 초고속 곱셈기, ufm 은 아래 그림과 같이 앞서 설계된 6 비트 레지스터와 ROM 으로 구성 된다.

◇ 단자 Multiplicant 와 multiplier 는 합해져 레지스터에 저장되는데 ROM 에는 주소로 제공되고 해당 주소 메모리에 저장된 곱셈결과 값이 단자 z 로 출력 된다.

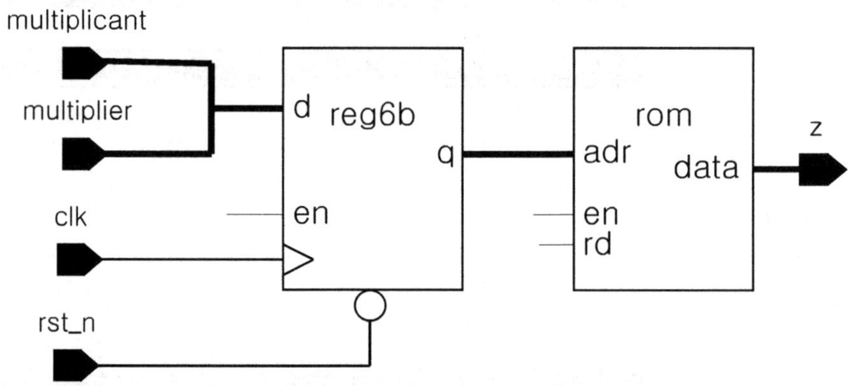

● 입출력 단자

이름	방향	비트수	기능
rst_n	In	1	리셋 (Active Low)
clk	In	1	클럭 (상승 에지에 동기)
en	In	1	인에이블 (Active High)
multiplicant	In	3	피승수
multiplier	In	3	승수
result	Out	6	곱셈 결과

● 모듈의 Verilog 코드 설계

◇ 모듈 이름 : ufm

```
module ufm (rst_n, clk, en, multiplicant, multiplier, result);
  input rst_n;
  input clk;
  input en;
  input [2:0] multiplicant;
  input [2:0] multiplier;
  output [5:0] result;

  wire [5:0] in_s;
  wire [5:0] adr_s;

  assign in_s = {multiplicant, multiplier};

  reg6b U_REG (
    .rst_n (rst_n),
    .clk (clk),
    .en (en),
    .d (in_s),
    .q (adr_s));

  rom U_ROM (
    .en (en),
    .rd (en),
    .adr (adr_s),
    .data (result));

endmodule
```

● 테스트벤치 모듈의 Verilog 코드 설계
 ◇ 모듈 이름 : ufm_tb

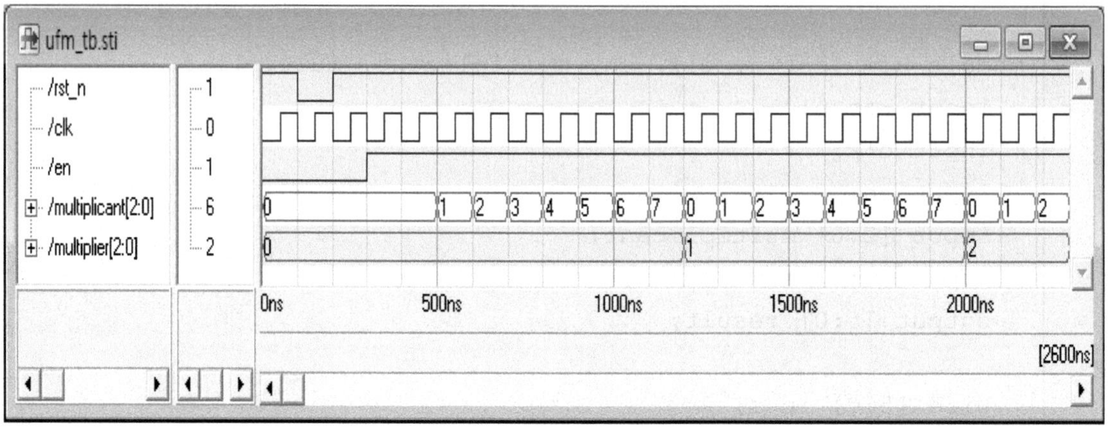
ufm_tb.sti
/rst_n
/clk
/en
/multiplicant[2:0]
/multiplier[2:0]
0ns
500ns
1000ns
1500ns
2000ns
[2600ns]

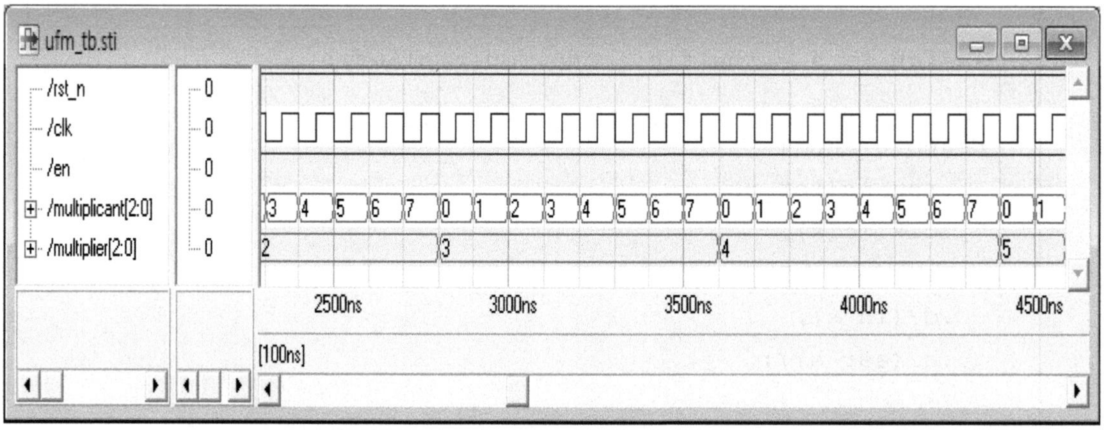
ufm_tb.sti
/rst_n
/clk
/en
/multiplicant[2:0]
/multiplier[2:0]
2500ns
3000ns
3500ns
4000ns
4500ns
[100ns]

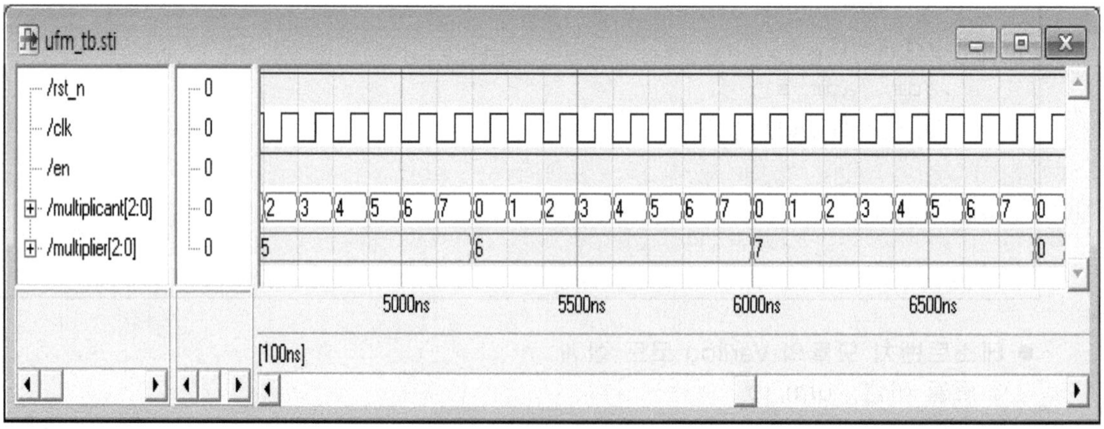
ufm_tb.sti
/rst_n
/clk
/en
/multiplicant[2:0]
/multiplier[2:0]
5000ns
5500ns
6000ns
6500ns
[100ns]

● 시뮬레이션 결과 파형

◇ 버스 신호의 값은 십진수로 표현 되었다.

◇ 신호 multiplicant 와 multiplier 를 곱한 값이 신호 result 에 나타나 있다. 곱셈이 정상적을 계산되었음을 확인할 수 있다.

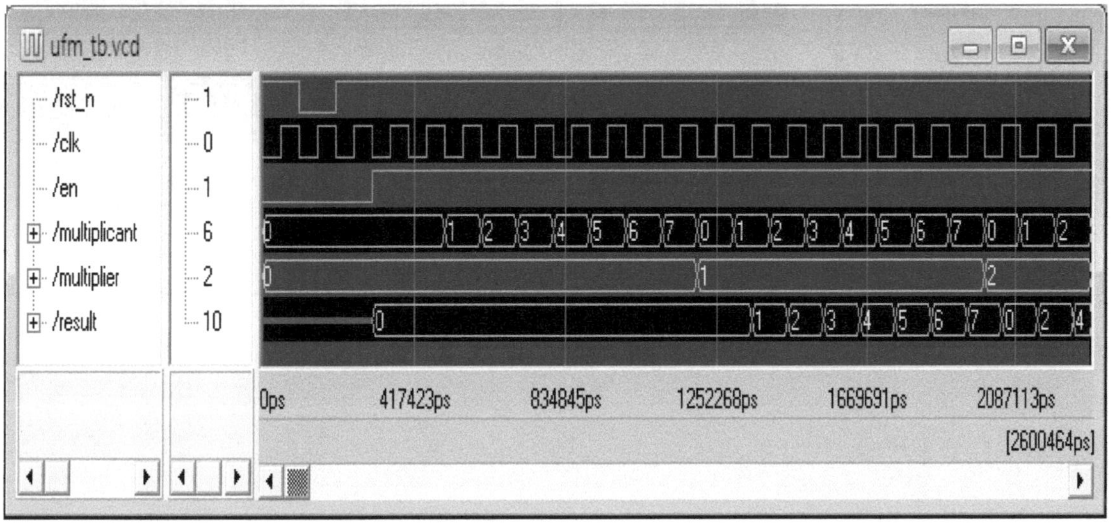

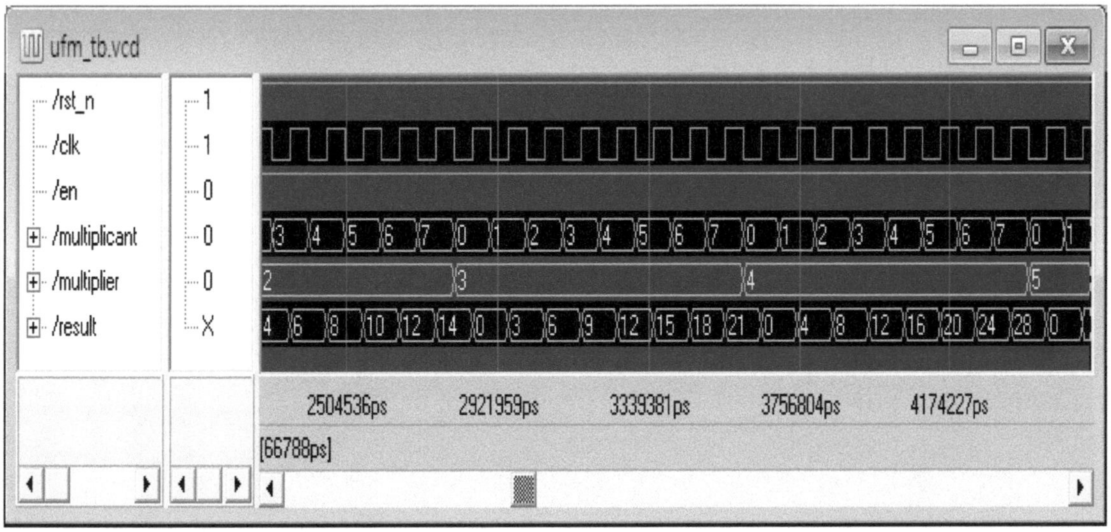

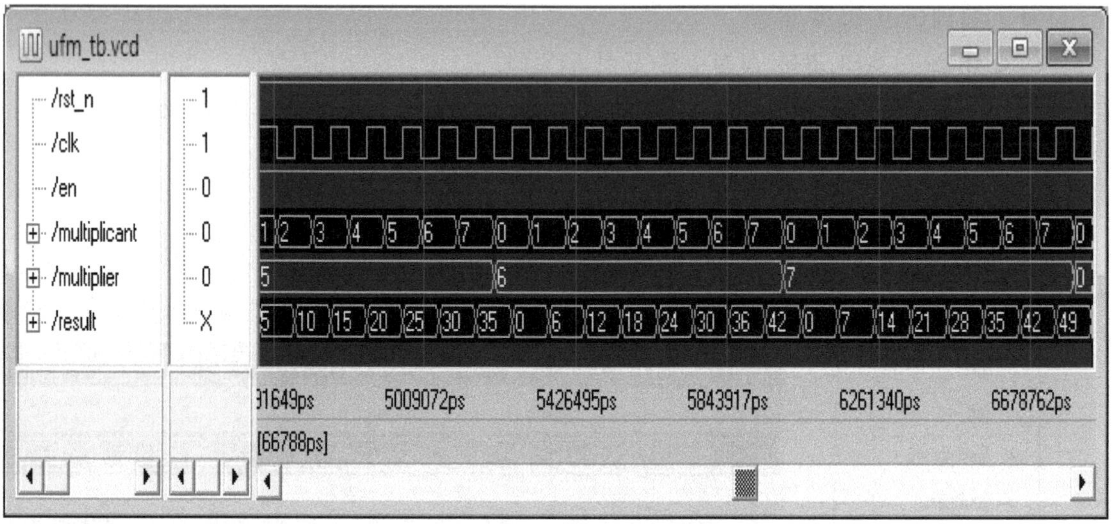
ufm_tb.vcd
/rst_n
/clk
/en
/multiplicant
/multiplier
/result
1
1
0
0
0
X
91649ps
5009072ps
5426495ps
5843917ps
6261340ps
6678762ps
[66788ps]

5 장

응용 회로 설계

5.1. 8 비트 바이너리 덧셈기

5.2. 4 자리 십진수 덧셈기

5.3. Add-Shift 방식 곱셈기 설계

5.4. 최대공약수 (GCD) 연산 회로 설계

5.5. 덧셈 전용 프로세서 설계

5.1. 8 비트 바이너리 덧셈기 설계

● 사양

◇ 8 비트 바이너리 덧셈기는 8 비트 이진수의 덧셈을 수행 하는 모듈 이다.

a + b + ci = { co, sum }

◇ 덧셈에는 하단에서 올라오는 캐리 입력 (cin) 과 상단으로 올려 보내는 캐리 출력 (cout)가 있다. 캐리 입력은 피연산자 (operand) a와 b를 덧셈을 해야 하고, 캐리 출력 co은 덧셈 합 sum의 MSB 윗 단으로 올려야 한다. 아래 예에서 합산 결과는 322 인데 cout='1'과 덧셈값 "01000010"이 연속으로 결합 되어 9 비트의 이진수값 322 가 최종 덧셈값이 된다.

"10001111" (143) + "10110011" (179) + '0' (cin)

= { '1' (cout), "01000010" (66) } (322)

◇ 이진수는 부호가 있어 양수와 음수를 모두 표현 하는 signed 값과 양수만을 표현 하는 unsigned 값이 있다 본 설계에서는 후자, 즉 unsigned 이진수 값만을 취급 하므로 모든 숫자는 양의 정수 이다.

◇ 8 비트 이므로 8 개의 전가산기를 직렬로 배열 하고 캐리 입력은 하위 비트에서 상위 비트로 전달되는 Ripple Carry Adder 구조로 설계 한다. 이 구조는 전가산기만으로 구성 되므로 면적이 매우 적은 장점을 갖는 반면에, 캐리 입력(cin)에서 캐리 출력 (cout) 까지의 경로가 매우 길기 때문에 지연 딜레이가 커서 동작속도는 떨어지는 단점을 갖는다.

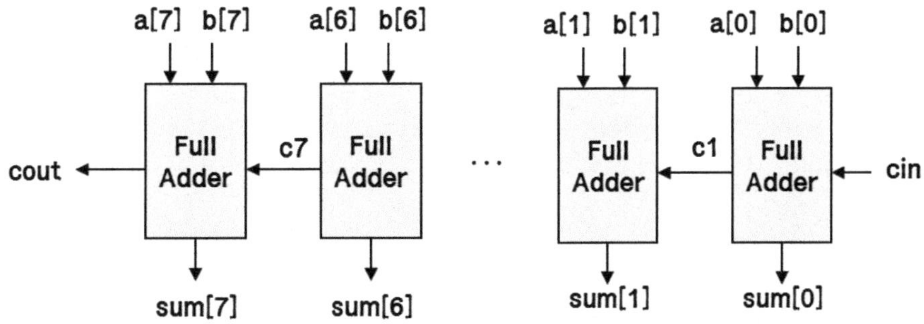

5.1.1. 전가산기 설계

● 동작 사양

◇ 1.2 절에서 설계한 전가산기 모듈을 재사용 한다.

● 입출력 단자

이름	방향	비트수	기능
a	In	1	덧셈 입력 신호
b	In	1	덧셈 입력 신호
ci	In	1	캐리 입력 신호
sum	Out	1	덧셈의 합
co	Out	1	덧셈의 캐리 출력

5.1.2. 8 비트 바이너리 덧셈기 최상위 모듈 설계

● 사양

◇ 8 비트 바이너리 덧셈기의 구조는 오른쪽 그림과 같이 설계 된다.

◇ 전가산기(fulladd) 모듈을 복사하여 8 개의 인스턴스로 배치 하고 캐리 입력 cin 은 최하위 비트의 전가산기 인스턴스의 단자 ci 에 입력 되어 상위 비트로 전달 된다. 마지막으로 캐리 출력 cout 로 출력 된다.

◇ 각각의 전가산기는 각 비트의 덧셈을 실행하도록 피연산자 입력 a 와 b 의 각 비트를 합산 하고, 그 덧셈 결과를 출력 sum 의 해당 비트로 출력 한다.

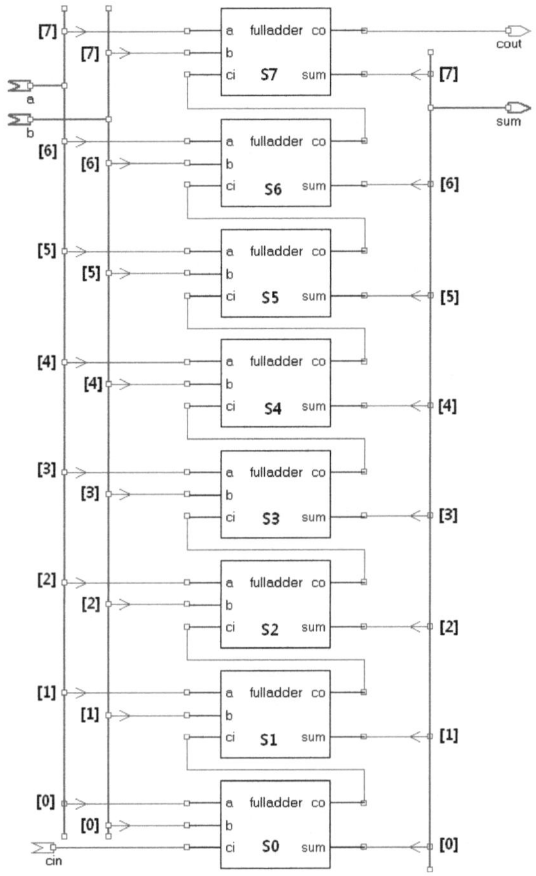

● 입출력 단자

이름	방향	비트수	기능
a	In	8	덧셈 입력 신호
b	In	8	덧셈 입력 신호
ci	In	1	캐리 입력 신호
sum	Out	8	덧셈의 합
co	Out	1	덧셈이 캐리 출력

● 모듈의 Verilog 코드 설계

◇ 모듈 이름 : add8b

```
module add8b (a, b, cin, cout, sum);

input [7:0] a;
input [7:0] b;
input cin;
output cout;
output [7:0] sum;

wire  w0;
wire  w1;
wire  w2;
wire  w3;
wire  w4;
wire  w5;
wire  w6;

fulladd
     S7 (
      .ci(w6),
      .co(cout),
      .sum(sum[7]),
      .a(a[7]),
      .b(b[7]));


fulladd
     S6 (
      .ci(w5),
      .co(w6),
      .sum(sum[6]),
      .a(a[6]),
      .b(b[6]));
```

```
fulladd
      S5  (
       .ci(w4),
       .co(w5),
       .sum(sum[5]),
       .a(a[5]),
       .b(b[5]));

fulladd
      S4  (
       .ci(w3),
       .co(w4),
       .sum(sum[4]),
       .a(a[4]),
       .b(b[4]));

fulladd
      S3  (
       .ci(w2),
       .co(w3),
       .sum(sum[3]),
       .a(a[3]),
       .b(b[3]));

fulladd
      S2  (
       .ci(w1),
       .co(w2),
       .sum(sum[2]),
       .a(a[2]),
       .b(b[2]));

fulladd
      S1  (
       .ci(w0),
```

```
        .co(w1),
        .sum(sum[1]),
        .a(a[1]),
        .b(b[1]));


fulladd
       S0 (
        .co(w0),
        .ci(cin),
        .a(a[0]),
        .b(b[0]),
        .sum(sum[0]));

endmodule
```

● 테스트벤치 모듈의 Verilog 코드 설계

◇ 모듈 이름 : add8b_tb

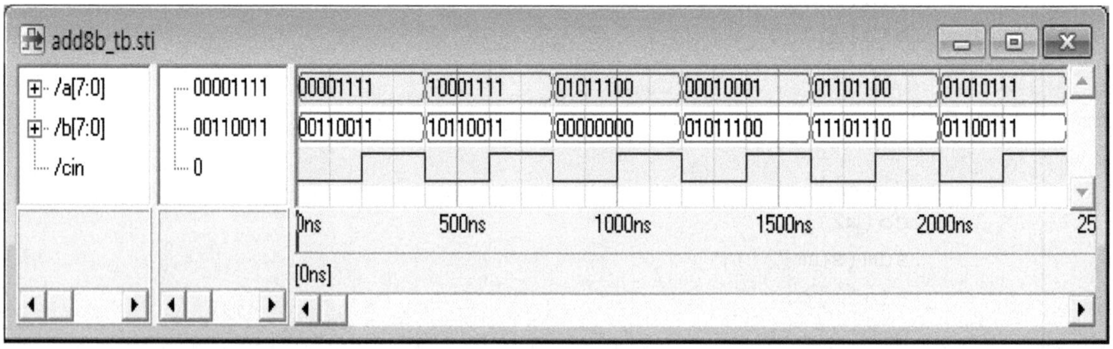

● 시뮬레이션 결과 파형

◇ 신호 a 와 b 와 ci 의 모든 조합에 대하여 덧셈이 제대로 되었는지를 살펴 보아야 한다.

◇ 아래 파형 값은 십진수 양의 정수 값으로 표현 되었다.

◇ 차례로 수행된 덧셈의 결과는 아래와 같다.

- "00001111" (15) + "00110011" (51) + '0' (0) = {'0', "01000010"} (66)
- "00001111" (15) + "00110011" (51) + '1' (1) = {'0', "01000011"} (67)
- "10001111" (143) + "10110011" (179) + '0' (0) = {'1', "01000010"}
  (256 + 66 = 322)
- "10001111" (143) + "10110011" (179) + '1' (0) = {'1', "01000011"}
  (256 + 67 = 323)
- "01011100" (92) + "00000000" (0) + '0' (0) = {'0', "01011100"} (92)
- "01011100" (92) + "00000000" (0) + '1' (1) = {'0', "01011101"} (93)
- 모든 경우에 8 비트 가산기로서 올바른 동작을 하므로 올바로 설계 되었다.

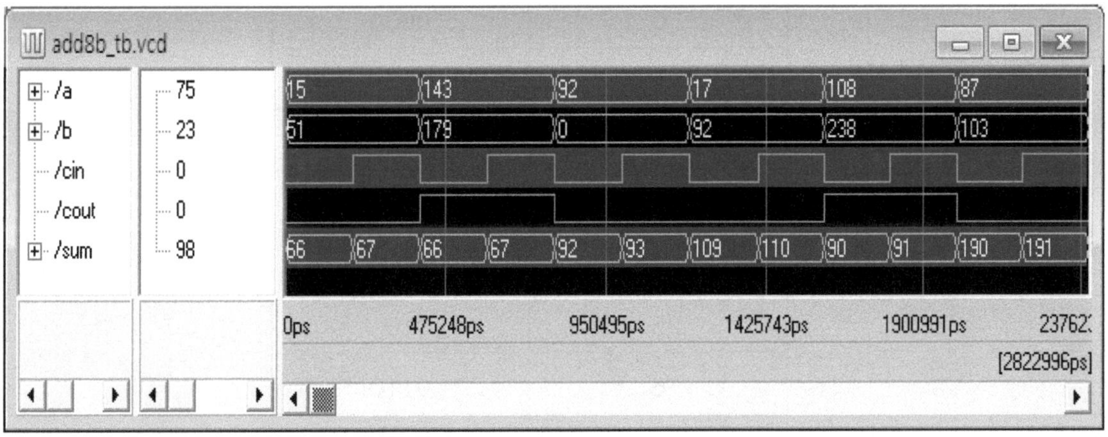

5.2. 4 자리 십진수 덧셈기 설계

● 사양

◇ 4 자리 십진수 덧셈기는 4 자리의 2 개 십진수를 더하여 5 자리의 십진수를 출력하는 덧셈기 회로 이다.

◇ 십자리 숫자는 0~9 의 사이의 값을 가지므로 4 개의 바이너리, 즉 BCD (Binary Coded Decimal) 로 표현 된다. 십진수에서 각 숫자 (digit)를 이진수로 표시한 것이 BCD 이다.

십진수	BCD
0	0000
1	0001
2	0010
3	0011
4	0100
5	0101
6	0110
7	0111
8	1000
9	1001

◇ 이진수를 이용 하면 모든 연산이 가능하므로 계산을 위하여 십진수를 도입할 필요는 없다. 그러나 입출력 되는 숫자를 사람이 읽기 편하도록 십진수로 표현 하는 경우 이진수와 십진수 간의 변환 회로가 필요하다. 이러한 경우 변환 회로 대신 십진수 계산 회로를 도입 하는 것도 하나의 해결책이 될 수 있다.

5.2.1. 전가산기 설계

● 동작 사양

◇ 1.2 절에서 설계한 전가산기 모듈을 재사용 한다.

● 입출력 단자

이름	방향	비트수	기능
a	In	1	덧셈 입력 신호
b	In	1	덧셈 입력 신호
ci	In	1	캐리 입력 신호
sum	Out	1	덧셈의 합
co	Out	1	덧셈의 캐리 출력

5.2.2. 1 자리 십진수 덧셈기 설계

● 사양

◇ 한자리 십진수를 더 하는 덧셈 회로를 설계 한다.

◇ 십진수 한자리는 BCD 형식의 4 자리의 이진수로 표현되고, 십진수 아래 자리에서 올라 오는 캐리 입력과 윗 자리로 올려 보내는 캐리 출력을 고려해야 한다.

◇ 십진수 한자리 덧셈 회로는 4 자리의 이진수 덧셈을 수행한 후에 덧셈 값이 9 보다 큰 경우를 감지하여 십진수 캐리를 발생 하고 덧셈 결과를 조정 한다.

◇ 회로는 아래와 같이 3 가지 기능으로 구성 된다.

- 첫 번째는 4 비트의 Ripple Carry 이진수 덧셈기 회로 이다.
- 두 번째는 덧셈 결과가 9 보다 큰 경우를 감지 하는 회로 이다. 십진수는 각 숫자가 0~9 사이의 값을 가지므로 두 개 숫자의 합은 0~18 이 되는데 10~18 이 되는 경우 십진수 캐리를 발생해야 한다. 즉, 아래 표의 모든 경우는 십진수에서 캐리가 발생 하는 경우 이다. Cout2 는 이진수 합의 캐리 출력이고, Cout10 은 십진수 합의 캐리 출력이라 할 때 논리최적화를 수행 하면 아래와 같은 논리식으로 표현 된다.

$$Cout10 = Cout2 + Sum3 \cdot Sum2 + Sum1 \cdot Sum0$$

Cout2	Sum3	Sum2	Sum1	Sum0	십진수 값
0	1	0	1	0	10
0	1	0	1	1	11
0	1	1	0	0	12
0	1	1	0	1	13
0	1	1	1	0	14
0	1	1	1	1	15
1	0	0	0	0	16
1	0	0	0	1	17
1	0	0	1	0	18

- 세 번째는 십진수 캐리가 발생 하는 경우 덧셈 합을 교정해야 한다. 즉 이진수 합이 "1010" (10) 인 경우는 캐리를 발생시키고 합은 "0000" (0) 이어야 한다. 마찬가지 원리로 즉 이진수 합이 "1011" (11) 인 경우는 캐리를 발생시키고 합은 "0001" (1) 이어야 한다. 나머지 경우도 동일한 원리 이다. 덧셈은 4 비트의 이진수 덧셈기를 사용하므로 "0110"(6)을 추가로 더해주면 원 하는 십진수 덧셈 값을 얻을 수 있다.

"1010" + "0110" = { '1', "0000"(0) }
"1011" + "0110" = { '1', "0001"(1) }
"1100" + "0110" = { '1', "0010"(2) }
"1101" + "0110" = { '1', "0011"(3) }
"1110" + "0110" = { '1', "0100"(4) }
"1111" + "0110" = { '1', "0101"(5) }
"0000" + "0110" = { '1', "0110"(6) }
"0001" + "0110" = { '1', "0111"(7) }
"0010" + "0110" = { '1', "1000"(8) }

◇ 위에서 설명한 논리를 구현한 회로는 아래와 같다.

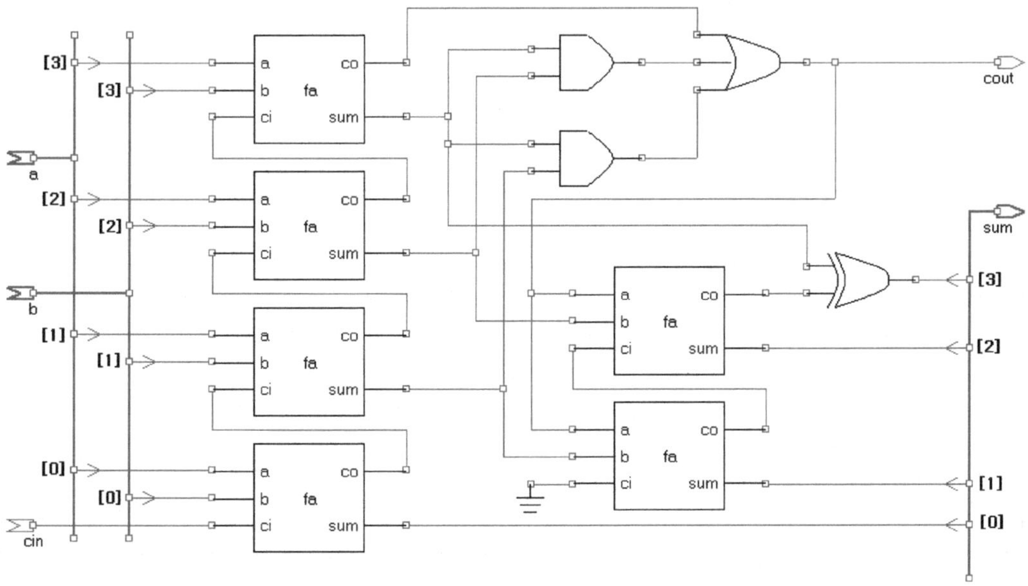

- 왼쪽 열에 배치된 4 개의 전가산기는 4 비트 Ripple Carry Adder 이다.
- 오른쪽 상단에 배치된 3 개의 게이트는 십진수 캐리를 발생 하는 회로 이다.
- 오른쪽 아래에 배치된 2 개의 전가산기와 XOR 게이트는 십진수 캐리가 발생 하는 경우 덧셈 값을 수정 하는 회로 이다.

● 입출력 단자

이름	방향	비트수	기능
a	In	4	BCD 덧셈 입력 신호
b	In	4	BCD 덧셈 입력 신호
ci	In	1	캐리 입력 신호
sum	Out	4	BCD 덧셈의 합
co	Out	1	덧셈이 캐리 출력

● 모듈의 Verilog 코드 설계

◇ 모듈 이름 : add1d

```
module add1d (a, b, cin, cout, sum);

input [3:0] a;
input [3:0] b;
input cin;
output cout;
output [3:0] sum;

wire  w0;
wire  w1;
wire  w2;
wire  w21;
wire  w22;
wire  w34;
```

```
wire  w35;
wire  w37;
wire  w28;
wire  w38;
wire  w36;

and (w21, w36, w28);
and (w37, w36, w38);
or (cout, w35, w21, w37);
xor (sum[3], w36, w34);

fulladd UD3 (
      .a(a[3]),
      .b(b[3]),
      .ci(w0),
      .co(w35),
      .sum(w36));

fulladd UD2 (
      .a(a[2]),
      .b(b[2]),
      .ci(w1),
      .co(w0),
      .sum(w28));

fulladd UD1 (
      .a(a[1]),
      .b(b[1]),
      .ci(w2),
      .co(w1),
      .sum(w38));

fulladd UD0 (
      .a(a[0]),
```

```
        .b(b[0]),
        .ci(cin),
        .co(w2),
        .sum(sum[0]));

fulladd UM2 (
        .a(cout),
        .b(w28),
        .ci(w22),
        .co(w34),
        .sum(sum[2]));

fulladd UM1 (
        .a(cout),
        .b(w38),
        .ci(1'b0),
        .co(w22),
        .sum(sum[1]));

endmodule
```

● 테스트벤치 모듈의 Verilog 코드 설계
  ◇ 모듈 이름 : add1d_tb

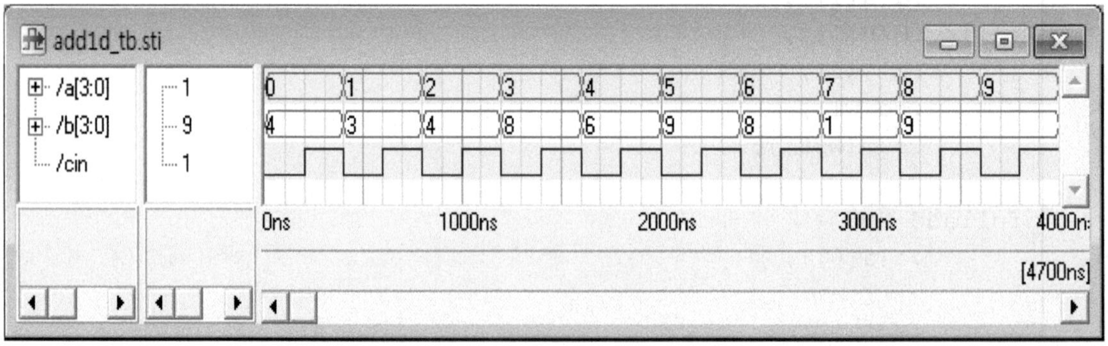

● 시뮬레이션 결과 파형

◇ 아래 파형의 신호 값들은 10 진수로 표현 되었다.

◇ 신호 a=0, b=4, cin='0' 을 더 하면 신호 {cout, sum}={0, 4} 로 4 가 정답 이다.

◇ 신호 a=0, b=4, cin='1' 을 더 하면 신호 {cout, sum}={0, 5} 로 5 가 정답 이다.

◇ 신호 cout='1' 이 되는 경우는 아래와 같다.

◇ 신호 a=3, b=8, cin='0' 을 더 하면 신호 {cout, sum}={1, 1} 로 11 이 정답 이다.

◇ 신호 a=3, b=8, cin='1' 을 더 하면 신호 {cout, sum}={1, 2} 로 12 가 정답 이다.

◇ 나머지 모든 경우에도 십진수 덧셈이 올바로 계산됨을 확인할 수 있다.

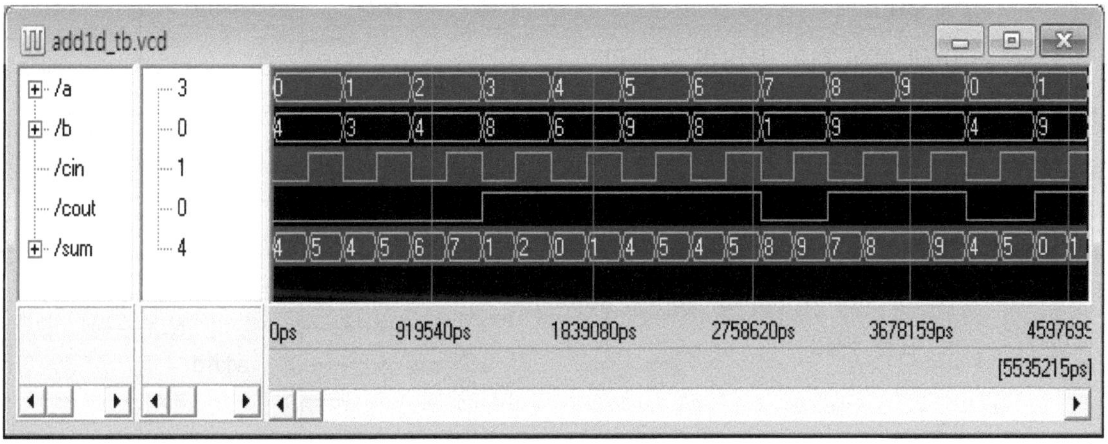

5.2.3. 4 자리 십진수 덧셈기 최상위 모듈 설계

● 사양

◇ 십진수 네 자리를 더 하는 덧셈 회로를 설계 한다.

◇ 5.2.2 절에서 설계된 1 자리 십진수 덧셈기를 아래 그림과 같이 십진수 네 자리 수 만큼 직렬로 연결하여 설계 한다.

- 아래 쪽이 하위 자리이고 캐리 입력은 '0' 을 입력하였다.
- 각 인스턴스의 캐리 출력은 상위 비트로 전달 된다.
- 덧셈 합은 십진수 다섯자리로서 {cout, sum3, sum2, sum1, sum0} 로 표현 된다

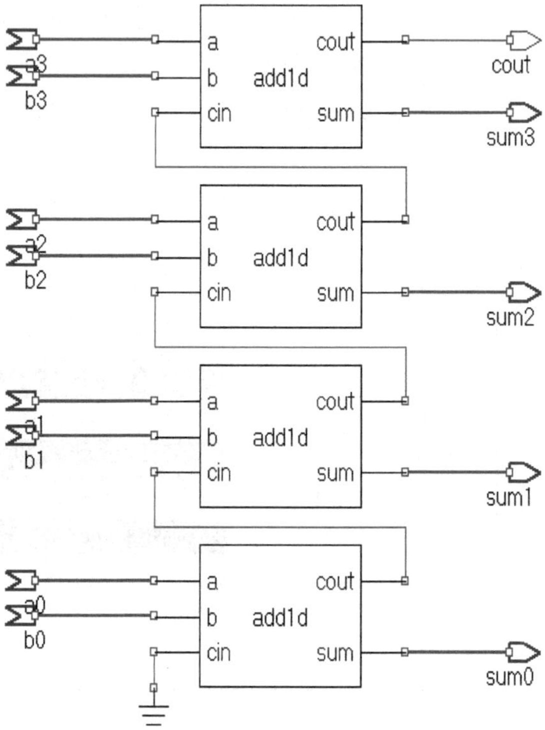

● 입출력 단자

이름	방향	비트수	기능
a3, a2, a1, a0	In	4	한 십진수의 네자리 덧셈 입력 신호
b3, b2, b1, b0	In	4	다른 십진수의 네자리 덧셈 입력 신호
sum3, sum2, sum1, sum0	Out	4	십진수 덧셈 합의 네자리
cout	Out	1	십진수 덧셈의 캐리 출력

● 모듈의 Verilog 코드 설계
◇ 모듈 이름 : add4d

```
module add4d (a3, a2, a1, a0, b3, b2, b1, b0, sum3, sum2, sum1,
              sum0, cout);

input [3:0] a3;
input [3:0] a2;
input [3:0] a1;
input [3:0] a0;
input [3:0] b3;
input [3:0] b2;
input [3:0] b1;
input [3:0] b0;
output [3:0] sum3;
output [3:0] sum2;
output [3:0] sum1;
output [3:0] sum0;
output cout;

wire  w1;
wire  w2;
wire  w3;

add1d UD3 (
      .a(a3),
      .b(b3),
      .cin(w3),
      .cout(cout),
      .sum(sum3));

add1d UD2 (
      .a(a2),
      .b(b2),
      .cin(w2),
```

```
        .cout(w3),
        .sum(sum2));

add1d UD1 (
        .a(a1),
        .b(b1),
        .cin(w1),
        .cout(w2),
        .sum(sum1));

add1d UD0 (
        .a(a0),
        .b(b0),
        .cin(1'b0),
        .cout(w1),
        .sum(sum0));

endmodule
```

● 테스트벤치 모듈의 Verilog 코드 설계

◇ 모듈 이름 : add4d_tb

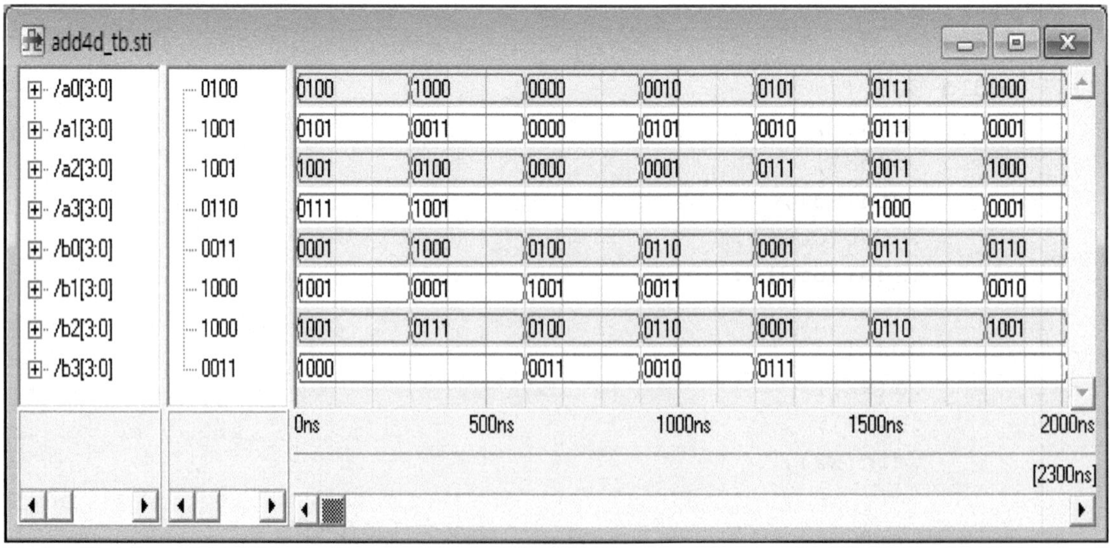

● 시뮬레이션 결과 파형

◇ 4 비트의 신호들은 십진수로 표현 되었다.

◇ 신호 {a3, a2, a1, a0}={7, 9, 5, 4}와 신호 {b3, b2, b1, b0}={8, 9, 9, 1}의 덧셈 결과는 신호 {cout, sum3, sum2, sum1, sum0}={'1', 6, 9, 4, 5}로 16945 가 된다.

◇ 신호 {a3, a2, a1, a0}={9, 4, 3, 8}와 신호 {b3, b2, b1, b0}={8, 7, 1, 8}의 덧셈 결과는 신호 {cout, sum3, sum2, sum1, sum0}={'1', 8, 1, 5, 6}로 18156 이 된다.

◇ 신호 {a3, a2, a1, a0}={9, 0, 0, 0}와 신호 {b3, b2, b1, b0}={3, 4, 9, 4}의 덧셈 결과는 신호 {cout, sum3, sum2, sum1, sum0}={'1', 2, 4, 9, 4}로 12494 가 된다.

◇ 나머지 경우에도 올바로 십진수 합산이 계산되었음을 확인할 수 있다.

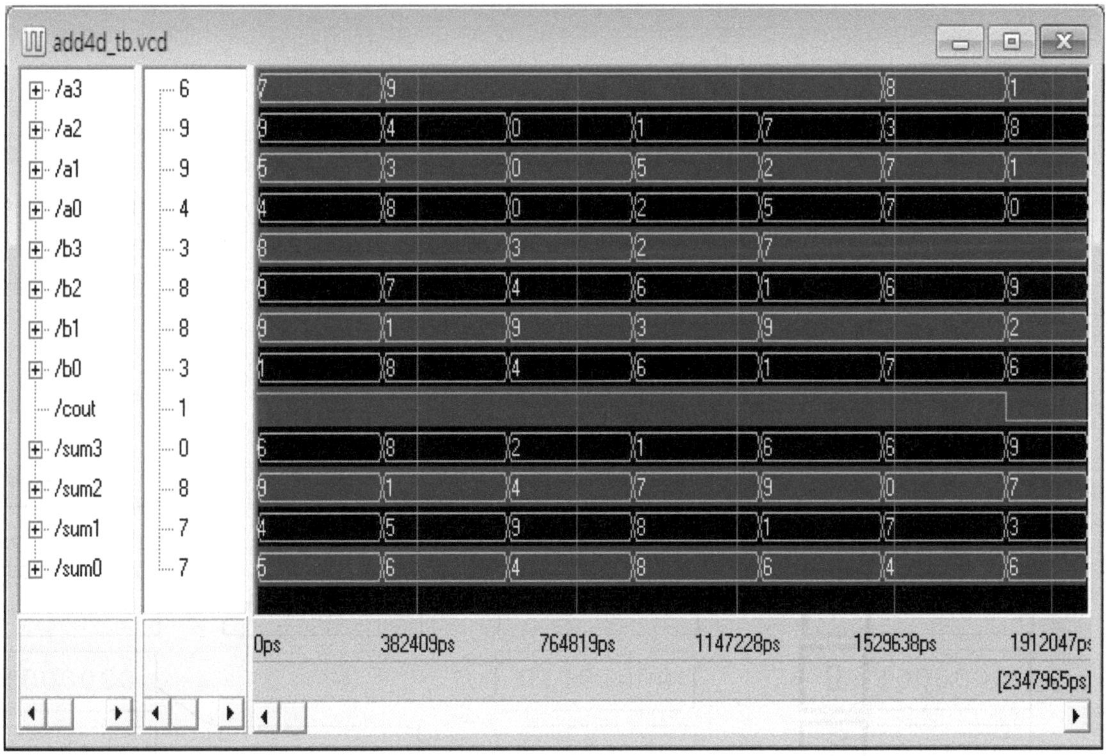

5.3. Add-Shift 방식 곱셈기 설계

- 사양
  - ◇ 본 예제는 Add-Shift 방식의 곱셈기 회로로서 덧셈기 어레이 방식의 곱셈기와 비교 하면 곱셈 시간은 많이 걸리지만 회로의 면적이 작은 장점이 있다.
  - ◇ Add-Shift 방식의 곱셈은 사람이 손으로 곱셈을 수행 하는 방법과 동일한 원리 이다.
    - 승수의 LSB부터 '1' 인지 '0' 인지를 검사 하면서 왼쪽 MSB로 한 비트씩 이동 한다.
    - 승수의 LSB 비트가 '1' 이면 피승수 값을 결과값에 더 하고 '0' 이면 0 을 더한다.
    - 피승수 값은 한 비트씩 왼쪽으로 이동 하면서 결과값에 더한다.
    - 승수와 피승수는 4 비트 이지만 곱셈 결과값은 8 비트 이다.

```
          0 0 1 1  (3)       (피승수)
        x 0 1 0 1  (5)       (승수)
   ---------------
          0 0 1 1            <- 승수 LSB='1' 이므로 피승수를 더함
        0 0 0 0              <- 승수 LSB='0' 이므로 0을 더함
      0 0 1 1                <- 승수 LSB='1' 이므로 피승수를 더함
    0 0 0 0                  <- 승수 LSB='0' 이므로 0을 더함
 --------------------
    0 0 0 1 1 1 1  (15)      (곱셈 결과)
```

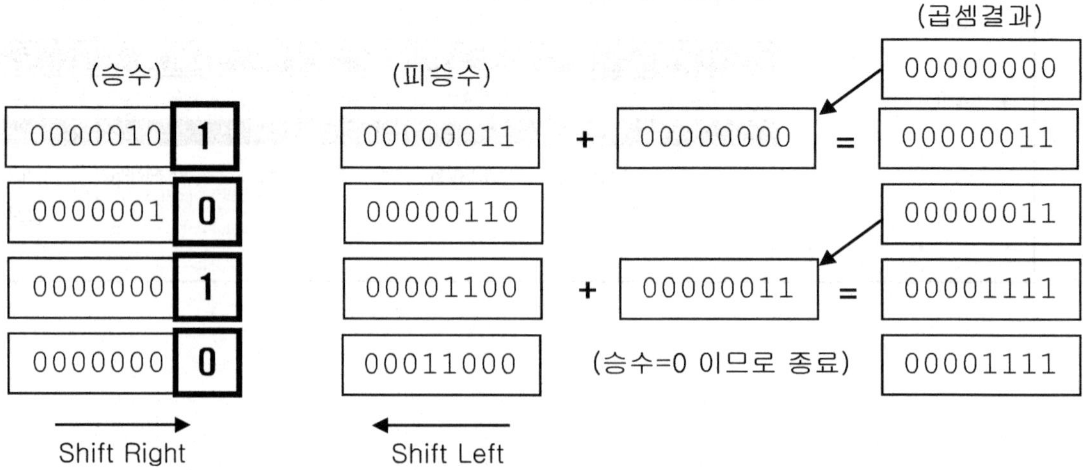

● 전체 회로의 구조

◇ FSM 모듈은 유한상태머신으로 전체 회로의 동작을 정해진 순서대로 동작시키기 위한 제어신호를 발생 한다. 나머지 모듈들은 데이터패스를 구성 한다.

◇ 곱셈의 승수와 피승수는 단자 a 와 b 로 4 비트 데이터를 받으나 내부에서 8 비트로 변환하여 계산한 후 단자 result 로 결과값을 출력 한다.

◇ 상단 쉬프트 레지스터에는 승수가 저장 되어 매 클럭 마다 오른쪽으로 쉬프트 되면서 LSB 값을 감지 한다.

◇ 하단의 쉬프트 레지스터는 피승수가 저장되며 매 클럭 마다 왼쪽으로 쉬프트 되면서 곱셈 결과값에 합산되기도 한다.

◇ 오른쪽 하단의 레지스터는 곱셈 결과값을 저장 하는 8 비트 레지스터 이다.

◇ 매 클럭 마다 모듈 FSM이 출력하는 신호 Add 에 따라 곱셈 중간 결과와 피승수 값을 더할지 아니면 결과값을 유지할 지가 결정 된다.

◇ 승수 값이 0 이 되면 모듈 FSM의 입력 stop='0' 이 되어 곱셈이 종료 된다. 곱셈이 종료되면 단자 done='1' 이 되고 곱셈 결과는 단자 result 에 출력 된다.

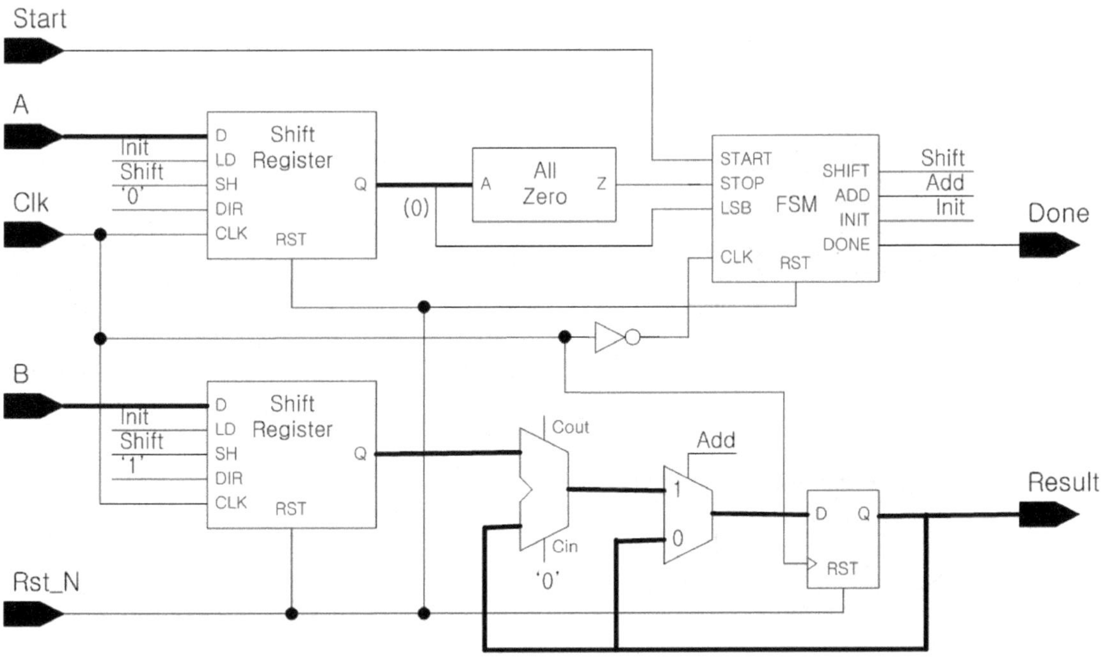

5.3.1. 제어 모듈 설계

● 사양

◇ 모듈 fsm 은 회로의 동작을 제어 하는 유한상태머신 이다.

◇ 상태 E 가 리셋 상태로서 단자 done='1' 을 출력 하면서 대기 하고 있다가 단자 start='1' 이 되면 상태 I 로 이동 하면서 곱셈을 시작하게 된다.

◇ 상태 I 는 단자 init='1' 을 출력하여 준비된 승수와 피승수를 입력하도록 한다. 다음 상태 C 로 무조건 옮겨간다.

◇ 상태 C 에서 단자 lsb = '0' 이고 stop='0' 이면 승수의 LSB 가 '0' 인 경우이므로 쉬프트를 명령 하는 상태 S 로 이동한 후에 상태 C 로 돌아온다.

◇ 상태 C 에서 단자 lsb='1' 이고 단자 stop='0' 이면 승수의 LSB 가 '1' 이므로 피승수의 덧셈을 명령 하는 상태 A 로 이동한 후에 상태 S 에서 쉬프트를 명령 하고 상태 C 로 돌아온다.

◇ 상태 C 에서 단자 stop='1' 이면 승수가 0 이 되었으므로 곱셈을 종료하기 위해 상태 E 로 돌아 온다.

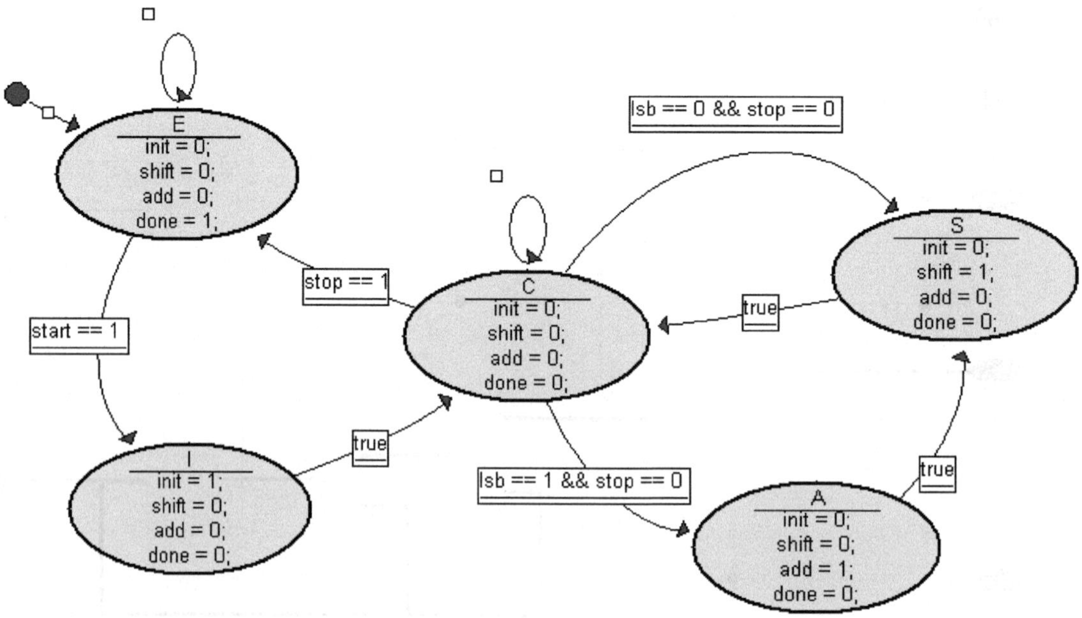

● 입출력 단자

이름	방향	비트수	기능
rst_n	In	1	리셋 (Active Low)
clk	In	1	클럭 (상승 에지에 동기)
start	In	1	곱셈 시작 (Active High)
lsb	In	1	승수의 LSB 값
stop	In	1	곱셈의 종료 (Active High)
init	Out	1	외부 데이터 입력 (Active High)
shift	Out	1	승수와 피승수의 쉬프트 (Active High)
add	Out	1	곱셈 결과값과 피승수의 덧셈 (Active High)
done	Out	1	곱셈 동작 종료 (Active High)

● 모듈의 Verilog 코드 설계
◇ 모듈 이름 : fsm

```
module fsm(rst_n, clk, start, lsb, stop, init, shift, add, done);
  input rst_n;
  input clk;
  input start;
  input lsb;
  input stop;
  output init;
  output shift;
  output add;
  output done;

  reg init;
  reg shift;
  reg add;
  reg done;
```

```
parameter [2:0] E = 0, I = 1, C = 2, S = 3, A = 4;
reg [2:0] current_state, next_state;

always @(current_state, start, lsb, stop)
  begin: COMBIN
  case (current_state)
    E:
      begin
      if (start)
        next_state = I;
      else
        next_state = E;
      init = 1'b0;
      shift = 1'b0;
      add = 1'b0;
      done = 1'b1;
      end

    I:
      begin
      next_state = C;
      init = 1'b1;
      shift = 1'b0;
      add = 1'b0;
      done = 1'b0;
      end

    C:
      begin
      if (lsb & !stop)
        next_state = A;
      else if (!lsb & !stop)
        next_state = S;
      else if (stop)
        next_state = E;
      else
        next_state = C;
```

```
        init = 1'b0;
        shift = 1'b0;
        add = 1'b0;
        done = 1'b0;
        end

      S:
        begin
        next_state = C;
        init = 1'b0;
        shift = 1'b1;
        add = 1'b0;
        done = 1'b0;
        end

      A:
        begin
        next_state = S;
        init = 1'b0;
        shift = 1'b0;
        add = 1'b1;
        done = 1'b0;
        end

      default:
        next_state = E;

     endcase
     end

  always @(posedge clk, negedge rst_n)
    begin: SYNCH
    if (!rst_n)
      current_state <= E;
    else
      current_state <= next_state;
    end

endmodule
```

● 테스트벤치 모듈의 Verilog 코드 설계

◇ 모듈 이름 : fsm_tb

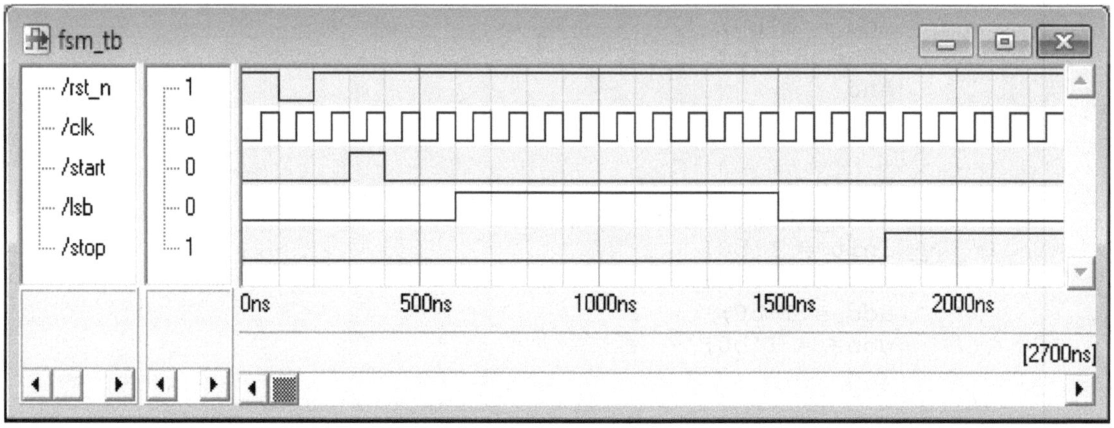

● 시뮬레이션 결과 파형

◇ 리셋 신호 rst_n='0' 에 의해 init='0', shift='0', add='0', done='1' 이 출력 된다.

◇ 신호 start='1' 이면 곱셈을 시작하게 된다.

◇ 먼저 신호 init='1' 이 출력되는데 외부에서 승수와 피승수를 읽으라는 명령 이다.

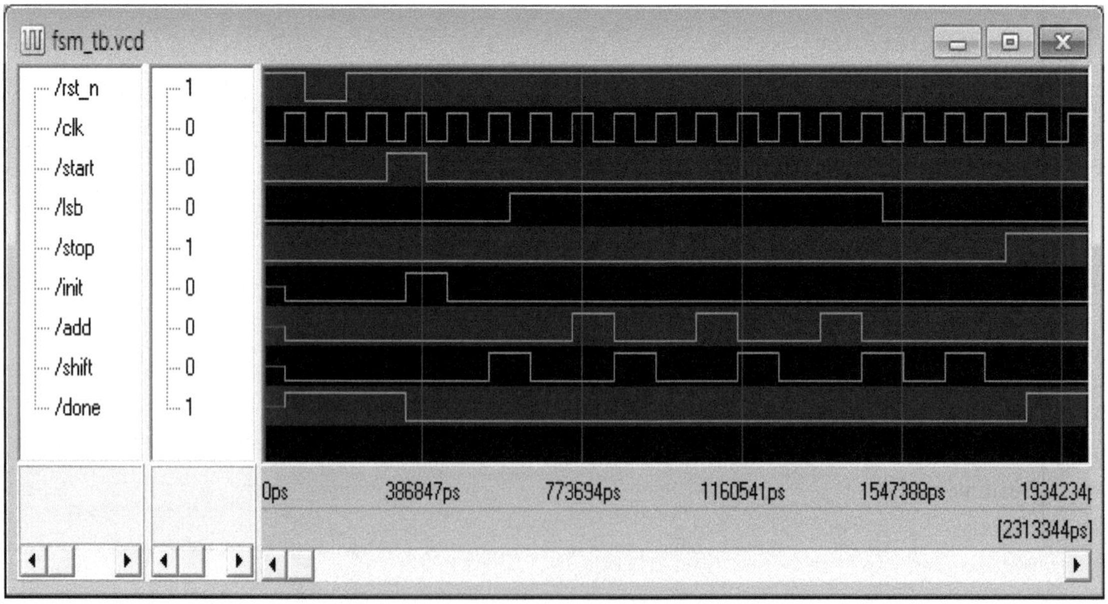

◇ 이후로 2가지 경우가 나타나는데 신호 lsb='0' 이면 신호 shift='1' 만 발생 한다. 즉 곱셈 결과값에는 변화가 없이 승수와 피승수의 쉬프트만 수행 한다.

◇ 신호 lsb='1' 이면 신호 add=1' 과 shift='1' 가 발생 하는데 곱셈 결과값에 피승수를 더한 후에 승수와 피승수의 쉬프트를 수행 한다.

◇ 신호 stop='1' 이 입력되면 곱셈을 끝내라는 명령이므로 신호 done='1' 이 되면서 모든 곱셈 동작이 정지 된다.

5.3.2. Add-Shift 방식 곱셈기 최상위 모듈 설계

● 사양

◇ 곱셈계산기의 최상위 모듈, multiplier는 4 비트 승수와 피승수의 곱셈을 덧셈과 쉬프트 동작을 반복 하는 방식으로 수행 하는 회로 이다.

◇ 4 비트의 승수와 피승수 값은 각각 단자 a 와 b 로 입력 된다.

◇ 단자 start='1' 이면 입력 데이터가 준비되었으니 곱셉을 시작하라는 명령 이다.

◇ 곱셈이 진행되는 동안은 단자 done 은 '0' 의 값을 유지하다가 곱셈이 종료되면 '1' 의 값을 출력 한다.

◇ 단자 result 는 곱셈 결과를 8 비트 정수로 출력 한다.

◇ 레지스터는 2.4 절에서 설계한 모듈 reg8b 를 사용 하고, 쉬프트 레지스터는 2.5 절에서 설계한 모듈 shiftreg8b 을 그대로 사용 한다.

● 입출력 단자

이름	방향	비트수	기능
rst_n	In	1	리셋 (Active Low)
clk	In	1	클럭 (상승 에지에 동기)
start	In	1	곱셈 시작 (Active High)
a	In	4	승수 값
b	In	4	피승수 값
done	Out	1	곱셈 종료 (Active High)
result	Out	8	곱셈 결과값

● 모듈의 Verilog 코드 설계

◇ 모듈 이름 : multiplier

```
`define ZERO 1'b0
`define ONE 1'b1
```

```
module multiplier (rst_n, clk, start, a, b, done, result);
  input rst_n;
  input clk;
  input start;
  input [3:0] a;
  input [3:0] b;
  output done;
  output [7:0] result;

  wire [7:0] a8;
  wire [7:0] b8;
  wire [7:0] qa_b;
  wire [7:0] qb_b;
  reg [7:0] mux_b;
  wire [7:0] sum_b;
  wire [7:0] result_s;
  wire clk_not;
  wire init_s;
  wire shift_s;
  reg stop_s;
  wire add_s;

  assign a8 = {4'b0000, a};
  assign b8 = {4'b0000, b};
  assign result = result_s;
  assign clk_not = ~clk;
  assign sum_b = qb_b + result_s;

  always @(qa_b)
    begin
    case (qa_b)
      8'b00000000 : stop_s = 1'b1;
      default : stop_s = 1'b0;
    endcase
    end

 always @(add_s)
    begin
    case (add_s)
      1'b1 : mux_b = sum_b;
      default : mux_b = result_s;
    endcase
    end
```

```
    shiftreg8b U_REGA (
        .rst_n (rst_n),
        .clk (clk),
        .ld (init_s),
        .en (shift_s),
        .dir (`ONE),
        .d (a8),
        .q (qa_b));

    shiftreg8b U_REGB (
        .rst_n (rst_n),
        .clk (clk),
        .ld (init_s),
        .en (shift_s),
        .dir (`ZERO),
        .d (b8),
        .q(qb_b));

    fsm U_FSM (
        .rst_n (rst_n),
        .clk (clk_not),
        .start (start),
        .lsb (qa_b[0]),
        .stop (stop_s),
        .init (init_s),
        .shift (shift_s),
        .add (add_s),
        .done (done));

    reg8b U_RESULT (
        .rst_n (rst_n),
        .clk (clk),
        .en (`ONE),
        .d (mux_b),
        .q(result_s));

endmodule
```

- 테스트벤치 모듈의 Verilog 코드 설계
  ◇ 모듈 이름 : multiplier_tb

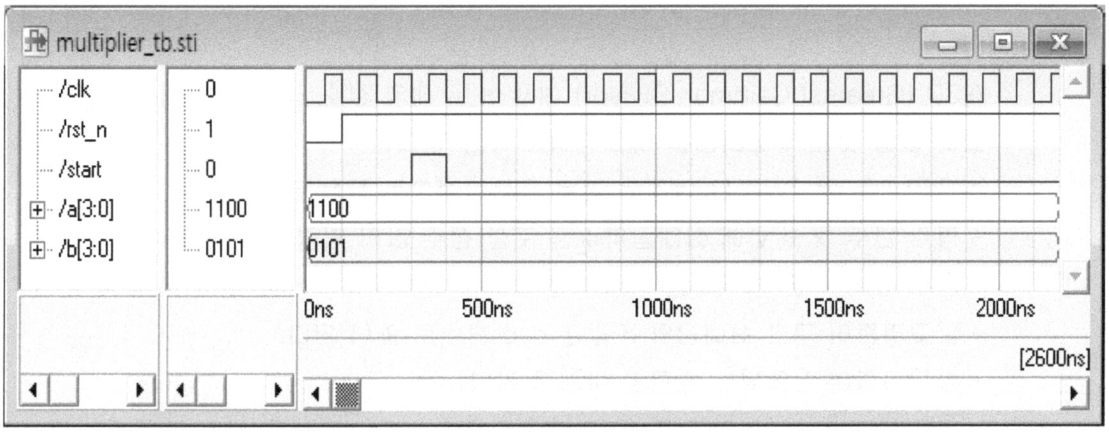

- 시뮬레이션 결과 파형
  ◇ 리셋 신호 rst_n='0' 에 의해 result=0, done='1' 이 출력 된다.
  ◇ 신호 start='1' 이면 곱셈을 시작하게 되는데 이때 승수 a=12, 피승수 a=5 가 입력 된다.
  ◇ 신호 result 값이 20, 60 으로 두 번 바뀐 것은 승수 12 의 이진수 값 "1100" 에서 '1' 이 두 개 있어서 덧셈이 두 번 수행되었기 때문 이다.
  ◇ 신호 done='1' 은 곱셈이 종료된 것이고 이때 신호 result=12*5=60 이 출력 되므로 곱셈이 올바로 동작된 것 이다.

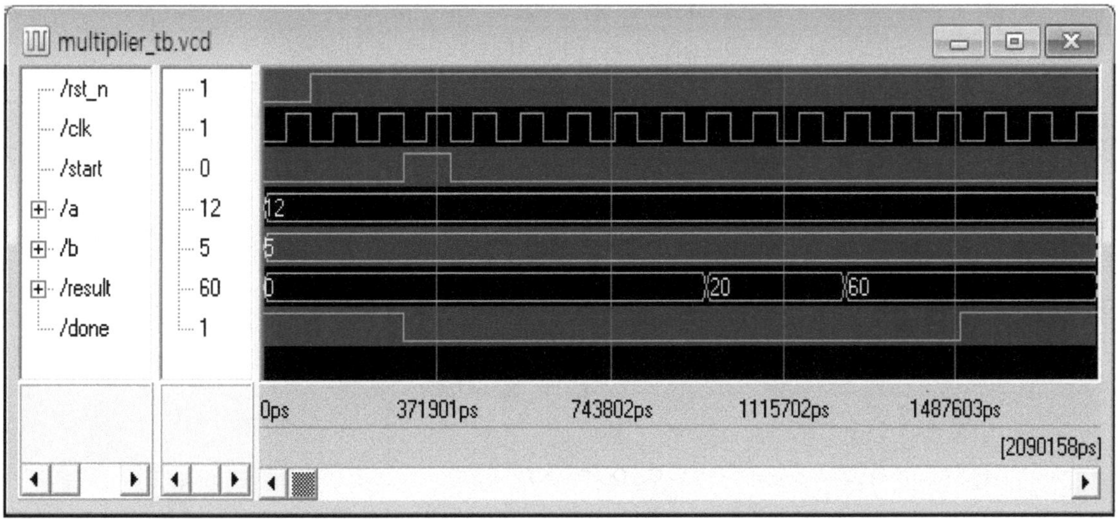

5.4. 최대공약수 (GCD) 연산 회로 설계

- 사양
  - ◇ GCD (Greatest Common Divisor) 예제는 두 개의 정수 값이 갖는 공약수 중에서 최대 값을 찾는 알고리즘을 하드웨어로 구현 한다.
  - ◇ 최대공약수 알고리즘은 아래와 같은 프로그램으로 표현 된다.
    - 정수 변수 x 와 y 에 최대공약수를 구할 정수 값이 입력 된다.
    - 변수 load_n 은 알고리즘의 시작을 알리는 신호로서 Active Low 로 동작 한다.
    - 알고리즘이 구한 최대공약수 값은 d_o 변수로 출력 된다.
    - 알고리즘이 진행되는 흐름은 아래와 같다.
      - ① 변수 load_n=0 이 되면 GCD 알고리즘을 시작 한다. 두 개의 입력 정수인 xi 의 값은 x 에, yi 의 값은 y 에 저장 한다.
      - ② x 와 y 의 값이 다르면 while 루프를 수행 하고, 아니면 계산을 종료 하는데 이때 x 의 값을 do_o 에 출력하며 이 값이 최대공약수 이다.
      - ③ x 가 y 보다 작을 경우는 y-x 차이를 y 에 저장한 후 ②번으로 이동 한다.
      - ④ x 가 y 보다 크거나 같을 경우는 x-y 차이를 x 에 저장한 후 ②번으로 이동 한다.

```
    int  x, y;
    while (1) {
①     while (!load_n);
      x = x_i;
      y = y_i;
②     while  (x != y)  {
③       if  (x < y)
          y = y - x;
④       else
          x = x - y;
      }
      d_o = x;
      }
```

◇ 최대공약수 구 하는 과정을 예로 들면 다음과 같다.

- 정수 xi=x=49 이고 정수 yi=y=21 이라고 가정 한다.
- x >= y → x − y = 49 − 21 = 28 → x = 28 / y = 21 → x != y 이므로 루프 계속
- x >= y → x − y = 28 − 21 = 7 → x = 7 / y = 21 → x != y 이므로 루프 계속
- y >= x → y − x = 21 − 7 = 14 → x = 7 / y = 14 → x != y 이므로 루프 계속
- y >= x → y − x = 14 − 7 = 7 → x = 7 / y= 7 → x == y 이므로 루프 종료
- 최대공약수 값은 d_o = 7 이다.

● 설계 방법

◇ 본 장에서 GCD 예제는 3가지 다른 방법으로 설계를 한다.

◇ 첫 번째 설계는 레지스터 전송 수준 (RTL, Register Transfer Level) 설계로서 클럭 단위로 계산되는 알고리즘을 설계 하고 검증 한다.

◇ 두 번째 설계는 구조수준의 설계로서 컨트롤러가 없이 데이터패스 만으로 구성되는 논리회로도로 설계 된다. 이 회로는 매 클럭 마다 반복적으로 연산을 수행 하고 그 결과를 레지스터에 저장 하는 방식으로 동작 한다.

◇ 세 번째 설계는 일반 프로세서와 같이 데이터패스와 컨트롤러로 이루어진 FSMD (FSM with Datapath) 회로로 설계 한다. GCD 알고리즘을 표현한 C 코드로부터 컨트롤/데이터 플로우 (CDFG, Control & Data Flow Graph)를 추출 하고, CDFG 로부터 데이터 패스의 구조와 컨트롤러의 상태천이표를 추출하여 설계 하는 과정을 실습 한다.

5.4.1. RT 수준 GCD 설계

● 사양

◇ 레지스터 전송 수준에서 최대공약수의 알고리즘을 모델링 한다.

◇ reset='0' 일 때 리셋으로 동작하며, 클럭 clock 의 상승 에지에 동기 되어 동작 한다.

◇ 첫 번째 동작은 최대공약수를 구할 2 개의 정수를 a 와 b 단자에 입력시키는 것인데 단자 load_n='0' 이면서 클럭 clk 의 상승 에지에 동기 되어 입력 된다.

◇ GCD 연산 동작은 SUB_PROC와 COMP_PROC의 2 개 프로세스로 구성 된다.

◇ SUB_PROC 프로세스는 두 정수 값을 저장 하는 레지스터의 동작과 두 정수 값의 크기 비교 결과에 따라 뺄셈을 수행하거나 혹은 연산의 종료를 알린다.

◇ COMP_PROC 프로세스는 두 정수를 비교한 결과를 얻는다.

◇ 최대공약수 연산이 완료되면 단자 done='1' 이 되며, 단자 y 에 최대공약수 값이 출력 된다.

● 매개 변수

매개변수	타입	기능	기본값	범위
width	integer	입력되는 정수의 비트 폭 가변	8	≥ 2

● 입출력 단자

이름	방향	비트수	기능
reset	In	1	리셋 (Active Low)
clock	In	1	클럭 (상승 에지에 동기)
load_n	In	1	정수의 입력 (Active Low)
a	In	width	입력 정수 값
b	In	width	입력 정수 값
done	Out	1	최대공약수 연산의 종료 (Active High)
y	Out	width	최대공약수 값

● 모듈의 Verilog 코드 설계

◇ 모듈 이름 : gcd

```
module gcd (reset, clock, load_n, a, b, done, y);
  parameter width = 8;

  input reset;
  input clock;
  input load_n;
  input [width-1:0] a;
  input [width-1:0] b;
  output done;
  output [width-1:0] y;

  reg a_equalto_b, a_lessthan_b, a_greaterthan_b, done_hold;
  reg [width-1:0] a_new;
  reg [width-1:0] a_hold;
  reg [width-1:0] b_hold;

  assign y = a_hold;
  assign done = done_hold;

  always @(posedge clock, negedge reset)
    begin: SUB_PROC
    if (!reset)
      begin
      a_hold <= {width{1'b0}};
      b_hold <= {width{1'b0}};
      done_hold <= 1'b1;
      end
```

```
    else if (!load_n)
      begin
      a_hold <= a;
      b_hold <= b;
      done_hold <= 1'b0;
      end
    else if (a_equalto_b)
      begin
      done_hold <= 1'b1;
      end
    else if (a_greaterthan_b)
      begin
      a_hold <= a_hold - b_hold;
      done_hold <= 1'b0;
      end
    else if (a_lessthan_b)
      begin
      b_hold <= b_hold - a_hold;
      done_hold <= 1'b0;
      end
    end

  always @(a_hold, b_hold)
    begin: COMP_PROC
    if (a_hold == b_hold)
      begin
      a_equalto_b = 1'b1;
      a_lessthan_b = 1'b0;
      a_greaterthan_b = 1'b0;
      end
```

```
    else if (a_hold > b_hold)
      begin
      a_equalto_b = 1'b0;
      a_lessthan_b = 1'b0;
      a_greaterthan_b = 1'b1;
      end
    else if (a_hold < b_hold)
      begin
      a_equalto_b = 1'b0;
      a_lessthan_b = 1'b1;
      a_greaterthan_b = 1'b0;
      end
    end
endmodule
```

● 테스트벤치 모듈의 Verilog 코드 설계

◇ 모듈 이름 : gcd_tb

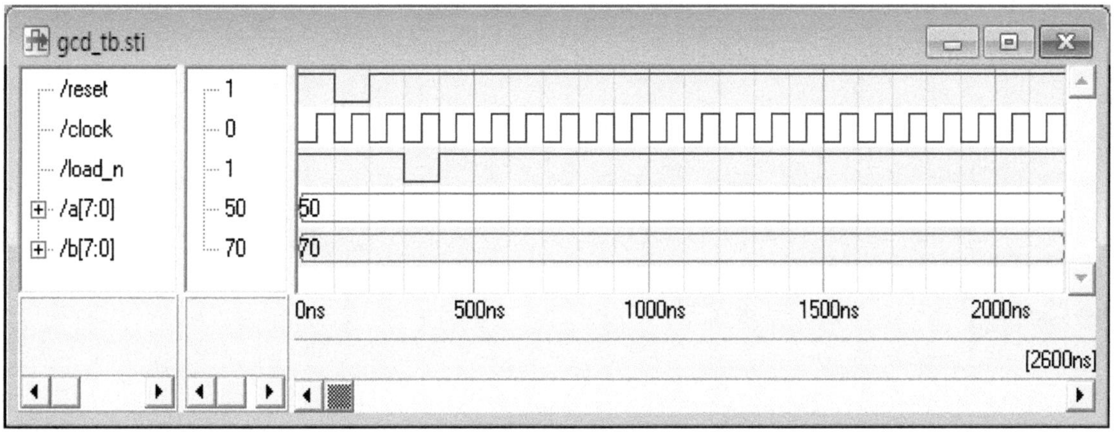

- 시뮬레이션 결과 파형
  - ◇ 신호 reset='0' 이면 신호 done='1', y=0 으로 클럭에 동기 되어 리셋 된다.
  - ◇ 신호 load_n='0' 이 되면 클럭 clk 의 상승 에지에 동기 되어 신호 a=50, b=70 데이터가 입력되고 신호 done='0' 으로 떨어지면서 최대공약수 계산을 시작 한다.
  - ◇ 일정한 시간이 흐른 후에 신호 done='1' 이 되면 최대공약수 연산이 종료된 것이며 신호 y=10 이 최대공약수 값으로 출력 된다.

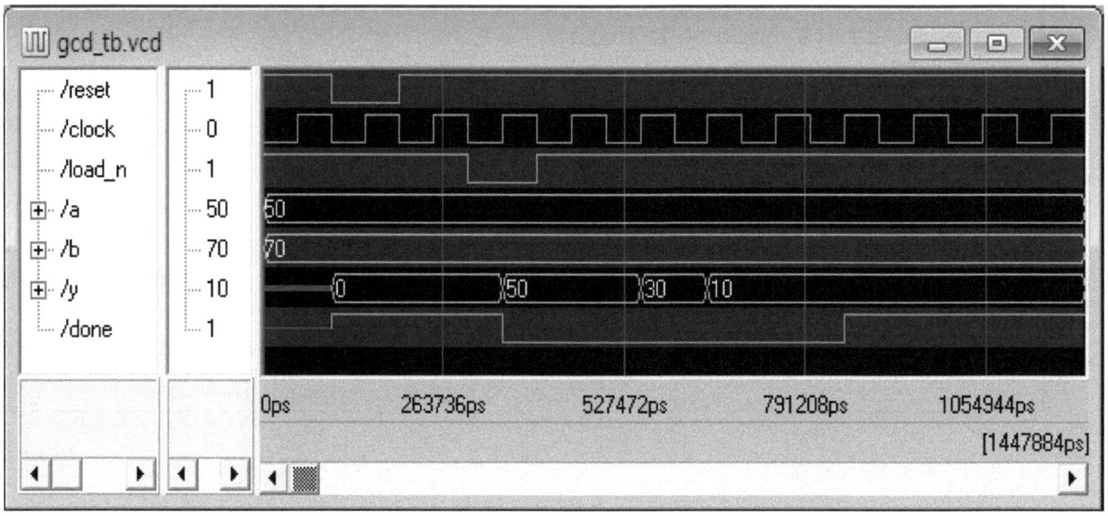

5.4.2. 데이터 처리형 구조의 GCD 설계

● 사양

◇ 최대공약수의 알고리즘을 구현 하는 논리회로도를 모델링 한다.

◇ 데이터 처리형 구조란 컨트롤러 없이 데이터 패스로만 이루어진 회로로서 매 클럭 마다 일정한 연산을 반복 하는 구조를 의미 한다.

◇ rst_n='0' 일 때 리셋으로 동작하며, 클럭 clk 의 상승 에지에 동기 되어 동작 한다.

◇ 첫 번째 동작은 최대공약수를 구할 2 개의 정수를 a 와 b 단자에 입력하여 레지스터에 저장 하는 동작으로서 load='1' 이면서 클럭 clk 의 상승 에지에 동기 되어 입력 된다.

◇ 매 클럭 마다 레지스터에 저장된 a 와 b 값의 크기를 비교하여 뺄셈 연산이 수행되고 새롭게 계산된 a 와 b 값을 다음 클럭에 해당 레지스터에 갱신 된다.

◇ 정수 a 가 b 보다 크거나 같은 경우 데이터의 흐름은 아래 그림과 같다.

- 정수 a 의 값을 저장 하는 상단 레지스터에서 출력된 정수 a 는 뺄셈기에 입력 되어 a-b 결과값이 멀티플렉서를 거쳐 상단의 레지스터로 다시 입력 된다 (굵은 점선).
- 정수 b 의 값을 저장 하는 하단 레지스터에서 출력된 정수 b 는 아무 변경 없이 멀티플렉서를 거쳐 하단의 레지스터로 다시 입력 된다 (굵은 선분).

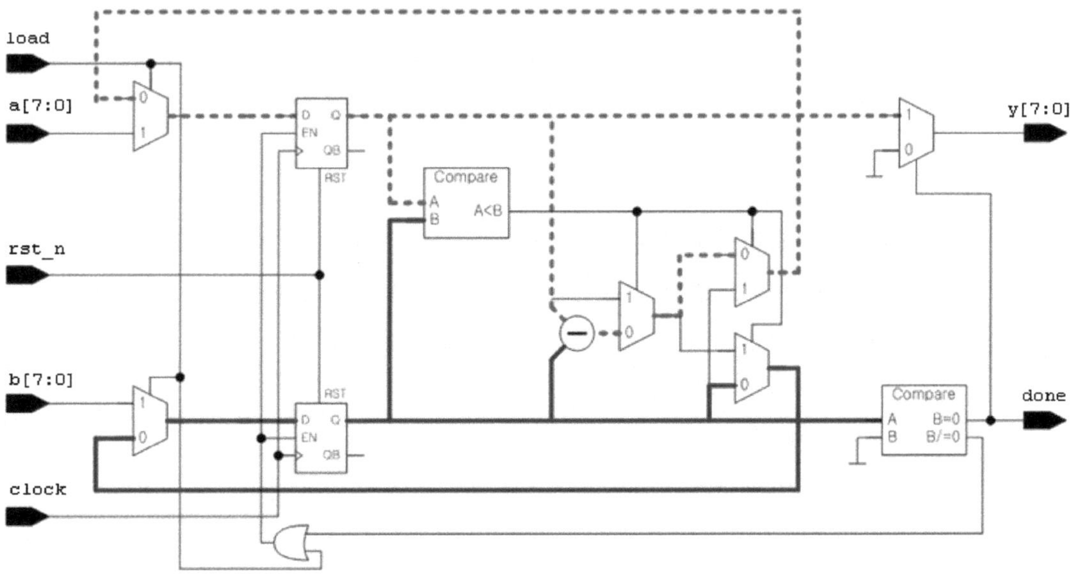

◇ 정수 a 가 b 보다 작은 경우 데이터 값은 변경되지 않고 다른 레지스터로 자리바꿈만 이루어진다.

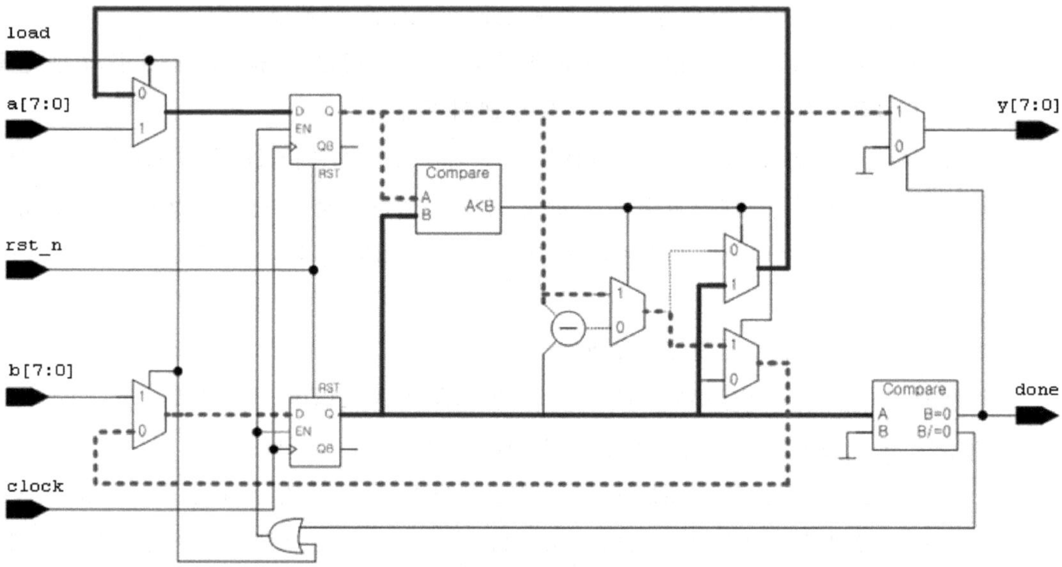

◇ a 와 b 의 값이 동일 하면 a 의 값을 최대공약수 결과로 단자 y 에 출력 하고 신호 done='1' 을 출력하여 연산이 종료되었음을 알린다.

◇ 연산이 종료되면 GCD 구조 내부에 있는 레지스터의 인에이블 단자 en='0' 을 가하여 새로운 값으로 갱신하지 않고 최대공약수 값을 유지 한다.

● 가변 가능한 부품 모듈들

◇ 본 설계의 논리회로도에 사용된 아래의 부품들은 Verilog 언어의 매개변수 역할을 하는 parameter 를 도입하여 다양한 구조로 변화가 가능하도록 설계 한다.

◇ 아래 모듈들을 가변이 가능하도록 다음 절에서 설계 한다.

fd_mux2i : 2 입력 멀티플렉서

fd_reg : 레지스터

fd_comp6 : 비교기

fd_sub : 뺄셈기

5.4.2.1. 2 입력 멀티플렉서 설계

● 사양

◇ 모듈 이름 : fd_mux2i

◇ Multiplexor 는 여러개의 입력 중 하나를 선택하여 출력 하는 역할을 담당 한다.

◇ 모듈 fd_mux2i 는 2 개의 입력을 가지는 멀티플렉서로서 선택 신호인 단자 sel='0' 이면 단자 mux_in0 에 입력된 신호가, 단자 sel='1' 이면 단자 mux_in1 에 입력된 신호가 단자 mux_out 에 출력 된다.

◇ 입출력 되는 데이터의 비트 폭은 매개변수에 의해 가변이 가능하다

● 매개 변수

매개변수	타입	기능	기본값	범위
width	integer	입력 데이터 비트 폭 가변	8	≥ 2

● 입출력 단자

이름	방향	비트수	기능
mux_in0	In	width	sel='0' 일 때 선택되는 입력 데이터
mux_in1	In	width	sel='1' 일 때 선택되는 입력 데이터
sel	In	1	출력될 입력 데이터 선택 신호
mux_out	Out	width	출력 데이터

● 모듈의 Verilog 코드 설계

◇ 모듈 이름 : fd_mux2i

```
`define ZERO 1'b0
`define ONE 1'b1

module fd_mux2i (mux_in0, mux_in1, sel, mux_out);

  parameter width = 8;
```

```
  input [width-1:0] mux_in0;
  input [width-1:0] mux_in1;
  input sel;
  output [width-1:0] mux_out;

  wire [width-1:0] mux_in0;
  wire [width-1:0] mux_in1;
  wire sel;
  reg [width-1:0] mux_out;

  always @(mux_in0, mux_in1, sel)
    begin
    case(sel)
      `ZERO : mux_out = mux_in0;
      `ONE  : mux_out = mux_in1;
      default : ;
    endcase
  end

endmodule
```

● 테스트벤치 모듈의 Verilog 코드 설계

◇ 모듈 이름 : fd_mux2i_tb

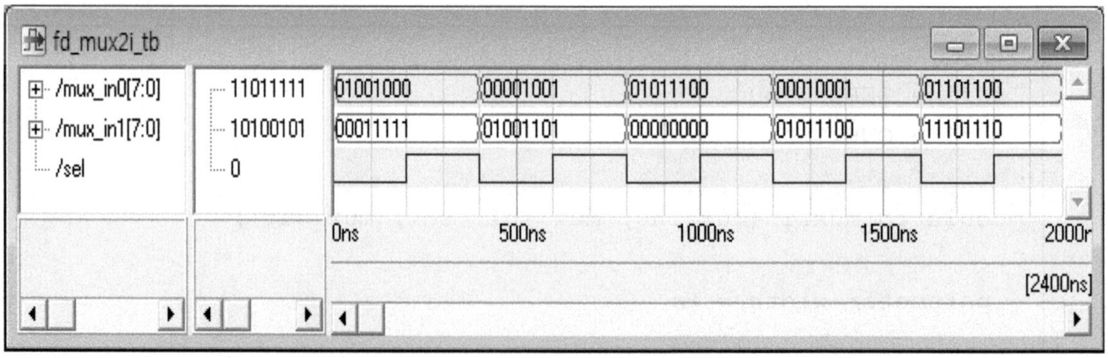

● 시뮬레이션 결과 파형

◇ 신호 sel='0' 일 때는 신호 mux_in0 가 선택되고, 신호 sel='1' 일 때는 신호 mux_in1 이 선택 되어 신호 mux_out 로 출력 된다.

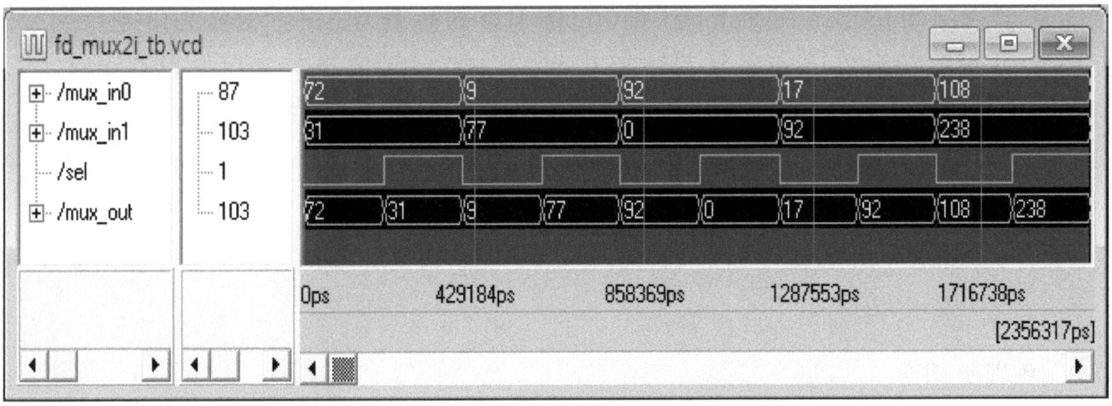

5.4.2.2. 비동기 리셋 레지스터 설계

● 사양

◇ 모듈 이름 : fd_pr_reg_arst

◇ Asynchronous Register는 데이터를 저장 하는 레지스터 역할을 담당 한다.

◇ 모듈 fd_pr_reg_arst 는 클럭 단자 clk 의 상승 에지에 동기 되어 입력 데이터가 저장 되고, 리셋 단자 reset_n 은 클럭과 상관없이 비동기로 동작 하는 레지스터 이다.

◇ 단자 en='1' 일 때 레지스터로 동작 하고, '0' 이면 새로운 입력 데이터를 받아 들이지 않고 마지막으로 저장한 값을 유지 한다.

◇ 매개변수로 입출력 되는 데이터의 비트 폭과 리셋시 레지스터가 갖는 초기값을 가변 시킬 수 있다.

● 매개 변수

매개변수	타입	기능	기본값	범위
width	Integer	입력 데이터 비트 폭 가변	8	≥ 2
reset_val	Integer	리셋에 의해 지정되는 초기값	0	≥ 0

● 입출력 단자

이름	방향	비트수	기능
reset_n	In	1	리셋 (Active Low, 클럭에 비동기)
clk	In	1	클럭 (상승 에지에 동기)
en	In	1	인에이블 (Active High)
regin	In	width	입력 데이터
regout	Out	width	출력 데이터

● 모듈의 Verilog 코드 설계

◇ 모듈 이름 : fd_pr_reg_arst

```
module fd_pr_reg_arst (reset_n, clk, en, regin, regout);

  parameter width = 8;
  parameter reset_val = 0;

  input reset_n;
  input clk;
  input en;
  input [width-1:0] regin;
  output [width-1:0] regout;
  reg [width-1:0] regout;

  always @(negedge reset_n, posedge clk)
    begin
    if (!reset_n) regout <= reset_val;
    else if (en) regout <= regin;
    end

endmodule
```

- 테스트벤치 모듈의 Verilog 코드 설계
  ◇ 모듈 이름 : fd_pr_reg_arst_tb

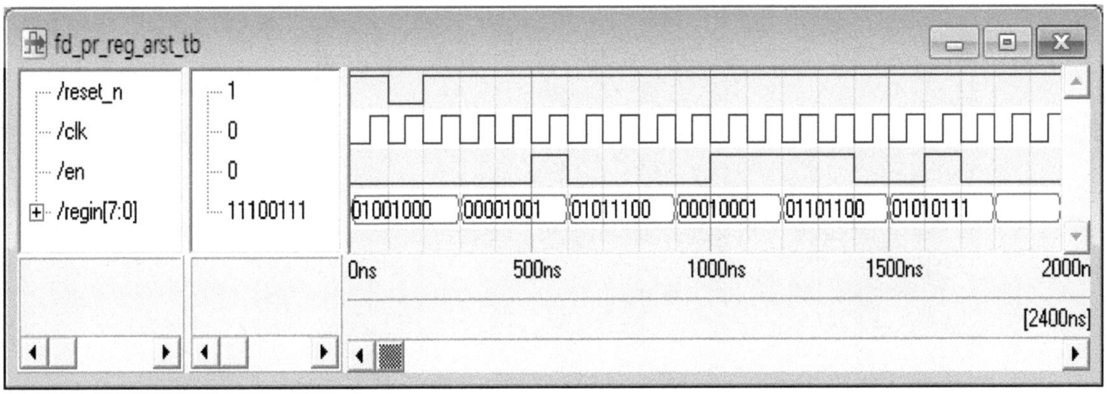

- 시뮬레이션 결과 파형
  - ◇ 신호 regin 과 regout 는 십진수로 표현 되었다.
  - ◇ 신호 reset_n='0' 이면 클럭과 상관 없이 비동기로 리셋이 되며 신호 regout =0 이 출력 된다.
  - ◇ 신호 en='1' 이면서 클럭 신호 clk 의 상승 에지에 동기 되어 신호 regin 에 입력된 신호가 신호 regout 에 출력 된다.

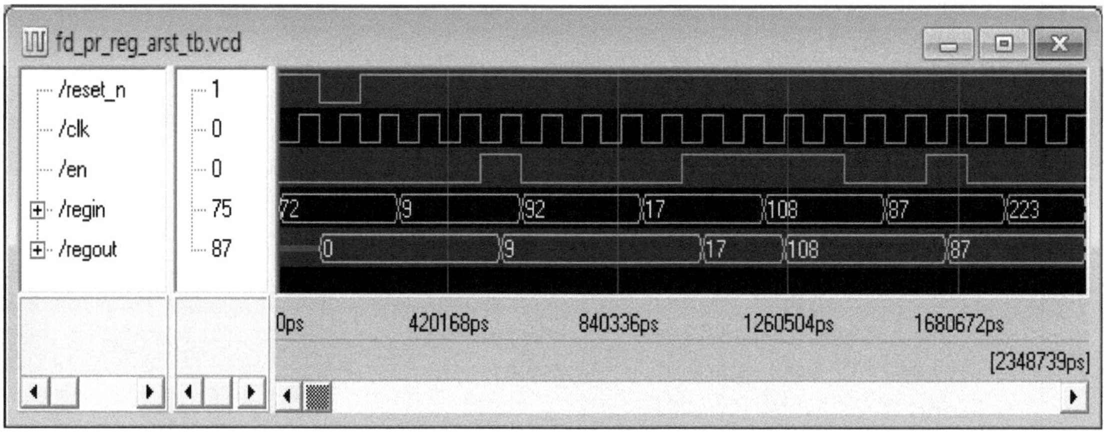

5.4.2.3. 동기 리셋 레지스터 설계

● 사양

◇ 모듈 이름 : fd_pr_reg_srst

◇ Synchronous Register 는 데이터를 저장 하는 레지스터 역할을 담당 한다.

◇ 모듈 fd_pr_reg_srst 는 클럭 단자 clk 의 상승 에지에 동기 되어 입력 데이터가 저장 되며, 리셋 단자 reset_n 또한 클럭의 상승 에지에 동기 되어 리셋되는 레지스터 이다.

◇ 단자 en='1' 일 때 레지스터로 동작 하고, '0' 이면 새로운 입력 데이터를 받아 들이지 않고 마지막으로 저장한 값을 유지 한다.

◇ 매개변수로 입출력 되는 데이터의 비트 폭과 리셋시 레지스터가 갖는 초기값을 가변 시킬 수 있다.

● 매개 변수

매개변수	타입	기능	기본값	범위
width	integer	입력 데이터 비트 폭 가변	8	≥ 2
reset_val	integer	리셋에 의해 지정되는 초기값	0	≥ 0

● 입출력 단자

이름	방향	비트수	기능
reset_n	In	1	리셋 (Active Low, 클럭에 동기)
clk	In	1	클럭 (상승 에지에 동기)
en	In	1	인에이블 (Active High)
regin	In	width	입력 데이터
regout	Out	width	출력 데이터

● 모듈의 Verilog 코드 설계

◇ 모듈 이름 : fd_pr_reg_srst

```
module fd_pr_reg_srst (reset_n, clk, en, regin, regout);

  parameter width = 8;
  parameter reset_val = 0;

  input reset_n;
  input clk;
  input en;
  input [width-1:0] regin;
  output [width-1:0] regout;
  reg [width-1:0] regout;

  always @(posedge clk)
    begin
    if (!reset_n) regout = reset_val;
    else if (en) regout = regin;
    end

endmodule
```

● 테스트벤치 모듈의 Verilog 코드 설계
  ◇ 모듈 이름 : fd_pr_reg_srst_tb

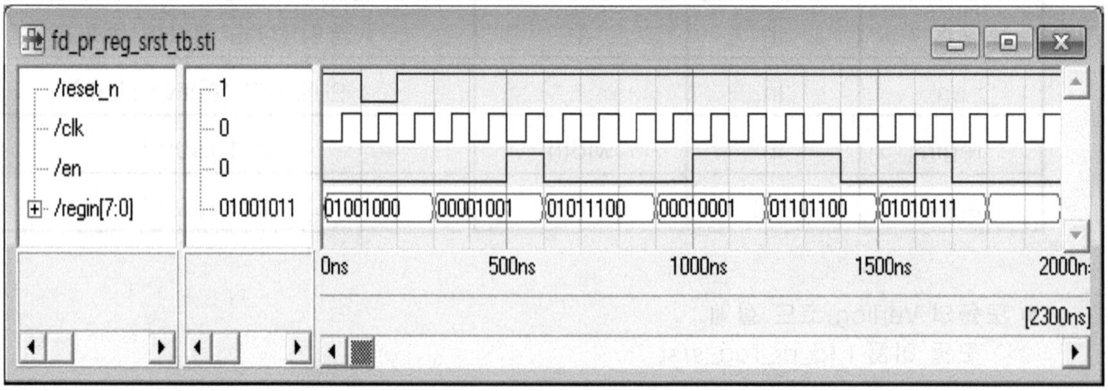

● 시뮬레이션 결과 파형

◇ 신호 regin 과 regout 는 십진수로 표현 한다.

◇ 신호 reset_n='0' 이 되어도 신호 regout="UUUUUUUU" 을 유지하다가 클럭의 상승 에지에 동기 되어 신호 regout=0 으로 리셋 된다. 즉, 리셋 동작이 클럭의 상승 에지에 동기 되어 동작함을 확인할 수 있다.

◇ 신호 en='1' 이면서 클럭 신호 clk 의 상승 에지에 동기 되어 신호 regin 에 입력된 신호가 신호 regout 에 출력 된다.

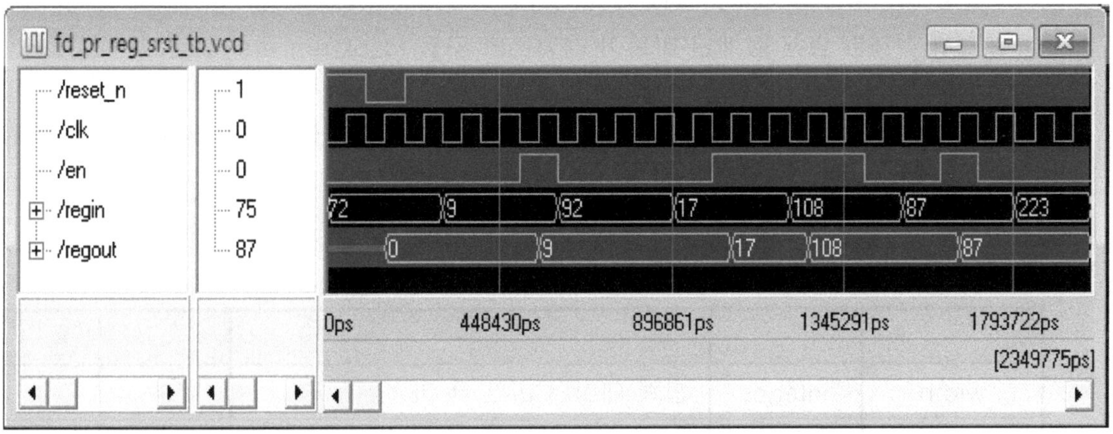

5.4.2.4. 레지스터 설계

- 사양
  - ◇ 모듈 이름 : fd_reg
  - ◇ Register는 데이터를 저장 하는 레지스터 역할을 담당 한다.
  - ◇ 모듈 fd_reg 는 클럭 단자 clk 의 상승 에지에 동기 되어 입력 데이터가 저장되며, 단자 reset_n='0' 일 때 클럭에 동기 혹은 비동기로 리셋 된다.
  - ◇ 단자 en='1' 일 때 레지스터로 동작 하고, '0' 이면 새로운 입력 데이터를 받아 들이지 않고 마지막으로 저장한 값을 유지 한다.
  - ◇ 앞서 설계된 앞서 설계된 비동기 레지스터 모듈 fd_pr_reg_arst 와 동기 레지스터 모듈 fd_pr_reg_srst 로 설계 된다.
  - ◇ 매개변수로 입출력 되는 데이터의 비트 폭과 리셋시 레지스터가 갖는 초기값을 가변 시킬 수 있다.

- 매개 변수

매개변수	타입	기능	기본값	범위
width	integer	입력 데이터 비트 폭 가변	8	≥ 2
reset_sync	integer	리셋 동작의 동기화 여부 - 0 = Asynchronous - 1 = Synchronous	0	0 혹은 1
reset_val	integer	리셋에 의해 지정되는 초기값	0	≥ 0

- 입출력 단자

이름	방향	비트수	기능
rst_n	In	1	리셋 (Active Low)
clk	In	1	클럭 (상승 에지에 동기)
en	In	1	인에이블 (Active High)
reg_in	In	width	입력 데이터
reg_out	Out	width	출력 데이터

● 모듈의 Verilog 코드 설계
◇ 모듈 이름 : fd_reg

```
module fd_reg (rst_n, clk, en, reg_in, reg_out);

  parameter width = 8;
  parameter reset_sync = 0;
  parameter reset_val = 0;

  input rst_n;
  input clk;
  input en;
  input [width-1:0] reg_in;
  output [width-1:0] reg_out;

  generate if (reset_sync == 0)
    begin
    fd_pr_reg_arst #(
        .width(width),
        .reset_val(reset_val))
      U_REAA (
        .reset_n(rst_n),
        .clk(clk),
        .en(en),
        .regin(reg_in),
        .regout(reg_out));
    end
  endgenerate

  generate if (reset_sync == 1)
    begin
    fd_pr_reg_srst #(
```

```
          .width(width),
          .reset_val(reset_val))
        U_REGS (
          .reset_n(rst_n),
          .clk(clk),
          .en(en),
          .regin(reg_in),
          .regout(reg_out));
      end
    endgenerate

  endmodule
```

- 테스트벤치 모듈의 Verilog 코드 설계
  - ◇ 모듈 이름 : fd_reg_tb

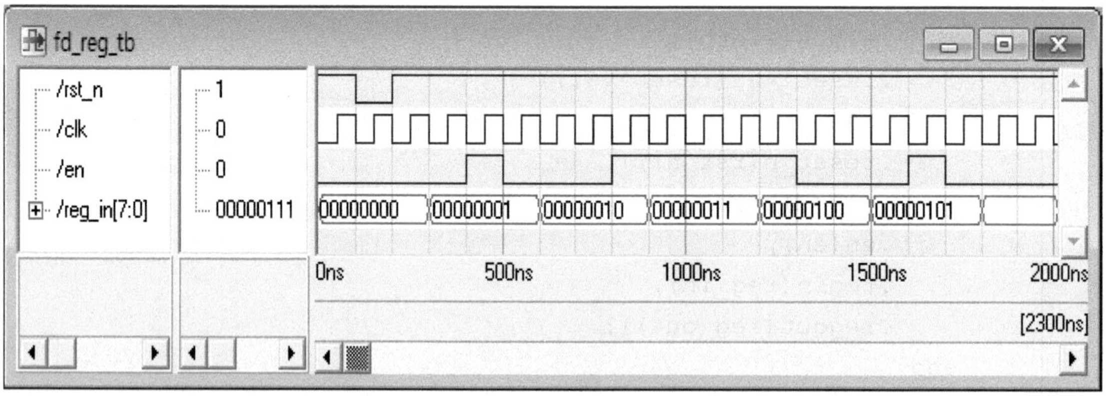

- 시뮬레이션 결과 파형
  - ◇ 신호 regin 과 regout 는 십진수로 표현 되었다.
  - ◇ 매개변수 reset_sync=0 이고 reset_val=0 이므로 비동기 레지스터의 동작 이다.
  - ◇ 신호 reset_n='0' 이면 클럭과 상관없이 비동기로 리셋이 되며 신호 regout =0 이 출력 된다.

◇ 신호 en='1' 이면서 클럭 신호 clk 의 상승 에지에 동기 되어 신호 regin 에 입력된 신호가 신호 regout 에 출력 된다.

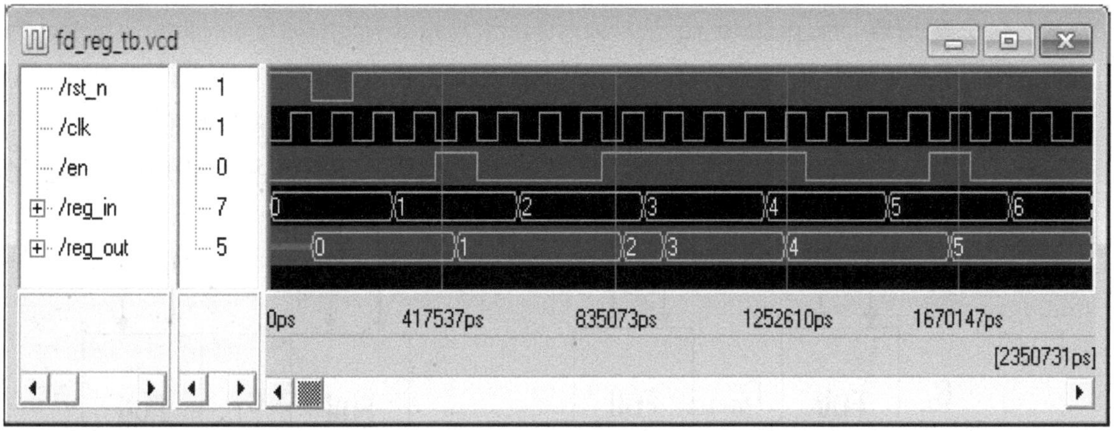

◇ 신호 regin 과 regout 는 십진수로 표현 한다.

◇ 매개변수 reset_sync=1 이고 reset_val=8 이므로 리셋 동작은 클럭 신호 clk 의 상승 에지에 동기 되며 리셋 초기값은 0 으로 동작 하는 동기 레지스터 이다.

◇ 신호 reset_n='0' 이 되어도 신호 regout="UUUUUUUU" 을 유지하다가 클럭의 상승 에지에 동기 되어 신호 regout=0 으로 리셋 된다. 즉, 리셋 동작이 클럭의 상승 에지에 동기 되어 동작함을 확인할 수 있다.

◇ 신호 en='1' 이면서 클럭 신호 clk 의 상승 에지에 동기 되어 신호 regin 에 입력된 신호가 신호 regout 에 출력 된다.

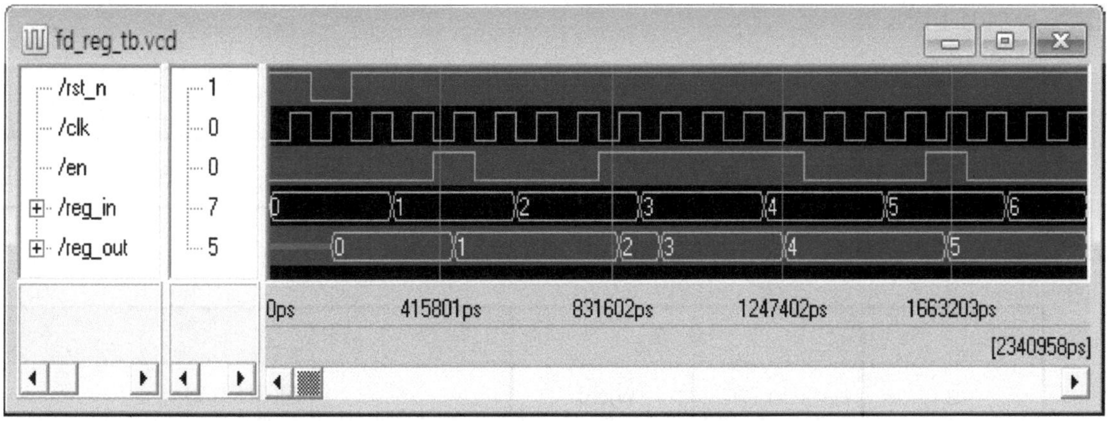

5.4.2.5. Ripple Carry Adder 설계

● 사양

◇ 모듈 이름 : fd_pr_add_rc

◇ Ripple Carry Adder 모듈은 전가산기를 직렬로 연결하여 설계된 덧셈기 이다.

◇ 최하위 비트의 전가산기에서 계산된 캐리가 상위 비트로 전달되면서 동작 한다.

◇ 비트수가 증가함에 따라 딜레이가 선형적으로 증가 하는 반면 면적이 적은 회로 이다.

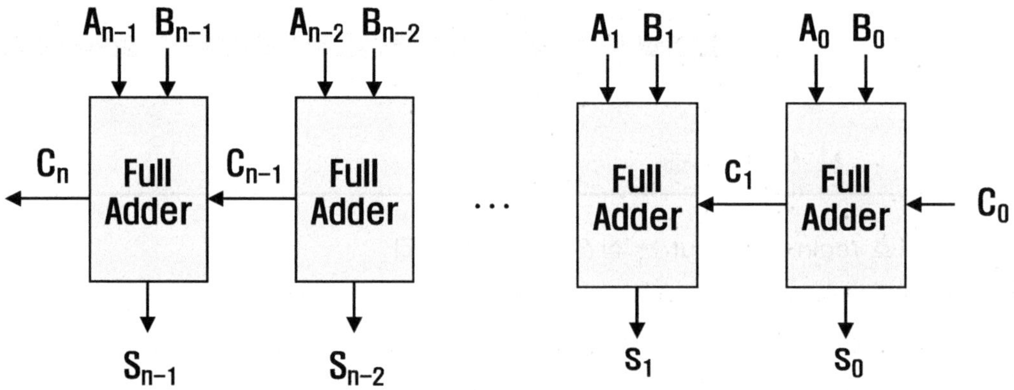

◇ 덧셈을 수행할 데이터 입력은 a, b, ci 이고, 덧셈 결과는 sum, 캐리 출력은 co 라고 할 때 논리동작은 다음과 같이 표현 된다.

sum = a xor b xor ci;

co = (a and b) or (b and ci) or (ci and a);

● 매개 변수

매개변수	타입	기능	기본값	범위
width	integer	데이터 비트 폭 가변	8	≥ 2

● 입출력 단자

이름	방향	비트수	기능
a	In	width	데이터 입력

이름	방향	비트수	기능
b	In	width	데이터 입력
ci	In	1	캐리 입력
sum	Out	width	덧셈 결과
co	Out	1	캐리 출력

● 모듈의 Verilog 코드 설계

◇ 모듈 이름 : fd_pr_add_rc

```
module fd_pr_add_rc (a, b, ci, sum, co);

  parameter width = 8;

  input [width-1:0] a;
  input [width-1:0] b;
  input ci;
  output [width-1:0] sum;
  output co;

  wire [width-1:0] a;
  wire [width-1:0] b;
  wire ci;
  wire [width-1:0] sum;
  wire co;

  reg [width:0] carry_p;
  reg [width-1:0] summ;
  integer i;
```

```
always @(a, b, ci)
  begin : P1
    reg [width:0] v_carry_p;
    reg [width-1:0] v_summ;

    for (i=0; i <= width-1; i=i+1)
      begin
      if (i == 0)
        begin
        v_summ[i]   = a[i] ^ b[i] ^ ci;
        v_carry_p[i+1] = (a[i] & b[i]) | (b[i] & ci)
                         | (ci & a[i]);
        end
      else
        begin
        v_summ[i]   = a[i] ^ b[i] ^ v_carry_p[i] ;
        v_carry_p[i+1] = (a[i] & b[i]) | (b[i] & v_carry_p[i])
                         | (v_carry_p[i] & a[i]);
        end
      end
    summ = v_summ;
    carry_p = v_carry_p;
  end

  assign sum = summ;
  assign co = carry_p[width];

endmodule
```

- 테스트벤치 모듈의 Verilog 코드 설계
  - ◇ 모듈 이름 : fd_pr_add_rc_tb

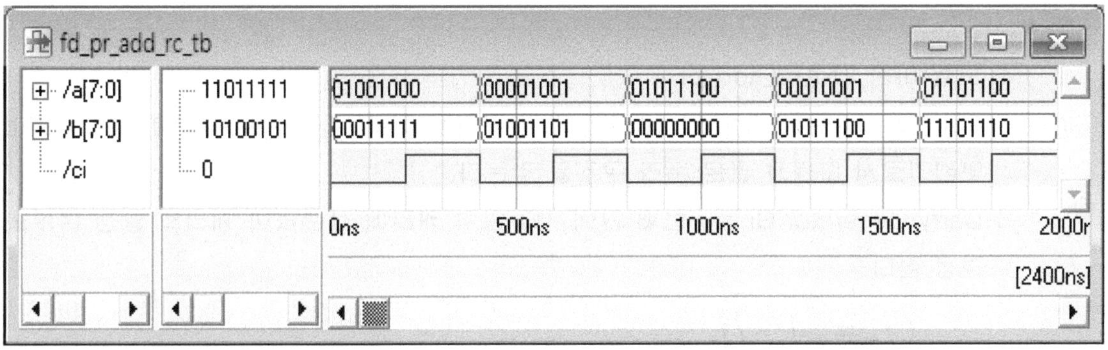

- 시뮬레이션 결과 파형
  - ◇ 신호 a, b, sum 은 십진수로 표현하였다.
  - ◇ 신호의 바이너리 값들은 signed integer 로 표현하였다.
  - ◇ 신호 a + b + ci 의 덧셈 값이 신호 sum 과 co 에 나타난다.

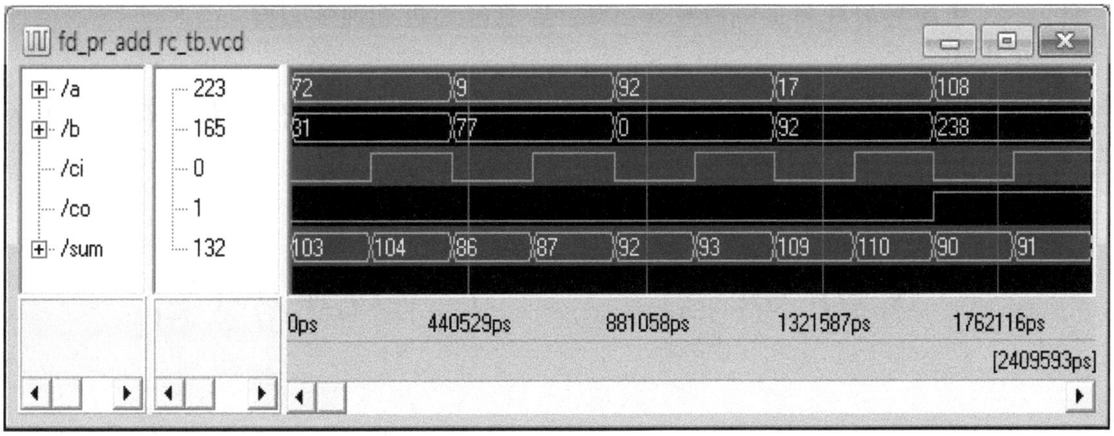

5.4.2.6. Carry Lookahead Adder 설계

- 사양
  - ◇ 모듈 이름 : fd_pr_add_cl
  - ◇ Carry Lookahead Adder는 전가산기의 캐리를 미리 예측하여 계산 결과를 구 하는 덧셈기로서 다음과 같은 논리 구조를 갖는다.
  - ◇ Carry Generator Gi 는 i 번째 단에서의 입력 캐리에 상관없이 캐리의 발생 여부를 결정 한다.

$$G_i = A_i \cdot B_i$$

  - ◇ Carry Propagator Pi 는 i 번째 단의 입력 캐리가 출력단으로 전달될지 여부를 결정 한다.

$$P_i = (A_i \oplus B_i)$$

  - ◇ i 번째 단에서 합과 캐리를 논리식으로 표현 하면 아래와 같다.

$$S_i = (A_i \oplus B_i) \oplus C_{i-1} \quad C_i = A_i \cdot B_i + (A_i \oplus B_i) \cdot C_{i-1}$$

  - ◇ Pi 와 Gi를 이용하여 합과 캐리의 논리식을 표현 하면 아래와 같다.

$$S_i = P_i \oplus C_{i-1} \qquad C_i = G_i + P_i \cdot C_{i-1}$$

  - ◇ Carry Lookahead Adder는 의 구조는 3단으로 나누어 설계할 수 있다.
    - 첫 번째 단은 A 와 B 를 입력으로 Carry Generator Gi 와 Carry Propagator Pi 를 생성 한다.
    - 두 번째 단은 Carry Lookahead Unit 으로서 발생 가능한 Carry 후보들을 먼저 생성 한다.
    - 세 번째 단은 Summation Unit 으로서 덧셈 합을 계산 한다.

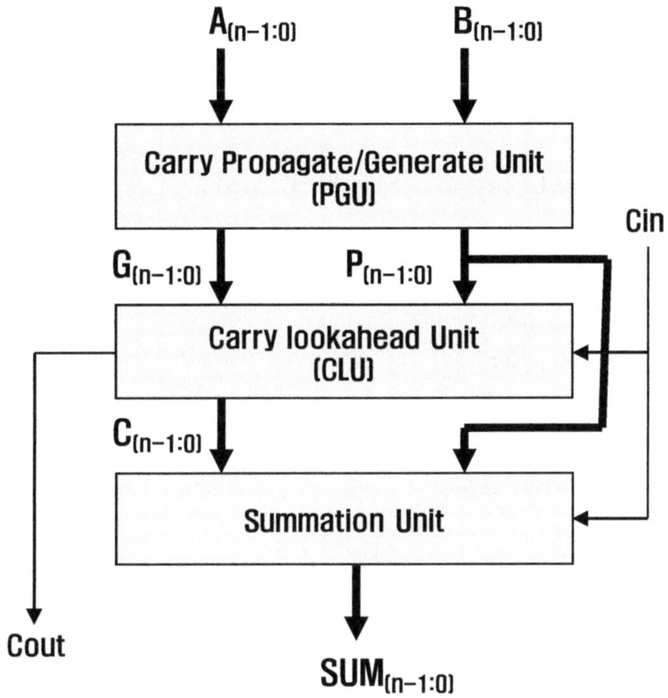

● 매개 변수

매개변수	타입	기능	기본값	범위
width	integer	데이터 비트 폭 가변	8	≥ 2

● 입출력 단자

이름	방향	비트수	기능
a	In	width	데이터 입력
b	In	width	데이터 입력
ci	In	1	캐리 입력
sum	Out	width	덧셈 결과
co	Out	1	캐리 출력

● 모듈의 Verilog 코드 설계
◇ 모듈 이름 : fd_pr_add_cl

```
module fd_pr_add_cl (a, b, ci, sum, co);

  parameter width = 8;

  input [width-1:0] a;
  input [width-1:0] b;
  input ci;
  output [width-1:0] sum;
  output co;

  wire [width-1:0] a;
  wire [width-1:0] b;
  wire ci;
  reg [width-1:0] sum;
  reg co;

  always @(ci, a, b)
    begin : P1
    reg [width:0] carry;
    reg [width-1:0] gi;
    reg [width-1:0] pi;
    reg [4:0] gg;
    reg [4:0] gp;
    reg tt;
    reg tmp;
    reg rc;
    integer i;
```

```
tt = 0;
tmp = width - 1;
carry[0] = ci;
rc = ci;
gg[0] = 1'b0;
gp[0] = 1'b1;

if (4 >= width)
  begin
  for (i=0; i <= width-1; i=i+1)
    begin
    gi[i] = a[i] & b[i] ;
    pi[i] = (a[i] & (~b[i])) | (b[i] & (~a[i]));
    carry[i+1] = (carry[i]  & pi[i]) | gi[i] ;
    sum[i] = (carry[i] & ~pi[i]) | (~carry[i] & pi[i]);
    end
  end
else
  begin
  for (i=0; i <= width-1; i = i+1)
    begin
    gi[i] = a[i] & b[i];
    pi[i] = (a[i] & (~b[i])) | (b[i]  & (~a[i]));
    gg[tt+1] = gi[i] | (gg[tt]  & pi[i]);
    gp[tt+1] = gp[tt] & pi[i] ;
    tt = tt + 1;
    if (tt == 4)
      begin
      carry[i+1] = (gp[tt] & rc) | gg[tt];
      rc = carry[i+1] ;
```

```
            tt = 0;
            end
          else
            begin
            carry[i+1] = gi[i] | (pi[i] & carry[i]);
            end
          sum[i] = carry[i] ^ pi[i] ;
          end
        end
      co = carry[width];
    end

endmodule
```

● 테스트벤치 모듈의 Verilog 코드 설계

◇ 모듈 이름 : fd_pr_add_cl_tb

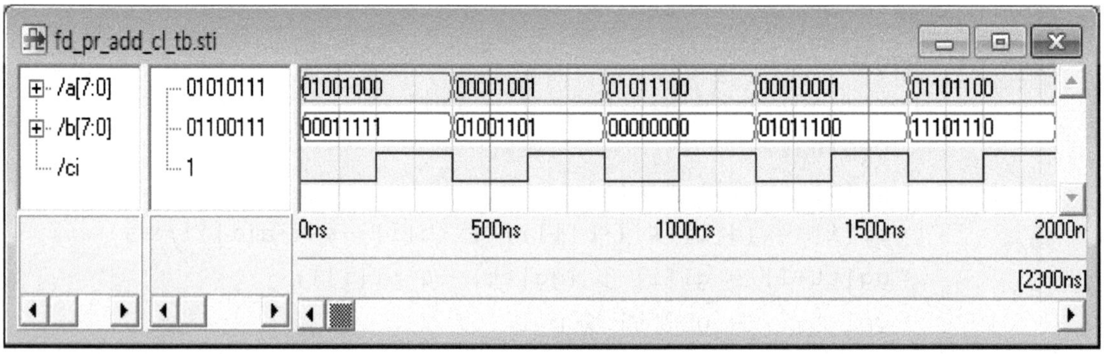

● 시뮬레이션 결과 파형

◇ 신호 a, b, sum 은 십진수로 표현하였다.

◇ 신호의 바이너리 값들은 signed integer 로 표현하였다.

◇ 신호 a + b + ci 의 덧셈 값이 신호 sum 과 co 에 나타난다.

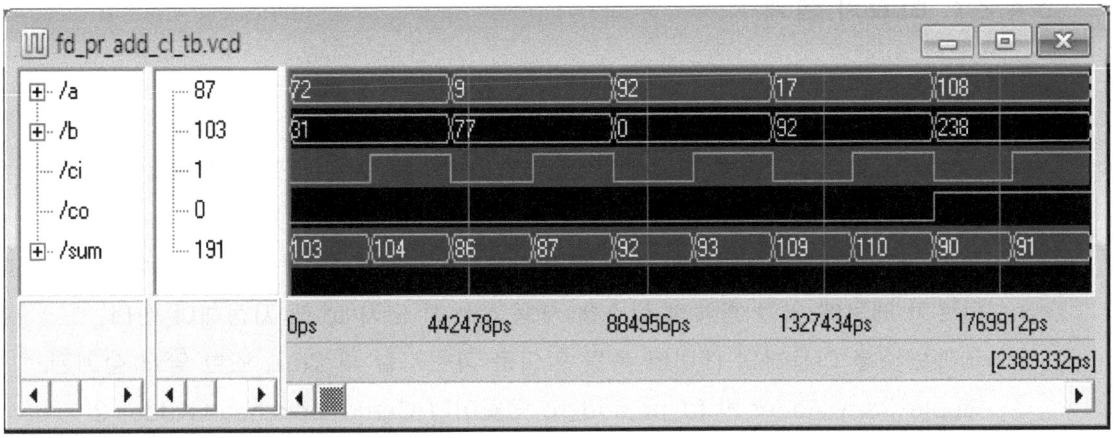
fd_pr_add_cl_tb.vcd
/a
/b
/ci
/co
/sum
87
103
1
0
191
72
9
92
17
108
31
77
0
92
238
103
104
86
87
92
93
109
110
90
91
0ps
442478ps
884956ps
1327434ps
1769912ps
[2389332ps]

5.4.2.7. 비교기 설계

- 사양
  - ◇ 모듈 이름 : fd_comp6
  - ◇ Comparator는 두 값을 비교하여 같거나 다르거나 혹은 크거나 작음을 출력 하는 모듈 이다.
  - ◇ 입력 데이터가 양의 정수인 경우와 양/음의 정수를 모두 사용 하는 경우 비교 결과가 다르기 때문에 어떤 종류의 정수를 사용 하는지 단자 tc 에 지정해야 한다.
  - ◇ 매개변수를 이용하여 데이터 폭을 임의로 가변시킬 수 있고, 또한 앞서 설계된 Ripple Carry Adder 인 fd_pr_add_rc 모듈이나 Carry Lookahead Adder 인 fd_pr_add_cl 모듈을 선택하여 구조를 바꿀 수 있다.

- 매개 변수

매개변수	타입	기능	기본값	범위
width	integer	데이터 비트 폭 가변	8	≥ 2
addtype	integer	덧셈기 구조 선택 - 0 = Ripple Carry Adder - 1 = Carry Lookahead Adder	0	0 혹은 1

- 입출력 단자

이름	방향	비트수	기능
a	In	width	데이터 입력
b	In	width	데이터 입력
tc	In	1	정수 타입 (0=Unsigned / 1=Signed)
lt	Out	1	Less than (a < b)
gt	Out	1	Greater than (a > b)
eq	Out	1	Equal to (a == b)
le	Out	1	Less than or equal to (a <= b)
ge	Out	1	Greater than or equal to (a >= b)
ne	Out	1	Not equal to (a != b)

● 모듈의 Verilog 코드 설계
◇ 모듈 이름 : fd_comp6

```
`define ONE 1'b1
`define ZERO 1'b0
`define ZEROS {width-1{1'b0}}

module fd_comp6 (a, b, tc, lt, gt, eq, le, ge, ne);

  parameter width = 8;
  parameter addtype = 0;

  input [width-1:0] a;
  input [width-1:0] b;
  input tc;
  output lt;
  output gt;
  output eq;
  output le;
  output ge;
  output ne;

  wire [width-1:0] a;
  wire [width-1:0] b;
  wire tc;
  reg lt;
  reg gt;
  reg eq;
  reg le;
  reg ge;
  reg ne;
```

```
reg [width-1:0] aa;
reg [width-1:0] bb;
reg [width-1:0] v_aa;
reg [width-1:0] v_bb;
wire [width-1:0] sum;
wire carry_out;

always @(a, b, tc)
  begin
  if (tc == `ZERO)
    begin
    v_aa = a;
    v_bb = ~b;
    end
  else
    begin
    if (a[width-1] == `ZERO && b[width-1] == `ZERO)
      begin
      v_aa = a;
      v_bb = ~b;
      end
    else if (a[width-1] == `ONE && b[width-1] == `ONE)
      begin
      v_bb = b;
      v_aa = ~a;
      end
    else if (a[width-1] == `ZERO && b[width-1] == `ONE)
      begin
      v_aa = `ZEROS;
      v_bb = `ZEROS;
      end
```

```
    else if (a[width-1] == `ONE && b[width-1] == `ZERO)
      begin
      v_aa = `ZEROS;
      v_bb = `ZEROS;
      end
    end
  aa = v_aa;
  bb = v_bb;
  end

generate if (addtype == 0)
  begin
  fd_pr_add_rc #(
      .width(width))
    URC (
      .a(aa),
      .b(bb),
      .ci(`ONE),
      .sum(sum),
      .co(carry_out));
  end
endgenerate

generate if (addtype == 1)
  begin
  fd_pr_add_cl #(
      .width(width))
    UCL (
      .a(aa),
      .b(bb),
```

```
        .ci(`ONE),
        .sum(sum),
        .co(carry_out));
    end
  endgenerate

  always @(a, b, tc, sum, carry_out)
    begin
    if (sum == `ZEROS)
      begin
      gt = `ZERO;
      lt = `ZERO;
      eq = `ONE;
      le = `ONE;
      ge = `ONE;
      ne = `ZERO;
      end
    else if (tc == `ZERO)
      begin
      if (carry_out == `ZERO)
        begin
        gt = `ZERO;
        lt = `ONE;
        eq = `ZERO;
        le = `ONE;
        ge = `ZERO;
        ne = `ONE;
        end
      else
        begin
```

```
        gt = `ONE;
        lt = `ZERO;
        eq = `ZERO;
        le = `ZERO;
        ge = `ONE;
        ne = `ONE;
        end
      end
    else if (tc == `ONE)
      begin
      if (a[width-1] == `ZERO && b[width-1] == `ZERO)
        begin
        if (carry_out == `ZERO)
          begin
          gt = `ZERO;
          lt = `ONE;
          eq = `ZERO;
          le = `ONE;
          ge = `ZERO;
          ne = `ONE;
          end
        else
          begin
          gt = `ONE;
          lt = `ZERO;
          eq = `ZERO;
          le = `ZERO;
          ge = `ONE;
          ne = `ONE;
          end
        end
```

```
else if (a[width-1] == `ONE && b[width-1] == `ONE)
  begin
  if (carry_out == `ZERO)
    begin
    gt = `ONE;
    lt = `ZERO;
    eq = `ZERO;
    le = `ZERO;
    ge = `ONE;
    ne = `ONE;
    end
  else
    begin
    gt = `ZERO;
    lt = `ONE;
    eq = `ZERO;
    le = `ONE;
    ge = `ZERO;
    ne = `ONE;
    end
  end
else if (a[width-1] == `ZERO && b[width-1] == `ONE)
  begin
  gt = `ONE;
  lt = `ZERO;
  eq = `ZERO;
  le = `ZERO;
  ge = `ONE;
  ne = `ONE;
  end
```

```
        else if (a[width-1] == `ONE && b[width-1] == `ZERO)
          begin
          gt = `ZERO;
          lt = `ONE;
          eq = `ZERO;
          le = `ONE;
          ge = `ZERO;
          ne = `ONE;
          end
        end
      end

endmodule
```

● 테스트벤치 모듈의 Verilog 코드 설계
  ◇ 모듈 이름 : fd_comp6_tb

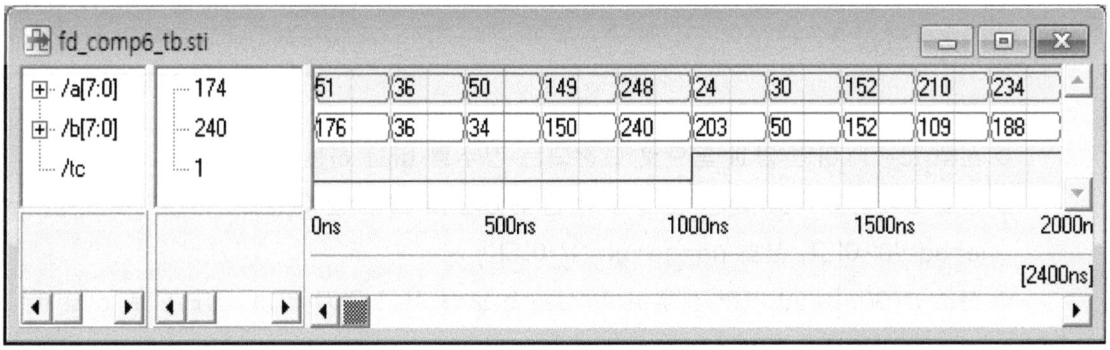

● 시뮬레이션 결과 파형
  ◇ 신호 tc='0' 이면 양의 정수를 비교 하는 경우 이다.
  ◇ 신호 a=51, b=176 이면 신호 a 가 신호 b 보다 작고 같지 않다. 그러므로 신호 lt=le=ne='1' 이고, 신호 eq=ge=gt='0' 이다.

◇ 신호 a=36, b=36 이면 신호 a 와 신호 b 가 같다. 그러므로 신호 lt=ne=gt='1' 이고, le=eq=ge='1' 이다.

◇ 신호 a=50, b=34 이면 신호 a 가 신호 b 보다 크고 같지 않다. 그러므로 신호 lt=le=eq='0' 이고 신호 ne=ge=gt='1' 이다.

◇ 나머지 경우도 올바로 동작함을 알 수 있다.

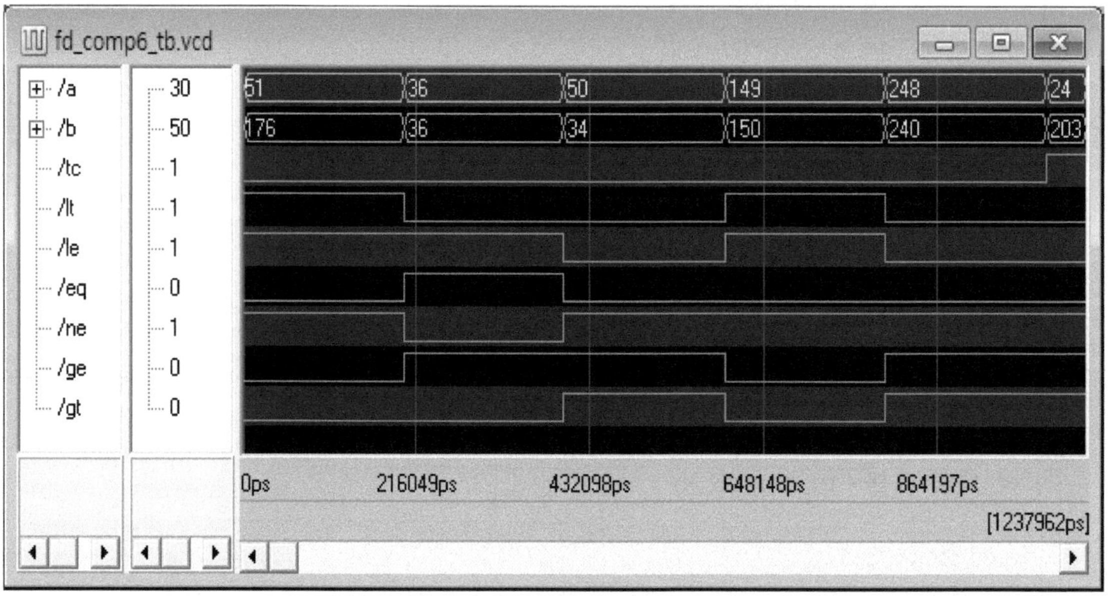

◇ 신호 tc='1' 이면 양과 음으로 표현되는 정수를 비교 하는 경우 이다.

◇ 신호 a=24, b=-53 이면 신호 a 가 신호 b 보다 크고 같지 않다. 그러므로 신호 lt=le=eq='0' 이고, 신호 ne=ge=gt='1' 이다.

◇ 신호 a=30, b=50 이면 신호 a 가 신호 b 보다 작고 같지 않다. 그러므로 신호 lt=le=ne='1' 이고, 신호 eq=ge=gt='0' 이다.

◇ 신호 a=-104, b=-104 이면 신호 a 와 신호 b 가 같다. 그러므로 신호 lt=gt=ne='0' 이고, 신호 eq=le=ge='1' 이다.

◇ 나머지 경우도 올바로 동작함을 알 수 있다.

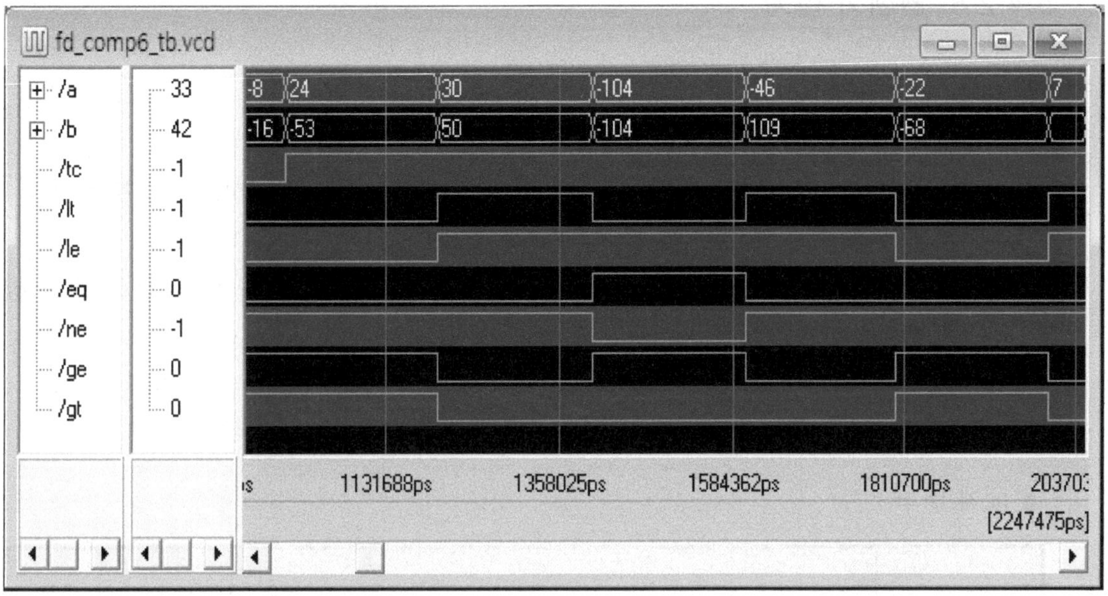
fd_comp6_tb.vcd
/a
/b
/tc
/lt
/le
/eq
/ne
/ge
/gt
33
42
-1
-1
-1
0
-1
0
0
1131688ps
1358025ps
1584362ps
1810700ps
[2247475ps]

5.4.2.8. 뺄셈기 설계

● 사양

◇ 모듈 이름 : fd_sub

◇ Subtracter는 뺄셈기로서 음수값을 2 의 보수 (2's complement) 로 변환한 후에 덧셈을 수행 한다.

◇ 뺄셈은 a-b-bi 연산을 수행하여 결과를 단자 diff 에 출력 하고 borrow 가 발생 하면 단자 bo 로 출력 한다.

◇ 앞서 설계된 앞서 설계된 Ripple Carry Adder인 fd_pr_add_rc 모듈이나 Carry Lookahead Adder 인 fd_pr_add_cl 모듈을 선택할 수 있는 뺄셈기 이다.

● 매개 변수

매개변수	타입	기능	기본값	범위
width	integer	데이터 비트 폭 가변	8	≥ 2
addtype	integer	덧셈기 구조 선택 - 0 = Ripple Carry Adder - 1 = Carry Lookahead Adder	0	0 혹은 1

● 입출력 단자

이름	방향	비트수	기능
a	In	width	데이터 입력
b	In	width	데이터 입력
bi	In	1	Borrow 입력
diff	Out	width	뺄셈 결과
bo	Out	1	Borrow 출력

● 모듈의 Verilog 코드 설계

◇ 모듈 이름 : fd_sub

```
module fd_sub (a, b, bi, diff, bo);

  parameter width = 8;
  parameter addtype = 0;

  input [width-1:0] a;
  input [width-1:0] b;
  input bi;
  output [width-1:0] diff;
  output bo;

  wire [width-1:0] a;
  wire [width-1:0] b;
  wire bi;
  wire [width-1:0] diff;
  wire bo;
  wire [width-1:0] b_n;
  wire bi_n;
  wire bo_sig;

  assign b_n = ~b;
  assign bi_n = ~bi;

  generate if (addtype == 0)
    begin
    fd_pr_add_rc #(
        .width(width))
      URC (
        .a(a),
        .b(b_n),
```

```
        .ci(bi_n),
        .sum(diff),
        .co(bo_sig));
    end
  endgenerate

generate if (addtype == 1)
    begin
    fd_pr_add_cl #(
        .width(width))
      UCL (
        .a(a),
        .b(b_n),
        .ci(bi_n),
        .sum(diff),
        .co(bo_sig));
    end
  endgenerate

  assign bo = ~bo_sig;
endmodule
```

● 테스트벤치 모듈의 Verilog 코드 설계

◇ 모듈 이름 : fd_sub_tb

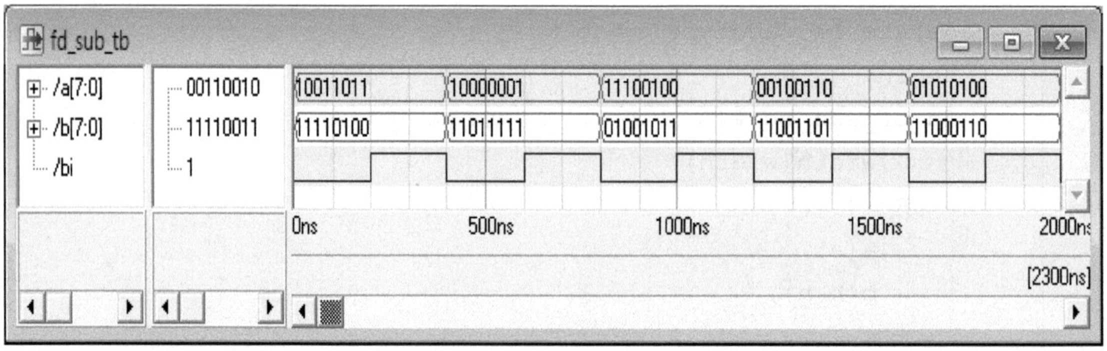

● 시뮬레이션 결과 파형

◇ 신호의 바이너리 값들은 signed integer 로 표현하였다.

◇ 신호 a - b - bi = -101 - (-12) - 0 =-89 이고, = -101 - (-12) - 1 =-90 이다.

◇ 신호 a - b - bi = -127 - (-33) - 0 =-94 이고, = -127 - (-33) - 1 =-95 이다.

◇ 나머지 경우도 올바로 동작함을 알 수 있다.

◇ 신호 bo 가 부호를 올바로 나타내려면 신호 a 와 b 의 부호값을 고려한 부가 회로를 추가해야 한다.

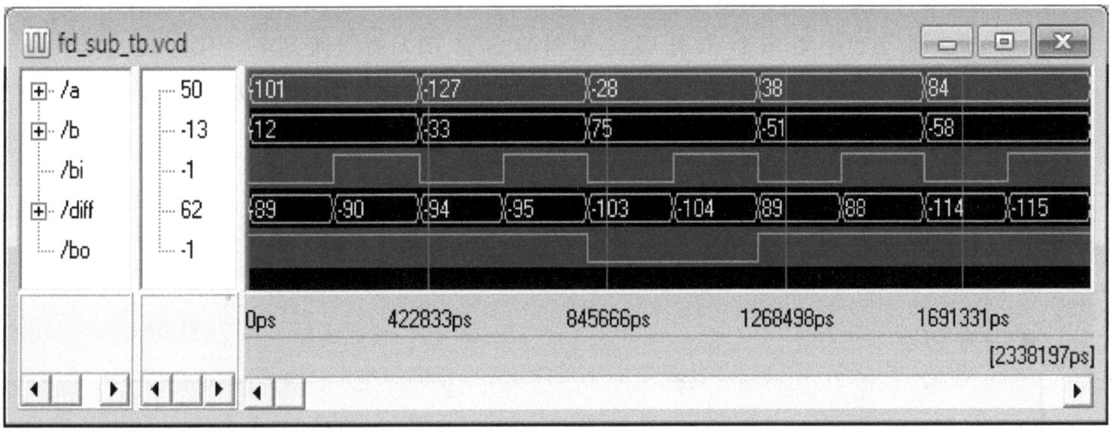

5.4.2.9. GCD 최상위 모듈 설계

● 사양

◇ 앞 절에서 설계된 모듈들을 이용하여 최대공약수의 알고리즘을 구현 하는 논리 회로도를 설계 한다.

◇ 첫 번째 동작은 최대공약수를 구할 2 개의 정수를 a 와 b 단자를 통하여 레지스터에 저장 하는 동작으로서 load='1' 이면서 클럭 clk 의 상승 에지에 동기 되어 입력 된다.

◇ 매 클럭마다 레지스터에 저장된 a 와 b 의 크기를 비교하여 뺄셈 연산이 수행되고 새롭게 계산된 a 와 b 값을 다음 클럭에 해당 레지스터에 갱신 된다.

◇ a 와 b 의 값이 동일 하면 a 의 값을 최대공약수 결과로 단자 y 에 출력 하고 신호 done='1' 을 출력하여 연산이 종료되었음을 알린다.

◇ 연산이 종료되면 GCD 구조 내부에 있는 레지스터의 임에이블 단자 en='0' 을 가하여 새로운 값으로 갱신하지 않고 최대공약수 값을 유지 한다.

● 매개 변수

매개변수	타입	기능	기본값	범위
width	integer	입력되는 정수의 비트 폭 가변	8	≥ 2

● 입출력 단자

이름	방향	비트수	기능
rst_n	In	1	리셋 (Active Low)
clk	In	1	클럭 (상승 에지에 동기)
load	In	1	정수의 입력 (Active High)
a	In	width	입력 정수 값
b	In	width	입력 정수 값
done	Out	1	최대공약수 연산의 종료 (Active High)
y	Out	width	최대공약수 값

● 모듈의 Verilog 코드 설계

◇ 모듈 이름 : gcd

```
`define GND 1'b0
`define ZERO8 8'b00000000

module gcd (a, b, y, clk, rst_n, load, done);
  input [7:0] a;
  input [7:0] b;
  input clk;
  input rst_n;
  input load;
  output [7:0] y;
  output done;

  wire [7:0] a_next;
  wire [7:0] b_next;
  wire [7:0] a_m;
  wire [7:0] b_m;
  wire [7:0] a_hold;
  wire [7:0] b_hold;
  wire [7:0] aminusb;
  wire [7:0] a_new;
  wire [7:0] y_s;
  wire regen;
  wire bneq0;
  wire alessthanb;
  wire done_s;

  assign regen = bneq0 | load;
  assign done = done_s;
  assign y = y_s;

  fd_mux2i #(
      .width(8))
```

```
  U_MUXA (
    .mux_in0(a_next),
    .mux_in1(a),
    .sel(load),
    .mux_out(a_m));

fd_reg #(
    .width(8),
    .reset_sync(0),
    .reset_val(0))
  U_REGA (
    .rst_n(rst_n),
    .clk(clk),
    .en(regen),
    .reg_in(a_m),
    .reg_out(a_hold));

fd_comp6 #(
    .width(8),
    .addtype(0))
  U_COMP (
    .tc(`GND),
    .a(a_hold),
    .b(b_hold),
    .lt(alessthanb),
    .gt(),
    .eq(),
    .le(),
    .ge(),
    .ne());

fd_reg #(
    .width(8),
    .reset_sync(0),
    .reset_val(0))
```

```
    U_REGB (
      .rst_n(rst_n),
      .clk(clk),
      .en(regen),
      .reg_in(b_m),
      .reg_out(b_hold));

  fd_mux2i #(
      .width(8))
    U_MUX1 (
      .mux_in0(aminusb),
      .mux_in1(a_hold),
      .sel(alessthanb),
      .mux_out(a_new));

 fd_mux2i #(
      .width(8))
    U_MUX2U (
      .mux_in0(a_new),
      .mux_in1(b_hold),
      .sel(alessthanb),
      .mux_out(a_next));

  fd_mux2i #(
      .width(8))
    U_MUX2D (
      .mux_in0(b_hold),
      .mux_in1(a_new),
      .sel(alessthanb),
      .mux_out(b_next));

  fd_sub #(
      .width(8),
      .addtype(0))
```

```
  U_SUB (
    .bi(`GND),
    .a(a_hold),
    .b(b_hold),
    .diff(aminusb),
    .bo());


fd_mux2i #(
    .width(8))
  U_MUXB (
    .mux_in0(b_next),
    .mux_in1(b),
    .sel(load),
    .mux_out(b_m));

fd_comp6 #(
    .width(8),
    .addtype(0))
  U_DONE (
    .tc(`GND),
    .a(b_hold),
    .b(`ZERO8),
    .lt(),
    .gt(),
    .eq(done_s),
    .le(),
    .ge(),
    .ne(bneq0));

fd_mux2i
    #(.width(8))
  U_Y (
    .mux_in0(`ZERO8),
```

```
        .mux_in1(a_hold),
        .sel(done_s),
        .mux_out(y_s));

endmodule
```

- 테스트벤치 모듈의 Verilog 코드 설계
  - ◇ 모듈 이름 : gcd_tb

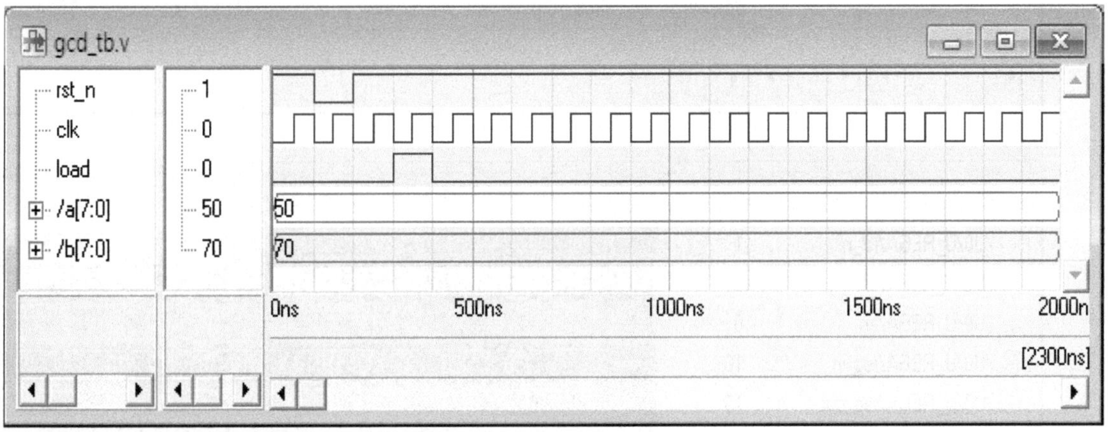

- 시뮬레이션 결과 파형
  - ◇ 신호 rst_n='0' 이면 신호 done='1', y=0 으로 리셋 된다.
  - ◇ 신호 load='1' 이 되면 클럭 clk 의 상승 에지에 동기 되어 신호 a=70 와 b=50 값이 입력되고 신호 done='0' 으로 떨어지면서 최대공약수 계산을 시작 한다.
  - ◇ 일정한 시간이 흐른 후에 신호 done='1' 이 되면 최대공약수 연산이 종료된 것이며 신호 y=10 이 최대공약수 값으로 출력 된다.

  - ◇ 두 번째 파형 그림은 레지스터 U_REGA 와 U_REGB 레지스터에 저장되는 값의 변화를 나타내고 있다.
    - 레지스터 U_REGA 값이 레지스터 U_REGB 값보다 작으면 값의 교환이 이루어진다.
    - 레지스터 U_REGA 값이 레지스터 U_REGB 값보다 크면 레지스터 U_REGA 값에서 레지스터 U_REGB 를 뺀 결과가 레지스터 U_REGA 에 저장 된다.

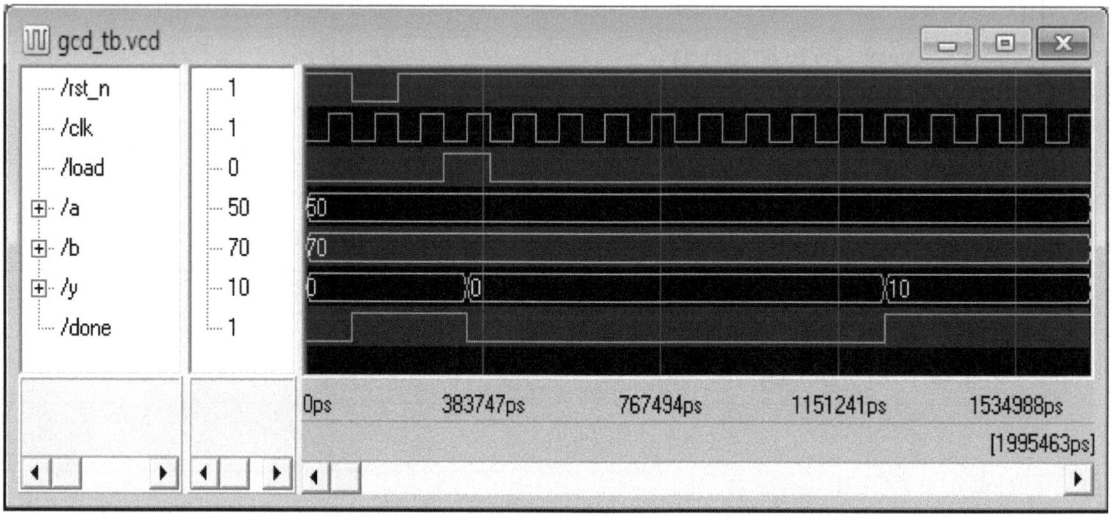
gcd_tb.vcd
/rst_n 1
/clk 1
/load 0
/a 50
/b 70
/y 10
/done 1
0ps
383747ps
767494ps
1151241ps
1534988ps
[1995463ps]

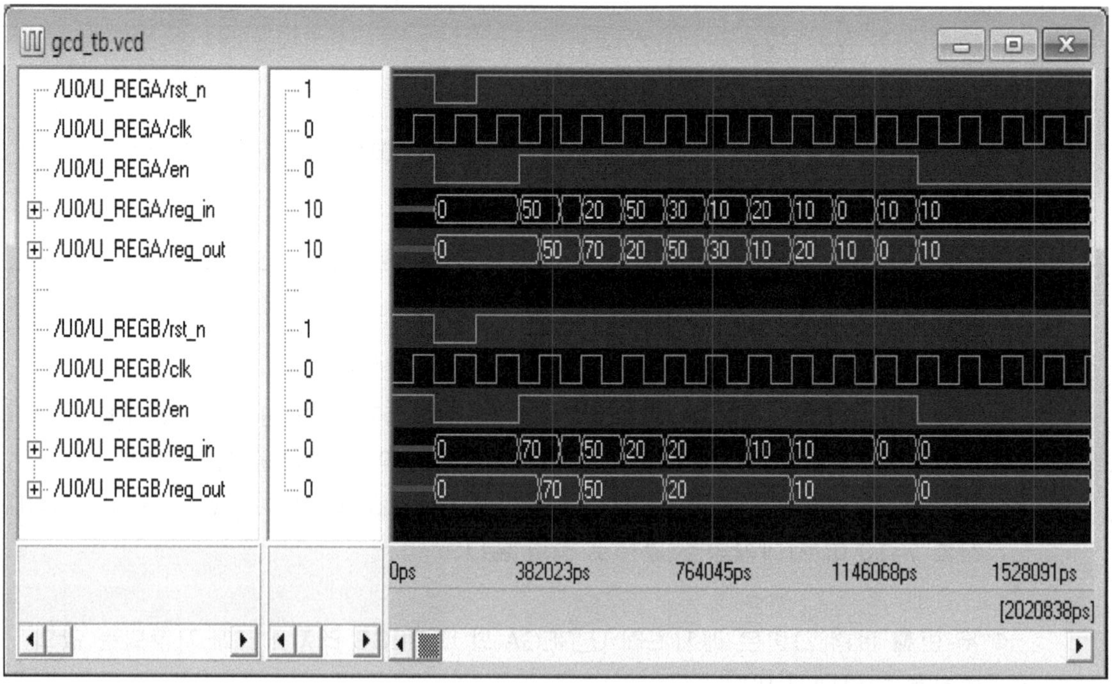
gcd_tb.vcd
/U0/U_REGA/rst_n 1
/U0/U_REGA/clk 0
/U0/U_REGA/en 0
/U0/U_REGA/reg_in 10
/U0/U_REGA/reg_out 10
/U0/U_REGB/rst_n 1
/U0/U_REGB/clk 0
/U0/U_REGB/en 0
/U0/U_REGB/reg_in 0
/U0/U_REGB/reg_out 0
0ps
382023ps
764045ps
1146068ps
1528091ps
[2020838ps]

5.4.3. FSMD 형 구조의 GCD 설계

● 사양

◇ GCD 알고리즘을 FSMD (FSM with Datapath) 방식의 회로로 설계 한다.

◇ FSMD 는 프로세서와 같이 회로를 크게 구분하여 컨트롤러와 데이터패스로 구성되는 회로 이다. 알고리즘을 기술한 상위수준의 프로그램에서 CDFG (Control & Data Flow Graph) 정보로 추출 하고, 다음으로 데이터패스의 구조 및 컨트롤러의 상태표를 추출하여 설계를 완성 하는 단계로 진행 한다.

◇ 매 클럭 마다 컨트롤러는 데이터패스의 동작을 결정 하는 제어신호를 발생 하고 데이터 패스는 제어신호의 명령에 따라 동작을 수행한 후 그 결과를 컨트롤러에 피드백 한다.

◇ 연산이 종료되면 단자 done='1' 을 출력 하고 단자 y 에 최대공약수 값이 출력 되지 않고 최대공약수 값을 유지 한다.

● 매개 변수

매개변수	타입	기능	기본값	범위
width	integer	입력되는 정수의 비트 폭 가변	8	≥ 2

● 입출력 단자

이름	방향	비트수	기능
rst_n	In	1	리셋 (Active Low)
clk	In	1	클럭 (상승 에지에 동기)
go	In	1	정수의 입력 (Active High)
a	In	width	입력 정수 값
b	In	width	입력 정수 값
done	Out	1	최대공약수 연산의 종료 (Active High)
y	Out	width	최대공약수 값

- 아키텍처 구성
  - ◇ FSMD 회로는 컨트롤러와 데이터 패스로 구성 된다.
  - ◇ 컨트롤러는 유한상태머신 (FSM, Finite State Machine)으로서 데이터패스가 수행할 명령 (제어신호)을 출력 한다. 데이터패스가 명령을 수행한 결과는 컨트롤러에 입력 되어 다음으로 수행할 동작을 결정 한다.
  - ◇ 데이터패스는 연산을 수행 하는 FU (Functional Unit) 과 데이터를 저장하는 레지스터와 모듈간 데이터 전송을 담당하는 멜티플렉서로 구성 된다. 외부에서 입력 받은 데이터를 이동하거나 변형하는 동작을 실행하는데 전적으로 컨트롤러의 명령에 따라 실행하게 된다.

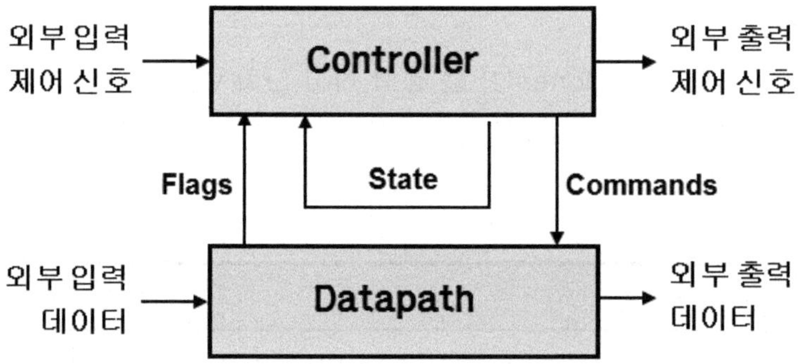

- 행위동작 모델링
  - ◇ 최대공약수 알고리즘의 C 프로그램은 오른쪽과 같다. 앞 절에서 설명한 알고리즘과 동일하다.
  - ◇ C 프로그램의 동작으로부터 CDFG 그래프를 추출할 수 있다. 프로그램 진행에 따라 발생 하는 제어신호와 데이터의 이동이나 변환을 나타낸다.
  - ◇ C 프로그램에는 Assign 문과 If 문과 While 문이 사용 되었다. 각 문장의 동작을 기술 하는 CDFG 패턴이 일정 하다.

```
int  x, y;
while (1) {
  while (!go_i);
  x = x_i;
  y = y_i;
  while  (x != y)  {
    if  (x < y)
      y = y - x;
    else
      x = x - y;
    }
  d_o = x;
}
```

◇ Assign 문은 지정된 변수간에 데이터를 이동 하고 다음 문장으로 이동 한다.

```
a = b
next statement
```

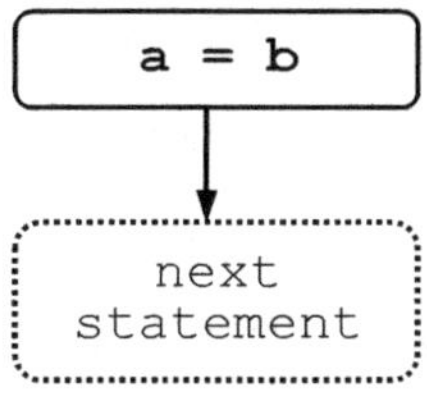

◇ While 문은 조건 cond에 따라 루프 내부 문장을 반복 수행하게 된다.

```
while (cond) {
  loop-body-statements
}
next statement
```

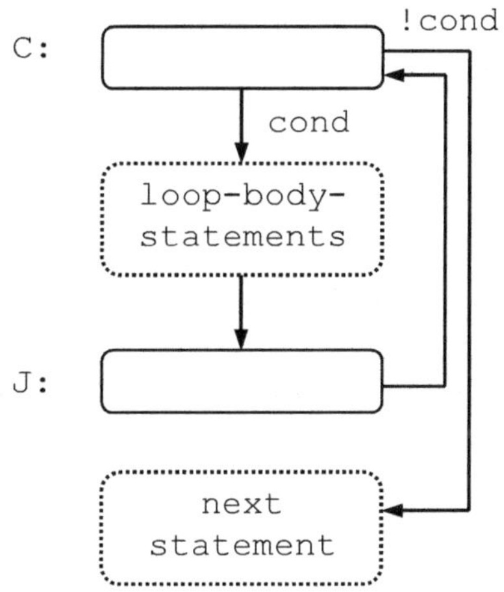

◇ If 문은 조건 c1과 c2에 따라 다른 문장을 수행하게 된다.

```
if (c1)
  c1 stmts
else if (c2)
  c2 stmts
else
  other stmts
next statement
```

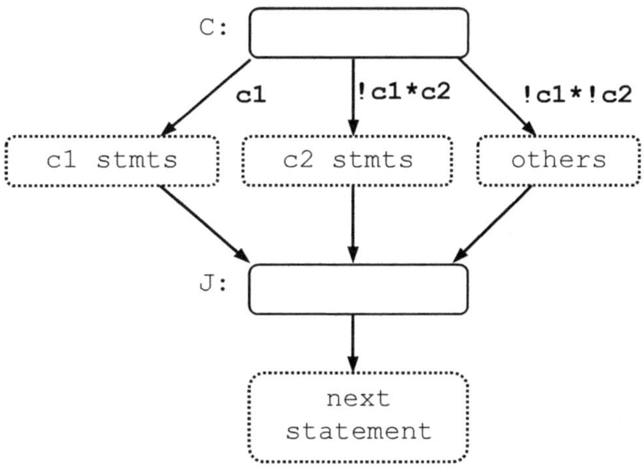

● CDFG 변환

◇ 앞에서 설명한 각 문장의 CDFG 패턴을 C 프로그램의 각 문장을 적용하여 통합 하면 아래 오른쪽 그림을 얻는다.

◇ 박스는 상태로서 데이터패스에서 수행될 연산이나 이동을 의미 한다.

◇ 문장 번호 뒤에 접미사 "-J"가 붙은 상태 이름은 점프를 의미 한다.

◇ 박스간의 화살표는 제어 상태의 이동, 즉 천이를 의미 하고, 조건식은 천이가 발생할 조건을 의미 한다. 조건이 명시되지 않은 천이는 True 로서 무조건 이동 한다.

◇ 아래의 CDFG는 속도나 면적의 최적화를 고려하지 않았음을 기억 한다. Scheduling 이나 Allocation 알고리즘을 이용하여 최적화 시킬 수 있으나 본 교재에서는 취급 하지 않는다.

```
0: int  x, y;
1: while (1) {
2:   while (!go_i);
3:   x = x_i;
4:   y = y_i;
5:   while  (x != y)  {
6:     if  (x < y)
7:       y = y - x;
       else
8:       x = x - y;
       }
9:   d_o = x;
   }
```

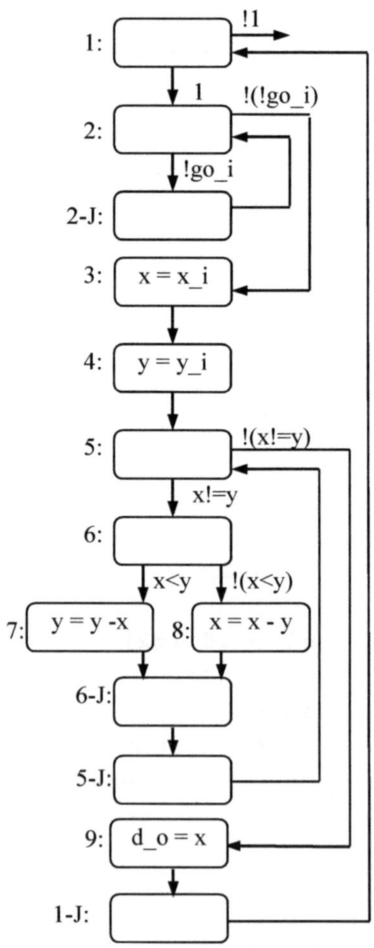

● 데이터 패스 구조 설계

◇ CDFG의 상태 안에 기술된 문장과 조건식의 연산 문장으로 데이터패스를 설계 한다.

◇ 변수 x_i 와 y_i 는 외부 입력이고 변수 d_o 는 외부 출력 이다.

◇ 변수 x 와 y 는 2 개의 정수 값을 저장해야 하므로 각각 레지스터를 할당 한다.

◇ 변수 x 에는 입력 x_i 나 연산 x-y 의 연산 결과가 전달 된다. 변수 y 도 마찬가지로 y_i 나 y-x 의 연산 결과가 전달 된다. 2 개의 다른 소스에서 데이터가 전달 되므로 레지스터 입력에 2 입력 멀티플렉서를 할당 하고 x_sel 과 y_sel 제어신호로 입력할 데이터를 선택하도록 해야 한다.

◇ 조건 연산식에 있는 !=, < 연산과 상태에 있는 y-x 와 x-y 연산에는 이를 수행 하는 모듈을 독립적으로 할당 한다.

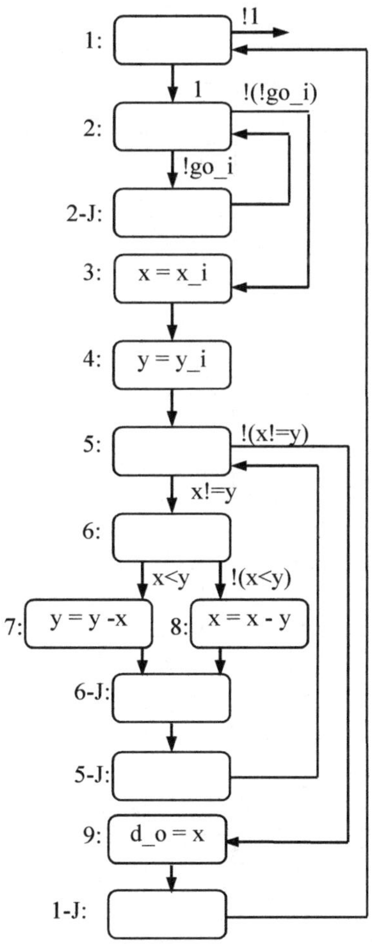

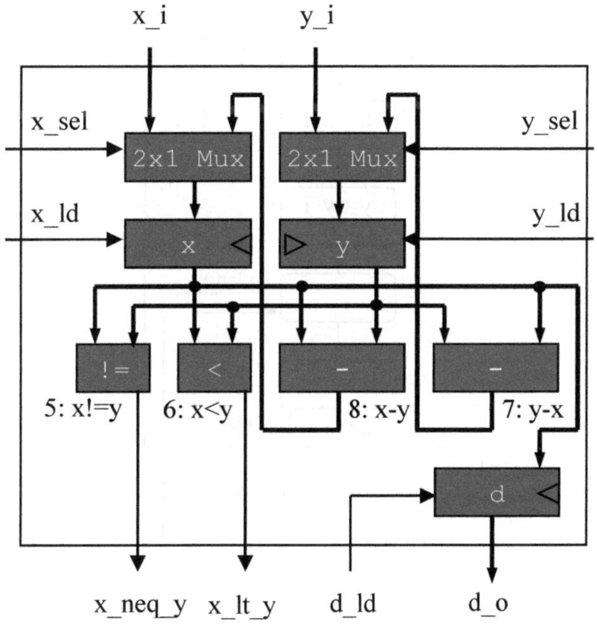

● 컨트롤러의 상태도 설계

◇ 데이터패스를 설계 하면서 연산에 할당된 모듈들이 필요로 하는 제어신호가 구체적으로 결정 되었다. 이 정보를 바탕으로 CDFG에서 컨트롤러 설계의 초기 정보인 상태도를 설계 한다.

◇ 아래 왼편의 CDFG에서 연산을 포함했던 조건식은 데이터패스에서 출력되는 Flag 들로 교체 되었다.

◇ 상태 내에 표시된 연산도 관련 모듈에 가해져야 하는 제어신호로 교체 되었다.

◇ 마지막으로 상태에 이진코드를 할당하였다. 14 개의 상태이므로 4 비트 바이너리 코드를 순차적으로 할당하였다.

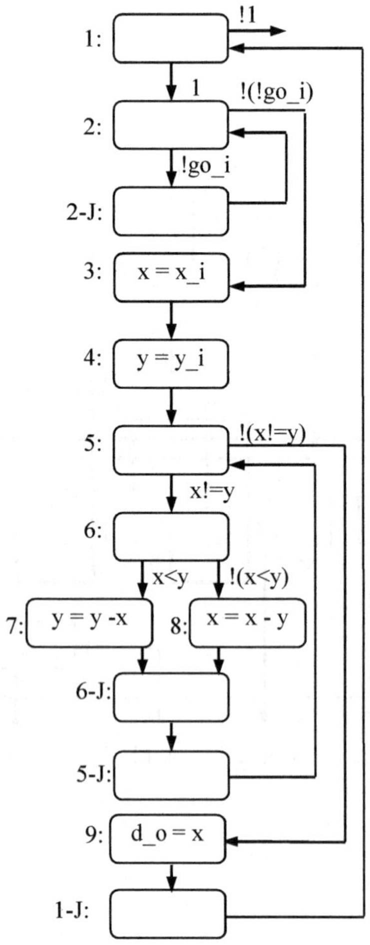

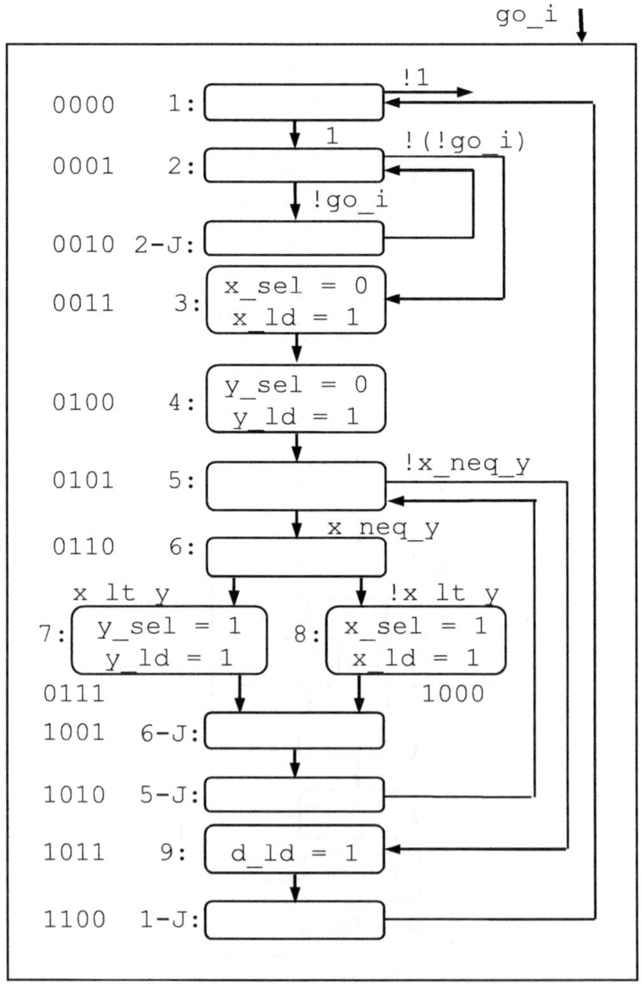

● 컨트롤러의 상태천이표 설계

◇ 앞서 설계된 상태도의 동작을 상태천이표로 나타내면 아래와 같다.

◇ (C3, C2, C1, C0) 가 현재상태를, (N3, N2, N1, N0) 가 다음 상태를 의미 한다.

◇ 신호 x_neg_y, x_lt_y, go_i 는 데이터패스에서 출력되는 Flag 이므로 컨트롤러의 입력 제어신호가 된다.

◇ 반대로 신호 x_sel, y_sel, x_ld, y_ld, d_ld 는 데이터패스에 입력 되어야 할 제어신호로서 컨트롤러의 출력 제어신호가 된다.

◇ 상태천이표가 완성되었으므로 컨트롤러의 논리회로 설계가 가능하다.

C3	C2	C1	C0	x_neg_y	x_lt_y	go_i	N3	N2	N1	N0	x_sel	y_sel	x_ld	y_ld	d_ld
0	0	0	0	-	-	-	0	0	0	1	-	-	0	0	0
0	0	0	1	-	-	0	0	0	1	0	-	-	0	0	0
0	0	0	1	-	-	1	0	0	1	1	-	-	0	0	0
0	0	1	0	-	-	-	0	0	0	1	-	-	0	0	0
0	0	1	1	-	-	-	0	1	0	0	0	-	1	0	0
0	1	0	0	-	-	-	0	1	0	1	-	0	0	1	0
0	1	0	1	0	-	-	1	0	1	1	-	-	0	0	0
0	1	0	1	1	-	-	0	1	1	0	-	-	0	0	0
0	1	1	0	-	0	-	1	0	0	0	-	-	0	0	0
0	1	1	0	-	1	-	0	1	1	1	-	-	0	0	0
0	1	1	1	-	-	-	1	0	0	1	-	1	0	1	0
1	0	0	0	-	-	-	1	0	0	1	1	-	1	0	0
1	0	0	1	-	-	-	1	0	1	0	-	-	0	0	0
1	0	1	0	-	-	-	0	1	0	1	-	-	0	0	0
1	0	1	1	-	-	-	1	1	0	0	-	-	0	0	1
1	1	0	0	-	-	-	0	0	0	0	-	-	0	0	0
1	1	0	1	-	-	-	0	0	0	0	-	-	0	0	0
1	1	1	0	-	-	-	0	0	0	0	-	-	0	0	0
1	1	1	1	-	-	-	0	0	0	0	-	-	0	0	0

5.4.3.1. 데이터패스 모듈 설계

- 사양
  - ◇ FSMD 방식으로 설계된 GCD 회로의 데이터패스 모듈을 설계 한다.
  - ◇ 데이터패스의 입출력 단자들의 의미는 앞에서의 설명을 참조 한다.
  - ◇ 데이터패스를 구성 하는 부품들은 5.4절에서 설계된 모듈들을 재사용하여 설계 한다.

- 매개 변수

매개변수	타입	기능	기본값	범위
width	integer	입력되는 정수의 비트 폭 가변	8	≥ 2

- 입출력 단자

이름	방향	비트수	기능
rst_n	In	1	리셋 (Active Low)
clock	In	1	클럭 (상승 에지에 동기)
x_sel	In	1	X 앞단 멀티플렉서 입력 선택 신호
y_sel	In	1	Y 앞단 멀티플렉서 입력 선택 신호
x_ld	In	1	X 입력값 로드 (Active High)
y_ld	In	1	Y 입력값 로드 (Active High)
d_ld	In	1	D 입력값 로드 (Active High)
x_i	In	width	입력 정수 값
y_i	In	width	입력 정수 값
x_neq_y	Out	1	X != Y 비교 결과 (Active High)
x_lt_y	Out	1	X < Y 비교 결과 (Active High)
d_o	Out	width	최대공약수 값

● 모듈의 Verilog 코드 설계

◇ 모듈 이름 : datapath

```
module datapath(rst_n, clock, x_i, y_i, x_sel, y_sel, x_ld, y_ld,
  x_neq_y, x_lt_y, d_ld, d_o);

  parameter width = 8;

  input [width-1:0] x_i;
  input [width-1:0] y_i;
  input x_sel;
  input y_sel;
  input x_ld;
  input y_ld;
  input d_ld;
  input clock;
  input rst_n;
  output x_neq_y;
  output x_lt_y;
  output [width-1:0] d_o;

  wire [width-1:0] b4;
  wire [width-1:0] b5;
  wire [width-1:0] x_i1;
  wire [width-1:0] x_i5;
  wire [width-1:0] x_i6;
  wire [width-1:0] x_i7;

  fd_mux2i
    #(
      .width(width))
```

```
  S_MUX_X (
    .mux_in0(x_i),
    .sel(x_sel),
    .mux_out(b4),
    .mux_in1(x_i5));

fd_mux2i
  #(
    .width(width))
  S_MUX_Y (
    .mux_in0(y_i),
    .sel(y_sel),
    .mux_out(b5),
    .mux_in1(x_i6));

fd_reg
  #(
    .width(width),
    .reset_sync(0),
    .reset_val(0))
  S_X (
    .reg_in(b4),
    .en(x_ld),
    .reg_out(x_i7),
    .clk(clock),
    .rst_n(rst_n));

fd_reg
  #(
    .width(width),
```

```
     .reset_sync(0),
     .reset_val(0))
   S_Y (
     .reg_in(b5),
     .en(y_ld),
     .reg_out(x_i1),
     .clk(clock),
     .rst_n(rst_n));

 fd_comp6
   #(
     .width(width),
     .addtype(0))
   S_neq (
     .b(x_i1),
     .tc(1'b0),
     .ne(x_neq_y),
     .a(x_i7),
     .lt(),
     .gt(),
     .eq(),
     .le(),
     .ge());

 fd_comp6
   #(
     .width(width),
     .addtype(0))
   S_lt (
     .b(x_i1),
```

```
        .tc(1'b0),
        .lt(x_lt_y),
        .a(x_i7),
        .gt(),
        .eq(),
        .le(),
        .ge(),
        .ne());

    fd_sub
      #(
        .width(width),
        .addtype(0))
      S_XMY (
        .b(x_i1),
        .bi(1'b0),
        .diff(x_i5),
        .a(x_i7),
        .bo());

   fd_sub
      #(
        .width(width),
        .addtype(0))
      S_YMX (
        .a(x_i1),
        .bi(1'b0),
        .diff(x_i6),
        .b(x_i7),
        .bo());
```

```
  fd_reg
    #(
      .width(width),
      .reset_sync(0),
      .reset_val(0))
    S_D (
      .reg_in(x_i7),
      .clk(clock),
      .rst_n(rst_n),
      .en(d_ld),
      .reg_out(d_o));

endmodule
```

● 테스트벤치 모듈의 Verilog 코드 설계

◇ 모듈 이름 : datapath_tb

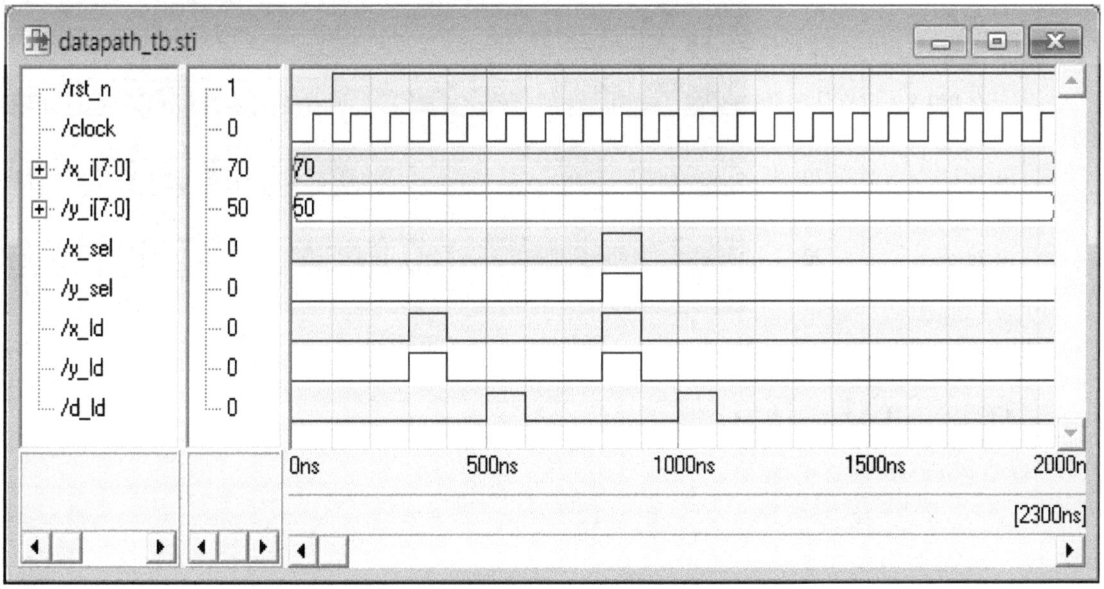

● 시뮬레이션 결과 파형

◇ 신호 rst_n='0' 이면 내부 레지스터의 모든 값이 0 이 된다. 신호 d_o=0 도 리셋에 의해 초기화 되었다.

◇ 신호 x_sel='0' 이고 y_sel='0' 인 상태에서 신호 x_ld='1' 과 y_ld='1' 이 되면 클럭 clock 의 상승 에지에 동기 되어 x_i=70 과 y_i=50 값이 내부 레지스터에 입력 된다.

◇ 신호 d_ld='1' 이 되면 클럭 clock 의 상승 에지에 동기 되어 레지스터 x 의 값이 레지스터 d 로 전달 되므로 d_o=70 이 출력 된다.

◇ 신호 x_sel='1' 이고 y_sel='1' 인 상태에서 신호 x_ld='1' 과 y_ld='1' 이 되면 클럭 clock 의 상승 에지에 동기 되어 x=x-y 와 y=y-x 값이 내부 레지스터에 입력 된다.

◇ 신호 d_ld='1' 이 되면 클럭 clock 의 상승 에지에 동기 되어 레지스터 x 의 값이 레지스터 d 로 전달 되므로 d_o=70-50-20 이 출력 된다.

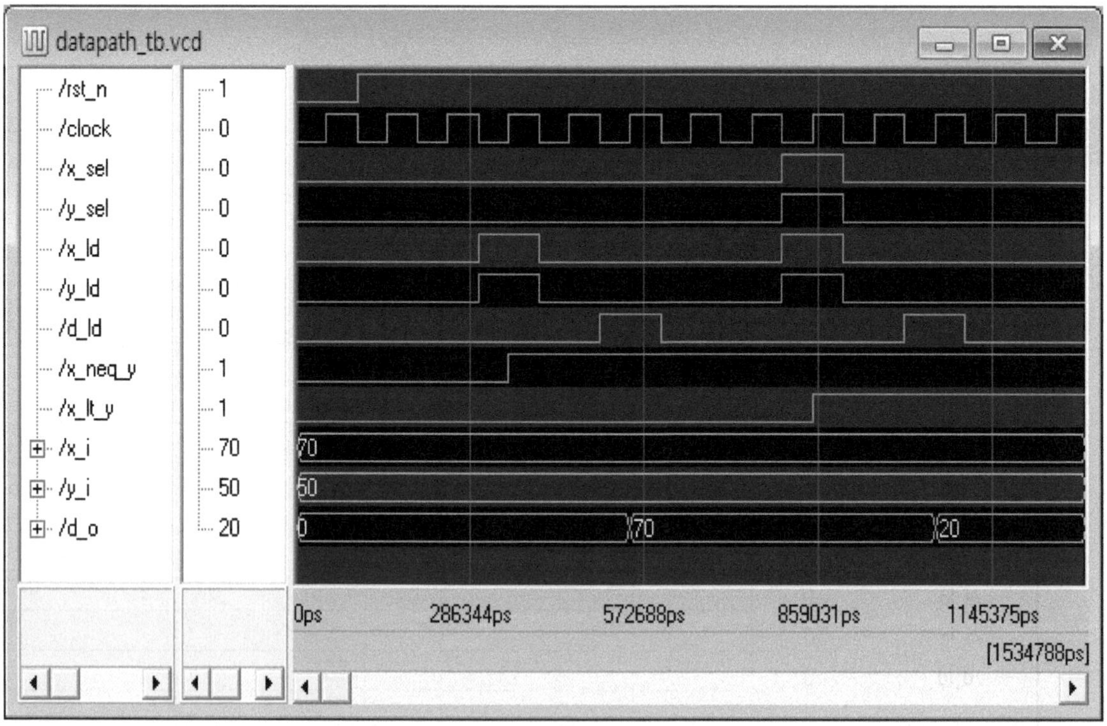

5.4.3.2. 제어 모듈 설계

● 사양

◇ FSMD 방식으로 설계된 GCD 회로의 컨트롤러 모듈을 설계 한다.

◇ 컨트롤러의 동작을 나타내는 상태도와 상태표는 앞 정의 설명을 참조 한다.

● 입출력 단자

이름	방향	비트수	기능
rst_n	In	1	리셋 (Active Low)
clock	In	1	클럭 (상승 에지에 동기)
go_i	In	1	GCD 계산 시작 (Active High)
x_neq_y	In	1	X != Y (Active High)
x_lt_y	In	1	X < Y (Active High)
x_sel	Out	1	X 앞단 멀티플레서 입력 선택 신호
y_sel	Out	1	Y 앞단 멀티플레서 입력 선택 신호
x_ld	Out	1	X 입력값 로드 (Active High)
y_ld	Out	1	Y 입력값 로드 (Active High)
d_ld	Out	1	D 입력값 로드 (Active High)

● 모듈의 Verilog 코드 설계

◇ 모듈 이름 : controller

```
module controller(rst_n, clock, x_neq_y, x_lt_y, x_sel, y_sel,
  x_ld, y_ld, d_ld, go_i);

  input rst_n;
  input clock;
  input x_neq_y;
```

```
input x_lt_y;
input go_i;
output x_sel;
output y_sel;
output x_ld;
output y_ld;
output d_ld;

reg x_sel;
reg y_sel;
reg x_ld;
reg y_ld;
reg d_ld;

parameter [3:0] S0=0, S1=1, S2=2, S3=3, S4=4, S5=5, S6=6,
   S7=7, S8=8, S9=9, S10=10, S11=11, S12=12;
reg [3:0] current_state, next_state;

always @(posedge clock, negedge rst_n)
  begin: SYNCH
  if (!rst_n) current_state <= S0;
  else current_state <= next_state;
  end

always @(current_state, x_neq_y, x_lt_y, go_i)
  begin: COMBIN

  case (current_state)

    S0:
      begin
      next_state = S1;
```

```
 x_sel = 1'b0;
  y_sel = 1'b0;
  x_ld = 1'b0;
  y_ld = 1'b0;
  d_ld = 1'b0;
  end

S1:
  begin
  if (!go_i)
    begin
    next_state = S2;
    x_sel = 1'b0;
    y_sel = 1'b0;
    x_ld = 1'b0;
    y_ld = 1'b0;
    d_ld = 1'b0;
    end
  else if (go_i)
     begin
     next_state = S3;
     x_sel = 1'b0;
     y_sel = 1'b0;
     x_ld = 1'b0;
     y_ld = 1'b0;
     d_ld = 1'b0;
     end
  end

S2:
  begin
  next_state = S1;
```

```
    x_sel = 1'b0;
    y_sel = 1'b0;
    x_ld = 1'b0;
    y_ld = 1'b0;
    d_ld = 1'b0;
    end

  S3:
    begin
    next_state = S4;
    x_sel = 1'b0;
    y_sel = 1'b0;
    x_ld = 1'b1;
    y_ld = 1'b0;
    d_ld = 1'b0;
    end

  S4:
    begin
    next_state = S5;
    x_sel = 1'b0;
    y_sel = 1'b0;
    x_ld = 1'b0;
    y_ld = 1'b1;
    d_ld = 1'b0;
    end

  S5:
    begin
    if (!x_neq_y)
      begin
```

```
          next_state = S11;
          x_sel = 1'b0;
          y_sel = 1'b0;
          x_ld = 1'b0;
          y_ld = 1'b0;
          d_ld = 1'b0;
          end
        else if (x_neq_y)
          begin
          next_state = S6;
          x_sel = 1'b0;
          y_sel = 1'b0;
          x_ld = 1'b0;
          y_ld = 1'b0;
          d_ld = 1'b0;
          end
        end

      S6:
        begin
        if (!x_lt_y)
          begin
          next_state = S8;
          x_sel = 1'b0;
          y_sel = 1'b0;
          x_ld = 1'b0;
          y_ld = 1'b0;
          d_ld = 1'b0;
          end
        else if (x_lt_y)
          begin
          next_state = S7;
```

```
      x_sel = 1'b0;
      y_sel = 1'b0;
      x_ld = 1'b0;
      y_ld = 1'b0;
      d_ld = 1'b0;
      end
    end
  S7:
    begin
    next_state = S9;
    x_sel = 1'b0;
    y_sel = 1'b1;
    x_ld = 1'b0;
    y_ld = 1'b1;
    d_ld = 1'b0;
    end

  S8:
    begin
    next_state = S9;
    x_sel = 1'b1;
    y_sel = 1'b0;
    x_ld = 1'b1;
    y_ld = 1'b0;
    d_ld = 1'b0;
    end

  S9:
    begin
    next_state = S10;
    x_sel = 1'b0;
```

```
    y_sel = 1'b0;
    x_ld = 1'b0;
    y_ld = 1'b0;
    d_ld = 1'b0;
    end

  S10:
    begin
    next_state = S5;
    x_sel = 1'b0;
    y_sel = 1'b0;
    x_ld = 1'b0;
    y_ld = 1'b0;
    d_ld = 1'b0;
    end

  S11:
    begin
    next_state = S12;
    x_sel = 1'b0;
    y_sel = 1'b0;
    x_ld = 1'b0;
    y_ld = 1'b0;
    d_ld = 1'b1;
    end

  S12:
    begin
    next_state = S0;
    x_sel = 1'b0;
    y_sel = 1'b0;
```

```
          x_ld = 1'b0;
          y_ld = 1'b0;
          d_ld = 1'b0;
          end

        default:
          next_state = S0;
      endcase
      end

endmodule
```

● 테스트벤치 모듈의 Verilog 코드 설계

◇ 모듈 이름 : controller_tb

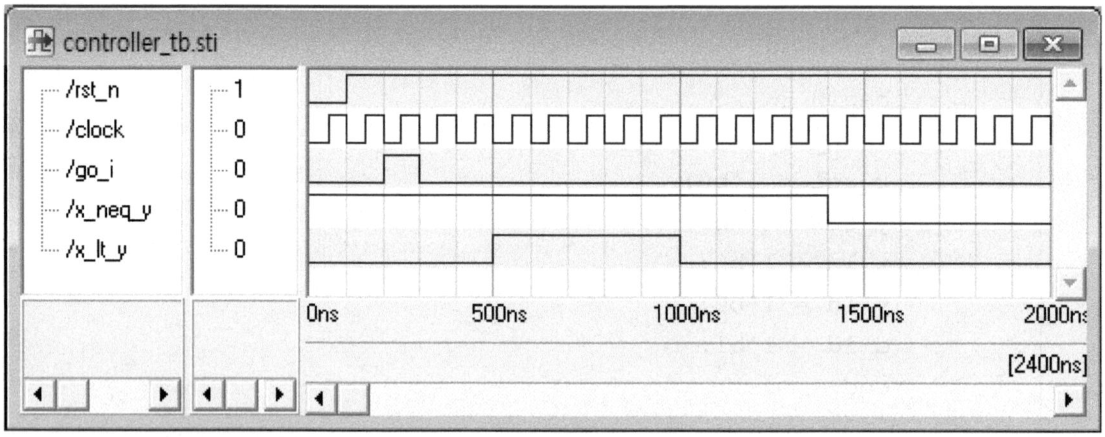

● 시뮬레이션 결과 파형

◇ 신호 rst_n='0' 이면 리셋 상태가 된다.

◇ 신호 go_i='1' 이 되면 GCD 연산을 시작 한다.

◇ 신호 x_ld='1' 이 되어 외부 입력 X 값이 데이터패스 레지스터 X 에 입력 된다.

◇ 다음은 신호 y_ld='1' 이 되어 외부 입력 Y 값이 데이터패스 레지스터 Y 에 입력 된다

◇ 신호 x_neq_y='1 이면 X 와 Y 값이 다르고, 신호 x_lt_y='1' 이면 X<Y 이므로 Y-X 결과 값이 레지스터 Y 에 입력 되어야 한다. 그러므로 신호 y_sel='1' 이고 y_ld='1' 이 출력 된다.

◇ 신호 x_neq_y='1 이면 X 와 Y 값이 다르고, 신호 x_lt_y='0' 이면 X>Y 이므로 X-Y 결과 값이 레지스터 X 에 입력 되어야 한다. 그러므로 신호 x_sel='1' 이고 x_ld='1' 이 출력 된다.

◇ 신호 x_neq_y='0' 이 되면 X 와 Y 값이 같으므로 신호 d_d='1' 이 되어 레지스터 X 값을 레지스터 D 에 입력 한다.

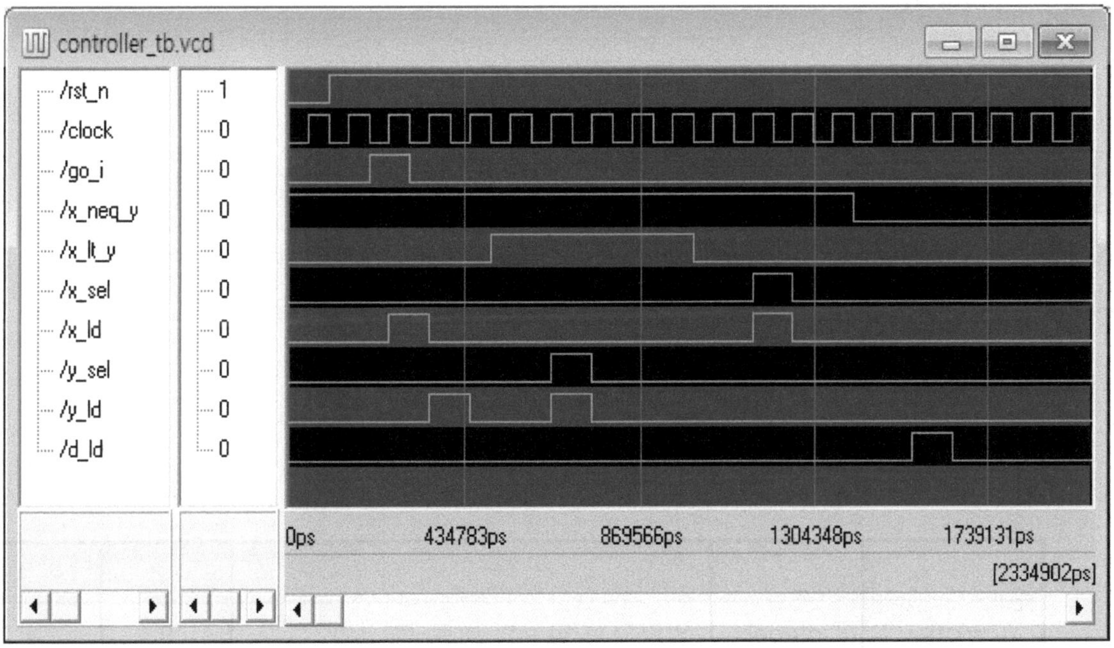

5.4.3.3. GCD 최상위 모듈 설계

- 사양
  - ◇ 앞서 설계된 데이터패스와 컨트롤러로 구성된 최상위 모듈을 설계한다.
  - ◇ 별도의 추가 회로가 필요 없이 데이터패스와 컨트롤러를 연결 하는 것으로 완료 된다.

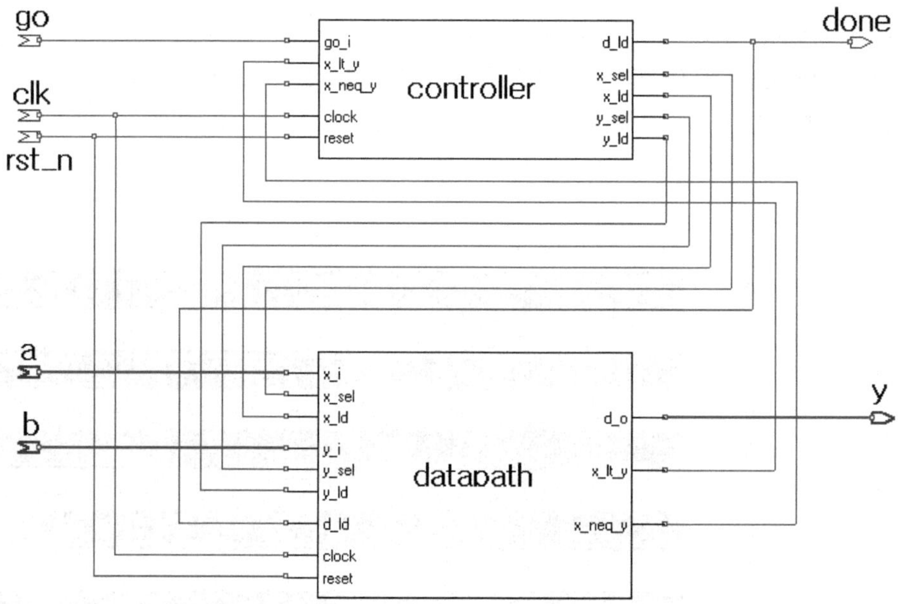

- 매개 변수

매개변수	타입	기능	기본값	범위
width	integer	입력되는 정수의 비트 폭 가변	8	≥ 2

- 입출력 단자

이름	방향	비트수	기능
rst_n	In	1	리셋 (Active Low)
clk	In	1	클럭 (상승 에지에 동기)
go	In	1	GCD 계산 시작 (Active High)

이름	방향	비트수	기능
a	In	width	입력 정수 값
b	In	width	입력 정수 값
done	Out	1	최대공약수 연산의 종료 (Active High)
y	Out	width	최대공약수 값

● 모듈의 Verilog 코드 설계

◇ 모듈 이름 : gcd

```
module gcd (rst_n, clk, go, y, a, b, done);

  parameter width = 8;

  input go;
  input [width-1:0] a;
  input [width-1:0] b;
  input clk;
  input rst_n;
  output [width-1:0] y;
  output done;

  wire w15;
  wire w17;
  wire w14;
  wire w12;
  wire [width-1:0] y;
  wire w19;
  wire w20;
```

```
datapath
   #(
     .width(width))
   S_DP (
     .x_sel(w15),
     .x_ld(w17),
     .y_sel(w14),
     .y_ld(w12),
     .d_o(y),
     .x_lt_y(w19),
     .x_neq_y(w20),
     .x_i(a),
     .y_i(b),
     .rst_n(rst_n),
     .d_ld(done),
     .clock(clk));

 controller
   #(
     .S0(0),
     .S1(1),
     .S2(2),
     .S3(3),
     .S4(4),
     .S5(5),
     .S6(6),
     .S7(7),
     .S8(8),
     .S9(9),
     .S10(10),
```

```
        .S11(11),
        .S12(12))
      S_CTRL (
        .x_sel(w15),
        .x_ld(w17),
        .y_sel(w14),
        .y_ld(w12),
        .x_lt_y(w19),
        .x_neq_y(w20),
        .rst_n(rst_n),
        .go_i(go),
        .d_ld(done),
        .clock(clk));

endmodule
```

● 테스트벤치 모듈의 Verilog 코드 설계

◇ 모듈 이름 : gcd_tb

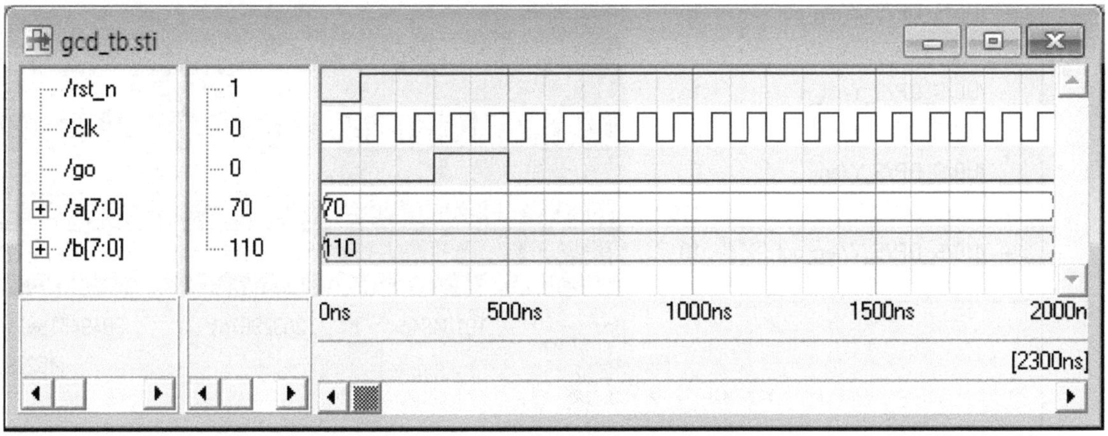

● 시뮬레이션 결과 파형

◇ 신호 go='1' 이 되면 신호 a=70 과 b=110 이 입력 되어 GCD 연산을 시작 한다.

◇ 신호 done='1' 이 될 때 신호 y=10 값이 출력되고 최대공약수 10 이 출력 된다.

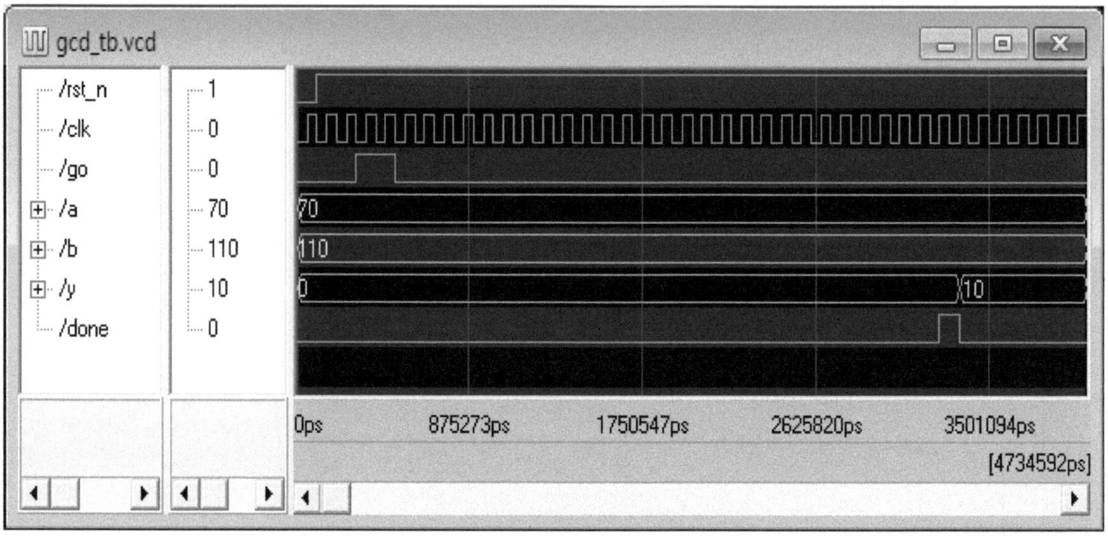

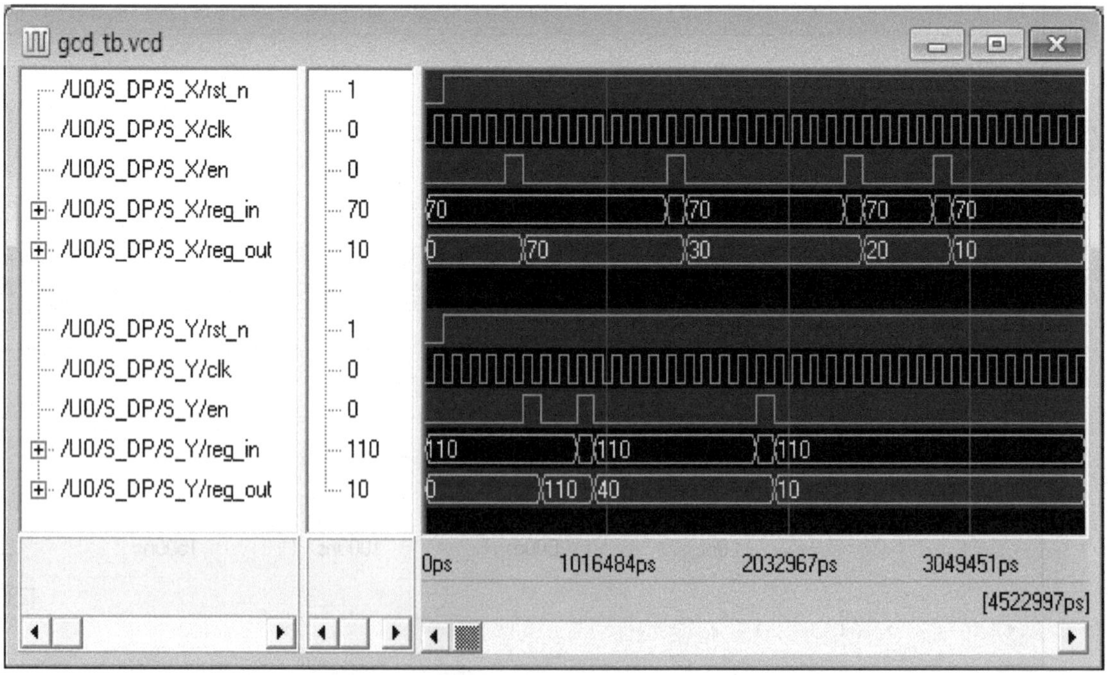

5.5. 덧셈 전용 프로세서 설계

● 사양

◇ 본 절의 덧셈 전용 프로세서는 간단한 4 개의 명령어 (Instruction) 만으로 덧셈 연산만을 수행 하는 프로세서 이다. 간단한 동작만을 수행하지만 구조 상으로는 일반 프로세서와 같이 데이터패스와 컨트롤러 모듈로 동일하게 구성되기 때문에 프로세서의 내부 구조 및 동작 원리를 처음 접 하는 학생에게 유익한 실습이 된다.

◇ 프로세서는 기본적으로 데이터패스와 컨트롤러로 이루어진다. 데이터패스는 데이터를 저장 하고, 연산을 통하여 변형 하고, 다른 모듈로 이동시키는 역할을 담당 한다. 반면에 컨트롤러는 데이터패스가 수행해야 할 동작을 명령 하는 제어신호를 발생 한다. 또한 명령어와 데이터를 저장하기 위한 메모리 모듈로 구성 된다.

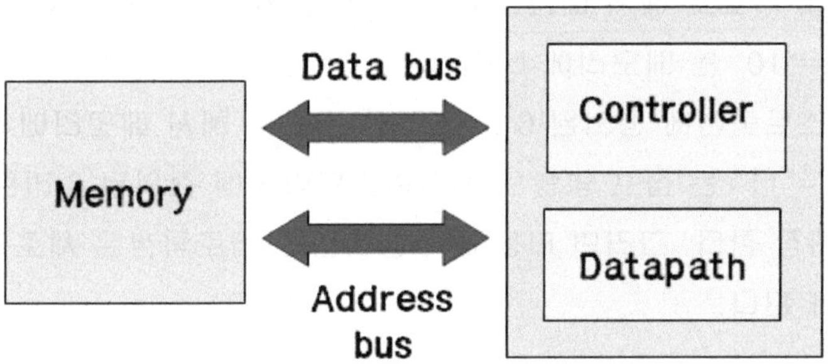

◇ 프로세서는 데이터를 일정한 폭으로 통일하여 처리 하는데 본 설계에서 모든 데이터는 8 비트로 통일 한다. 프로세서가 메모리와 주고받는 데이터는 8 비트이지만 메모리에서 데이터를 찾는 위치를 지정하기 위한 주소가 필요하다. 본 설계에서 메모리가 64 개의 바이트를 저장하므로 주소 버스는 6 비트 (2^6=64) 를 사용 한다.

◇ 프로세서는 소프트웨어에 정의된 알고리즘을 수행하기 위하여 만들어진 논리회로이다. 즉 C/C++ 고급 언어로 작성된 프로그램을 컴파일 하여 얻게 되는 머신 코드를 메모리에 저장 하고, 순서에 따라 하나씩 읽어 프로세서에서 실행하게 된다. 머신 코드에 정의되는 명령어는 프로세서에 따라 다르게 되는데 본 설계에서는 아래와 같은 형식으로 4 개의 명령어를 사용 한다.

◇ 8 비트 인스트럭션에서 MSB (Most Significant Bit) 의 처음 2 비트는 opcode, 즉, 4 개의 명령어를 구분하기 위한 코드로 사용되고 나머지 6 비트는 데이터 혹은 주소 값을 저장하게 된다.

7 (MSB)	6	5	4	3	2	1	0 (LSB)
Opcode		**Data (immd) or Address (adr)**					

◇ 본 설계의 프로세서가 실행 하는 4 개의 명령어의 형식은 아래 표와 같다.

- Opcode="00" 는 덧셈을 수행 하는 명령으로서 레지스터 AC 에 저장된 6 비트 값과 인스트럭션에 정의된 값을 더하여 그 결과를 레지스터 AC 에 다시 저장 한다.
- Opcode="01" 는 메모리에 저장된 값을 읽는 명령으로서 인스트럭션에 정의된 6 비트 값을 주소로 해서 메모리에 저장된 데이터를 읽어 레지스터 AC 에 저장 한다.
- Opcode="10" 는 메모리에 데이터를 쓰는 명령으로서 레지스터 AC 에 저장된 값을 인스트럭션에 정의된 6 비트 값을 주소로 해서 메모리에 데이터를 저장 한다.
- Opcode="11" 는 점프 명령으로서 인스트럭션에 정의된 6 비트 값을 레지스터 PC 에 저장 한다. 그러면 다음에 수행되는 인스트럭션은 새로운 주소에 저장된 바이트가 된다.

Opcode	Instruction	Function	Description
00	add immd	Arithmetic	AC <- AC + immd
01	lda adr	Data-transfer	AC <- Mem[adr]
10	sta adr	Data-transfer	Mem[adr] <- AC
11	jmp adr	Control-flow	PC <- adr

◇ 아래 그림은 데이터패스의 구조를 나타내는 논리회로도 이다. 데이터패스 구조에 대한 상세한 설계는 5.5.4 절에서 다룬다.

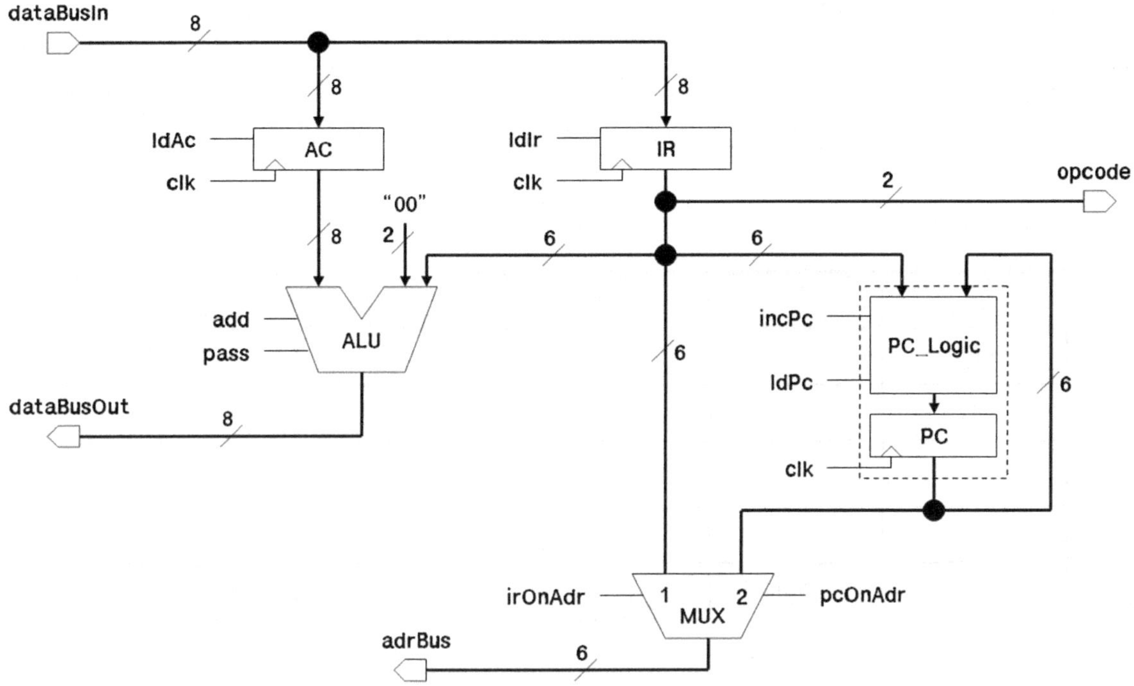
dataBusIn
8
8
8
ldAc
AC
clk
ldIr
IR
clk
opcode
2
"00"
8
2
6
6
add
ALU
pass
6
incPc
PC_Logic
ldPc
6
PC
clk
dataBusOut
8
irOnAdr
1
MUX
2
pcOnAdr
adrBus
6

5.5.1. 8 비트 레지스터 설계

- 동작 사양
  ◇ 2.4 절에서 설계한 8 비트 레지스터 모듈을 재사용 한다.

- 입출력 단자

이름	방향	비트수	기능
rst_n	In	1	리셋 (Active Low)
clk	In	1	클럭 (상승 에지 동기)
en	In	1	인에이블 입력 (Active High)
d	In	8	입력 데이터
q	Out	8	저장된 데이터

5.5.2. 프로그램 카운터 설계

● 사양

◇ 프로그램 카운터 모듈은 메모리에서 인스트럭션을 가져오기 위하여 메모리의 주소를 기억하여 저장 하는 레지스터 역할을 담당 한다.

◇ 프로그램은 순차적으로 수행되기 때문에 프로그램 카운터에 저장된 값이 증가 하면 되지만 점프와 같은 동작을 실현하려면 점프 되어 새롭게 수행할 인스트럭션이 저장된 새로운 주소 값을 로드 하는 기능도 필요하다.

◇ 프로그램 카운터 모듈은 아래 그림과 같이 6 비트 레지스터 (PC)와 덧셈을 수행 하는 조합논리 회로로 구성 된다.

- 단자 ld='1' 이 되면 단자 d 에 입력되는 값을 그대로 레지스터에 저장 한다.
- 단자 inc='1' 이 되면 레지스터에 저장된 값을 1 증가시키고 그 값을 레지스터에 저장 한다.

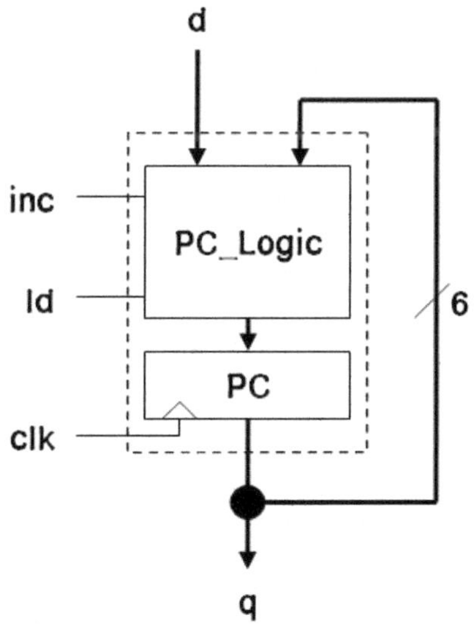

● 입출력 단자

이름	방향	비트수	기능
rst_n	In	1	리셋 (Active Low)
clk	In	1	클럭 (상승 에지 동기)

이름	방향	비트수	기능
ld	In	1	로드 (Active High)
inc	In	1	증가 (Active High)
d	In	6	입력 데이터
q	Out	6	저장된 데이터

● 모듈의 Verilog 코드 설계

◇ 모듈 이름 : pc6b

```
module pc6b (rst_n, clk, inc, ld, d, q);
  input rst_n;
  input clk;
  input inc;
  input ld;
  input [5:0] d;
  output [5:0] q;

  reg [5:0] qtmp;

  assign q = qtmp;

  always @(posedge clk, negedge rst_n)
  begin
    if (!rst_n) qtmp <= 6'b000000;
    else if (inc) qtmp <= qtmp + 1;
    else if (ld) qtmp <= d;
  end

endmodule
```

● 테스트벤치 모듈의 Verilog 코드 설계

◇ 모듈 이름 : pc6b_tb

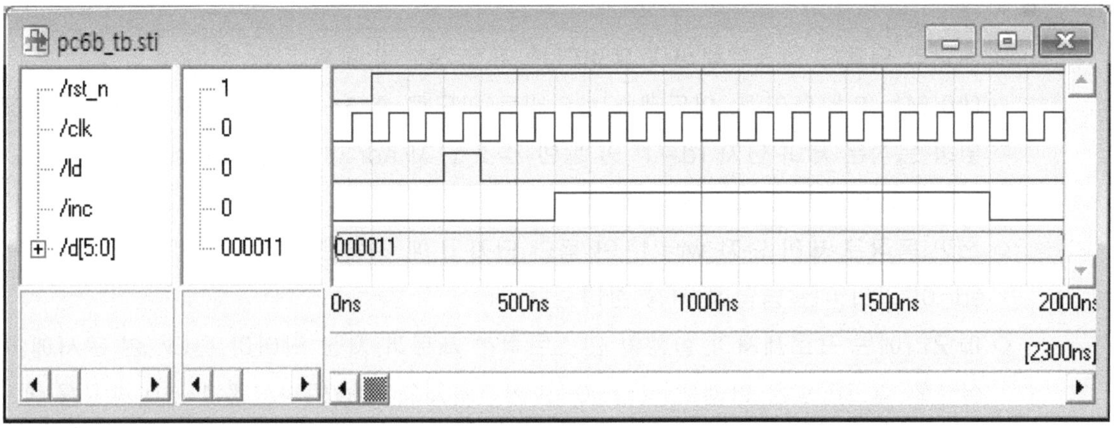

● 시뮬레이션 결과 파형

◇ 맨 처음 리셋 신호 rst_n='0' 이므로 신호 q=0 으로 초기화 되었다.

◇ 로드 신호 ld='1' 이면 클럭 신호 clk 의 상승 에지에 동기 되어 신호 d=3 의 입력 신호가 로드 되어 신호 q=3 으로 출력 된다.

◇ 덧셈 신호 inc='1' 이면 신호 q 의 값이 클럭 신호 clk 의 상승 에지에 동기 되어 하나씩 증가된 값이 신호 q 에 출력 된다.

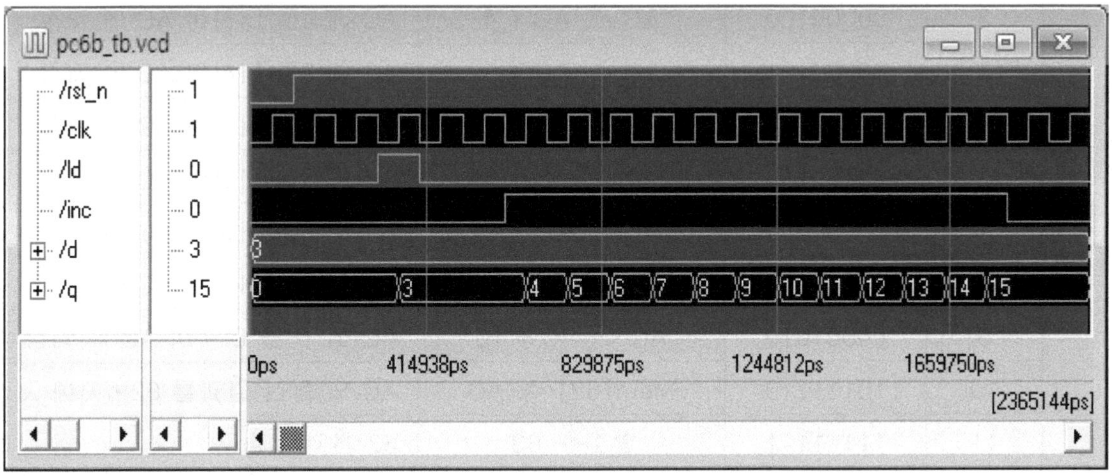

5.5.3. 메모리 설계

● 사양

◇ 메모리 모듈은 인스트럭션과 데이터를 저장 하는 역할을 담당 한다.

◇ 데이터는 8 비트이고, 어드레스는 6 비트 이므로 총 64 개 바이트를 저장할 수 있다.

◇ 읽기 동작은 제어 단자 rd='1' 인 동안 주소 단자 adr 이 가리키는 영역에 저장된 8 비트 데이터를 단자 q 로 출력 된다.

◇ 쓰기 동작은 제어 단자 wr='1' 인 동안 단자 d 에 입력된 8 비트 데이터를 주소 단자 adr 이 가리키는 영역에 저장 한다.

◇ 메모리에는 프로세서가 실행할 인스트럭션 세트가 저장 되어야 한다. 본 문서에서 실행할 알고리즘은 아래와 같다. 0~9 번지까지의 인스트럭션을 1~10 까지를 합산 하는 명령이고 10 번지는 합산 결과를 62 번지에 저장 하는 인스트럭션 이다. 11 번지는 63 번지로 점프하여 무한 루프에 빠져 알고리즘 실행을 완료하게 된다.

번지	데이터	실행	설명
0	00000001	AC <- AC + 1	AC 에 1을 더하여 AC 에 저장
1	00000010	AC <- AC + 2	AC 에 2를 더하여 AC 에 저장
2	00000011	AC <- AC + 3	AC 에 3을 더하여 AC 에 저장
3	00000100	AC <- AC + 4	AC 에 4를 더하여 AC 에 저장
4	00000101	AC <- AC + 5	AC 에 5를 더하여 AC 에 저장
5	00000110	AC <- AC + 6	AC 에 6을 더하여 AC 에 저장
6	00000111	AC <- AC + 7	AC 에 7을 더하여 AC 에 저장
7	00001000	AC <- AC + 8	AC 에 8을 더하여 AC 에 저장
8	00001001	AC <- AC + 9	AC 에 9를 더하여 AC 에 저장
9	00001010	AC <- AC + 10	AC 에 10을 더하여 AC 에 저장
10	10111110	Mem[62] <- AC	AC 의 합산 결과를 62번지에 저장
11	11111111	PC <- 63	63 번지로 점프
63	11111111	PC <- 63	63 번지로 점프 (무한 루프)

● 입출력 단자

이름	방향	비트수	기능
adr	In	6	주소 값
rd	In	1	읽기 (Active High)
wr	In	1	쓰기 (Active High)
d	In	8	읽을 데이터
q	Out	8	출력되는 데이터

● 모듈의 Verilog 코드 설계

◇ 모듈 이름 : sram8b64w

```
module sram8b64w (adr, rd, wr, d, q);
  input [5:0] adr;
  input rd;
  input wr;
  input [7:0] d;
  output [7:0] q;

  reg [7:0] q;

  reg [7:0] RAM_DATA [0:63];

  initial
    begin
      RAM_DATA[0]  = 8'b00000001;   // Add #1
      RAM_DATA[1]  = 8'b00000010;   // Add #2
      RAM_DATA[2]  = 8'b00000011;   // Add #3
      RAM_DATA[3]  = 8'b00000100;   // Add #4
```

```
      RAM_DATA[4]  = 8'b00000101;   // Add #5
      RAM_DATA[5]  = 8'b00000110;   // Add #6
      RAM_DATA[6]  = 8'b00000111;   // Add #7
      RAM_DATA[7]  = 8'b00001000;   // Add #8
      RAM_DATA[8]  = 8'b00001001;   // Add #9
      RAM_DATA[9]  = 8'b00001010;   // Add #10
      RAM_DATA[10] = 8'b10111110;   // Store result in memory #62
      RAM_DATA[11] = 8'b11111111;   // Jump to memory #63
      RAM_DATA[63] = 8'b11111111;   // Jump to memory #63. Finish.
    end

  always @(d, adr, rd, wr)
    begin
    if (rd)
      q = RAM_DATA[adr];
    else if (wr)
      RAM_DATA[adr] = d;
    else
      q = 8'bzzzzzzzz;
    end

endmodule
```

- 테스트벤치 모듈의 Verilog 코드 설계
  - ◇ 모듈 이름 : sram8b64w_tb

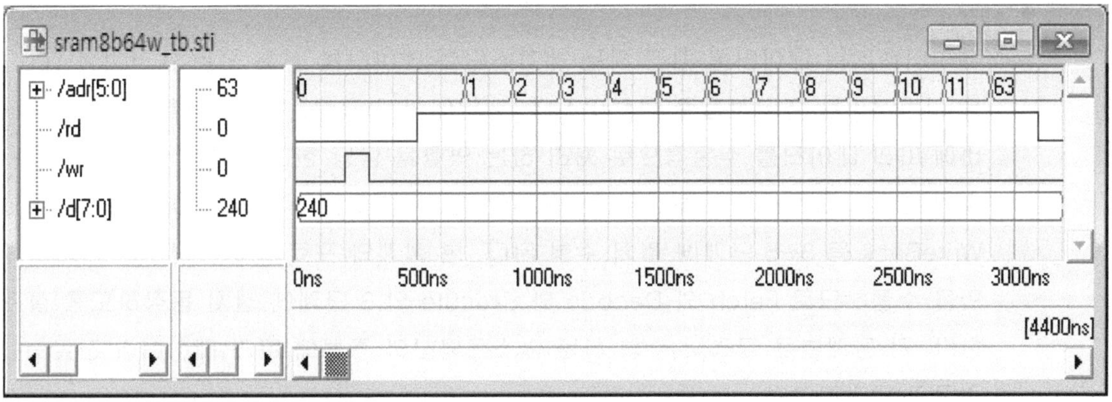

- 시뮬레이션 결과 파형
  - ◇ 쓰기 신호 wr='1' 이고 주소 신호 adr=0 이므로 데이터 신호 d=240 값이 0 번지에 저장 된다. 읽기 동작에서 0 번지에 제대로 저장이 되었는지를 확인할 수 있다.
  - ◇ 읽기 신호 rd='1' 이면 읽기 동작이므로 해당 번지수에 저장된 값이 신호 q 로 출력 된다.
  - ◇ 주소 신호 adr=0 일 때 신호 q=240 이 출력 되므로 앞서 수행된 쓰기가 제대로 동작했음을 확인할 수 있다.
  - ◇ 나머지 번지수에 출력된 신호는 인스트럭션 데이터로서 Verilog 코드 initial 구문에 정의된 값들이 동일하게 출력된 것 이다.

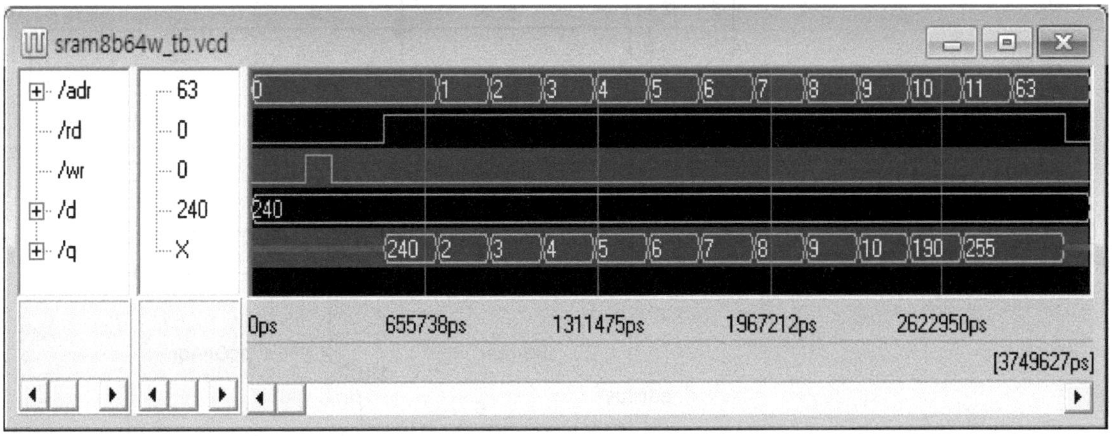

5.5.4. 데이터패스 설계

● 사양

◇ 데이터패스는 데이터를 저장 하는 레지스터와 데이터를 변형 하는 연산기와 데이터를 이동시키는 연결선들로 이루어진다. 외부에서 공급되는 제어 신호가 지시하는 바에 따라 데이터를 수동적으로 처리 하는 역할을 담당 한다.

◇ 일반적으로 프로세서는 하나의 인스트럭션을 수행 하는데 Fetch, Decode, Execute, WriteBack 등 3~5 단계에 결쳐 수행 된다. 본 설계의 프로세서는 단순히 4 개의 명령만을 수행하므로 Fetch 와 Decode 와 Execute 의 3 단계에 걸쳐 동작하도록 설계 한다. 각 단계별로 그리고 수행 하는 인스트럭션의 종류에 따라 데이터가 전달되는 경로가 달라진다.

◇ 데이터패스는 아래 그림과 같은 구조를 갖는다.

- 단자 dataBusIn 과 dataBusOut 은 각각 8 비트 데이터를 입력 하고 출력 하는 단자 이다. 이들은 동일한 데이터 버스에 연결되기 때문에 출력 단자인 dataBusOut 는 사용되지 않을 때에는 High Impedance 상태를 유지 한다.

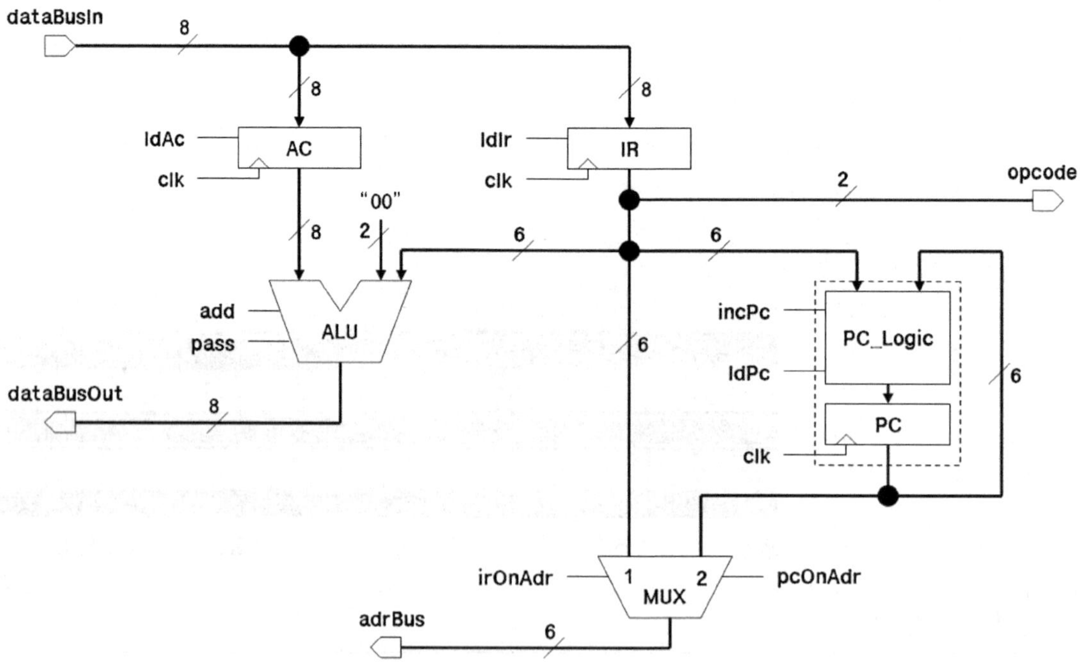

- 단자 adrBus 는 메모리의 주소 6 비트를 출력 하는 단자로서 메모리 모듈의 주소 단자에 연결 된다.
- 단자 opcode 는 인스트럭션에 포함 되어 있는 상위 2 비트의 opcode 로서 컨트롤러로 입력 된다.
- 모듈 AC (Accumulator) 는 계산된 중간 값을 저장 하는 8 비트 레지스터 이다.
- 모듈 IR 은 수행할 인스트럭션 을 저장 하는 8 비트 레지스터 이다.
- 모듈 PC 는 가져올 인스트럭션의 주소를 저장 하는 6 비트 레지스터 이다. 주소 값을 외부에서 받아 저장하기도 하고 스스로 증가시키는 기능도 갖는다.
- 모듈 ALU 는 덧셈 연산을 수행 하는 연산기로서 모듈 AC 의 값과 인스트럭션에 저장된 하위 6 비트를 입력으로 받아 덧셈을 수행 한다.
- 모듈 MUX 는 모듈 IR 혹은 모듈 PC 에 저장된 6 비트 주소 값을 선택하여 주소 버스로 출력 하는 역할을 수행 한다.

● 입출력 단자

이름	방향	비트수	기능
rst_n	In	1	리셋 (Active Low)
clk	In	1	클럭 (상승 에지 동기)
add	In	1	ALU 덧셈 연산 (Active High)
pass	In	1	ALU 의 왼쪽 연산자 통과 (Active High)
ldAc	In	1	레지스터 AC 로드 (Active High)
ldIr	In	1	레지스터 IR 로드 (Active High)
ldPc	In	1	레지스터 PC 로드 (Active High)
incPc	In	1	레지스터 PC 증가 (Active High)
irOnAdr	In	1	레지스터 IR 값을 주소로 선택 (Active High)
pcOnAdr	In	1	레지스터 PC 값을 주소로 선택 (Active High)
dataBusIn	In	8	데이터 버스의 입력
dataBusOut	Out	8	데이터 버스로 출력

● 입출력 단자

이름	방향	비트수	기능
adrBus	Out	6	주소 버스로 출력
opcode	Out	2	인스트럭션에 속한 2비트 Opcode

● 모듈의 Verilog 코드 설계
◇ 모듈 이름 : datapath

```
module datapath (rst_n, clk, pass, add, ldAc, ldIr, incPc, ldPc,
        irOnAdr, pcOnAdr, dataBusIn, dataBusOut, adrBus, opcode);
  input rst_n;
  input clk;
  input pass;
  input add;
  input ldAc;
  input ldIr;
  input incPc;
  input ldPc;
  input irOnAdr;
  input pcOnAdr;
  input [7:0] dataBusIn;
  output [7:0] dataBusOut;
  output [5:0] adrBus;
  output [1:0] opcode;

  reg [5:0] adrBus;
  wire [7:0] actmp;
  wire [7:0] irtmp;
  wire [5:0] pctmp;
```

```
reg [7:0] alutmp;

assign opcode = irtmp[7:6];
assign dataBusOut = alutmp;

always @(actmp, irtmp, pass, add)
   begin
   if (add) alutmp = actmp + {2'b00, irtmp[5:0]};
   else if (pass) alutmp = actmp;
   else alutmp = 8'bzzzzzzzz;
   end

always @(irOnAdr, pcOnAdr, irtmp, pctmp)
  begin
   if (irOnAdr) adrBus = irtmp[5:0];
   else if (pcOnAdr) adrBus = pctmp;
   else adrBus = 6'bzzzzzz;
 end

reg8b AC (
  .rst_n(rst_n),
  .clk(clk),
  .en(ldAc),
  .d(dataBusIn),
  .q(actmp));

reg8b IR (
  .rst_n(rst_n),
  .clk(clk),
  .en(ldIr),
```

```
    .d(dataBusIn),
    .q(irtmp));

  pc6b PC (
    .rst_n(rst_n),
    .clk(clk),
    .inc(incPc),
    .ld(ldPc),
    .d(irtmp[5:0]),
    .q(pctmp));

endmodule
```

● 테스트벤치 모듈의 Verilog 코드 설계

◇ 모듈 이름 : datapth_tb

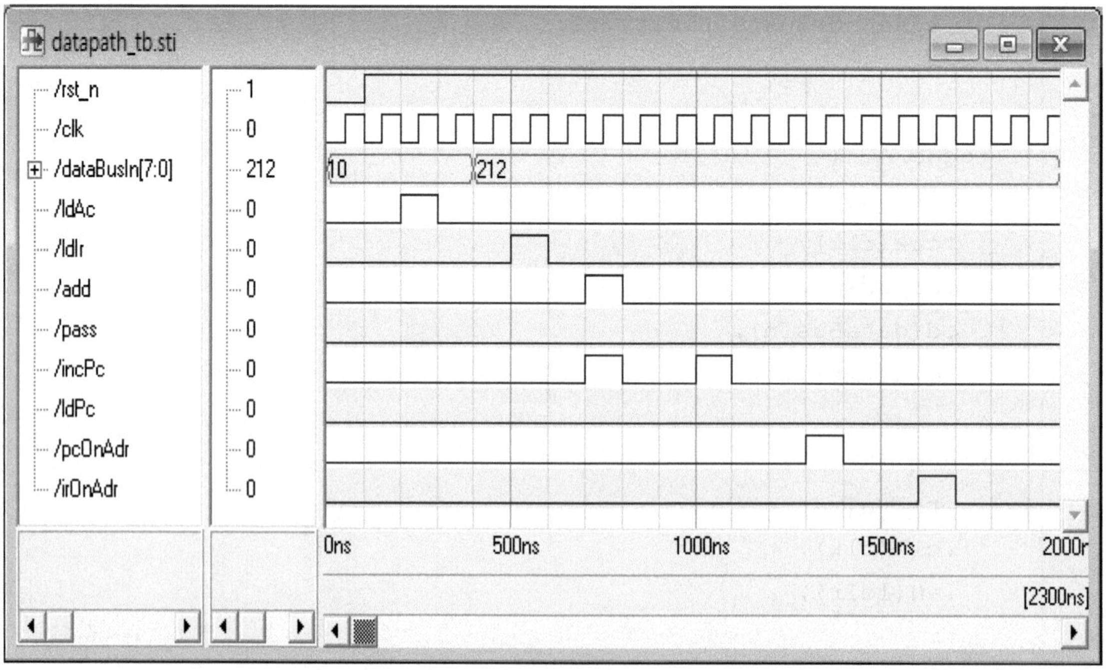

- 시뮬레이션 결과 파형

◇ 데이터패스는 컨트롤러와 함께 동작해야 원 하는 알고리즘을 정상적으로 실행할 수 있기 때문에 아래의 시뮬레이션 파형은 일부 기능이 정상적으로 동작 하는지 만을 확인 한다. 전체 동작의 검증은 컨트롤러와 합쳐서 설계한 후에 이루어지게 된다.

◇ 맨 처음 리셋 신호 rst_n='0' 이므로 모든 레지스터의 값이 초기화 된다.

◇ 신호 ldAc='1' 이면 클럭 신호 clk 의 상승 에지에 동기 되어 입력 데이터 신호 dataBusIn=10 이 레지스터 AC 에 저장 된다. 레지스터 AC 에 저장된 값은 아래 그림의 시뮬레이션 파형에는 나타나지 않는다. 덧셈 연산이 올바로 수행 되어 맞는 결과를 얻음으로 확인할 수 있다.

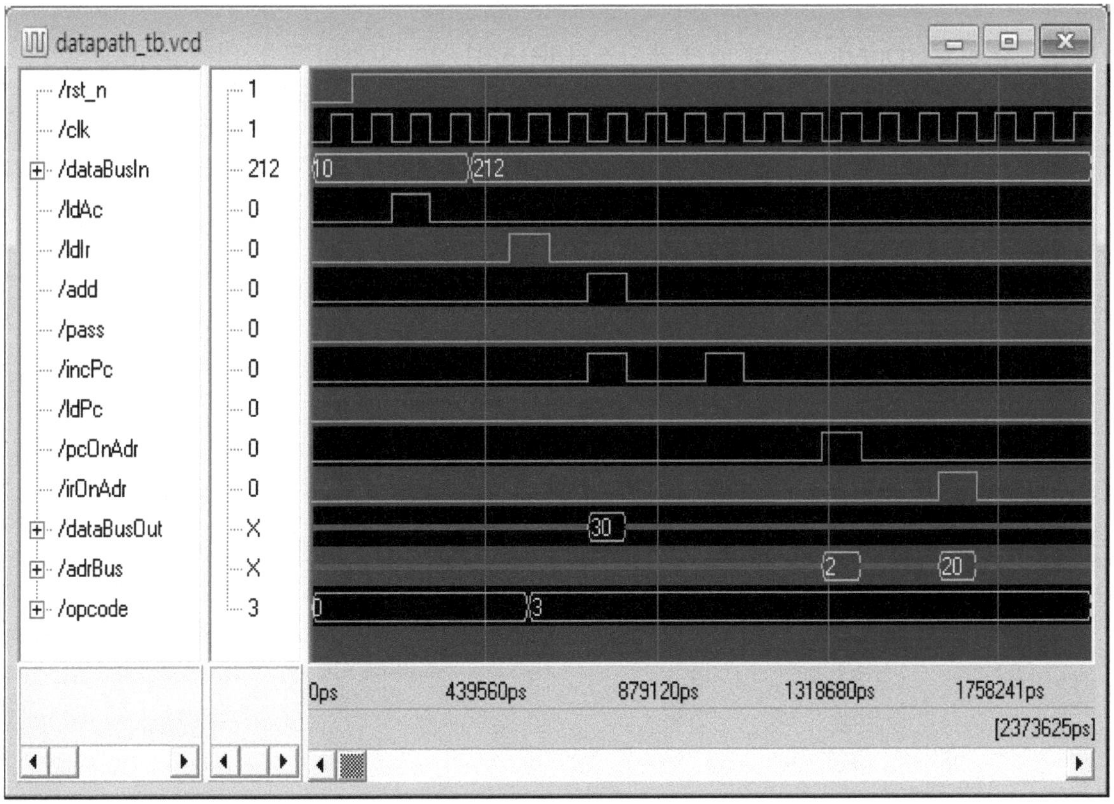

◇ 신호 ldIr='1' 이면 클럭 신호 clk 의 상승 에지에 동기 되어 입력 데이터 신호 dataBusIn=212 ("11010100") 이 레지스터 IR 에 저장 된다. 레지스터 IR 에 저장된 값은 아래 그림의 시뮬레이션 파형에는 나타나지 않는다. 데이터 값 212 의 상위 2 비트 "11" 은 opcode 이므로 신호 opcode="11" 로 출력 된다. 하위 6 비트는 "010100"=20 이므로 레지스터 IR 은 20 값을 저장 한다.

◇ 신호 add='1' 이므로 레지스터 AC=10 와 IR=20 이 덧셈 되어 데이터 버스로 출력 되므로 신호 dataBusOut=30 이 되었다. 덧셈이 예상대로 출력된 것은 레지스터 AC 와 IR 이 올바른 값을 저장하였음을 의미 한다.

◇ 신호 incPc='1' 이 두 번 발생하였으므로 레지스터 PC 는 2번 증가하여 2의 값을 갖는다.

◇ 신호 pcOnAdr='1' 이 되면 레지스터 PC=2 의 값이 주소 버스 adrBus=2 로 출력 된다.

◇ 신호 irOnAdr='1' 이 되면 레지스터 IR[5:0]=20 의 값이 주소 버스 adrBus=20 으로 출력 된다.

5.5.5. 컨트롤러 설계

● 사양

◇ 컨트롤러는 입력 신호 opcode 의 값에 따라 데이터패스와 메모리에 필요한 제어 신호를 발생하여 각각의 모듈이 인스트럭션이 요구 하는 동작을 정상적으로 수행하도록 한다.

◇ 본 절의 프로세서는 간결한 명령을 수행하므로 Fetch 와 Decode 와 Execute 의 3 단계에 걸쳐 동작하도록 설계 한다. 각 단계별로 그리고 수행 하는 인스트럭션의 종류에 따라 데이터가 전달되는 경로가 달라진다.

◇ 아래 그림들은 각 인스트럭션에 따라 데이터패스 회로에 형성되는 패스를 나타낸 것 이다. 점선으로 표시된 경로가 활성화되는 경로 이다. 굵은 선은 데이터의 경로인 버스선 이고 얇은 선은 제어 신호가 전달되는 배선 이다. 데이터패스의 경로를 확인하는 것은 그 경로를 활성화 시키는 제어신호를 추출하기 위함이다.

◇ 모든 인스트럭션은 첫 번째 단계로 메모리에서 데이터를 가져오는 Fetch 동작을 수행 한다. 앞 장의 그림에서 점선으로 표시된 경로가 활성화 되어 동작하게 된다.

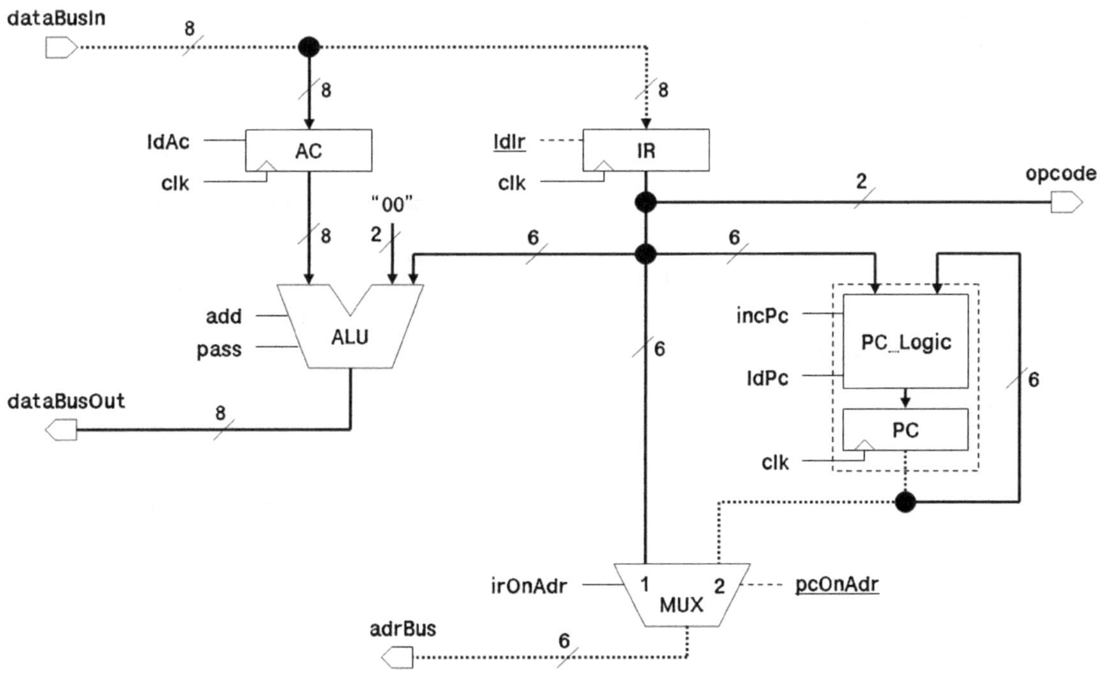

- 모듈 MUX 의 단자 pcOnAdr='1' 이 되어 모듈 PC 에 저장된 값이 단자 adrBus 로 출력 된다. 즉, 모듈 PC 가 지정 하는 번지수의 메모리 값을 읽어 주소 버스에 실리게 된다.
- 메모리에서 읽은 데이터는 데이터 버스에 실려 단자 dataBusIn 를 통해 레지스터 IR 에 저장 된다. 레지스터 IR 에 저장하려면 제어 신호 ldIr='1' 이 되어야 한다.

◇ Opcode="00" 인 경우 레지스터 AC 의 값과 레지스터 IR 의 하위 6 비트에 대해 덧셈을 수행한 후에 그 결과 값을 레지스터 AC 에 저장해야 한다. 이와 같은 동작의 경로는 아래 그림과 같다.

- 레지스터 AC 의 값과 레지스터 IR 의 하위 6 비트에 대해 덧셈을 수행하기 위하여 모듈 ALU 에 add='1' 을 입력 한다.
- 덧셈 결과는 단자 dataBusOut 로 출력되면 그 값은 단자 dataBusIn 으로 입력 되므로 레지스터 AC 에 저장하기 위하여 ldAc='1' 이 된다.
- 다음 인스트럭션을 가져올 준비를 하기 위하여 신호 incPc='1' 을 입력하여 레지스터 PC 의 값을 증가시킨다.

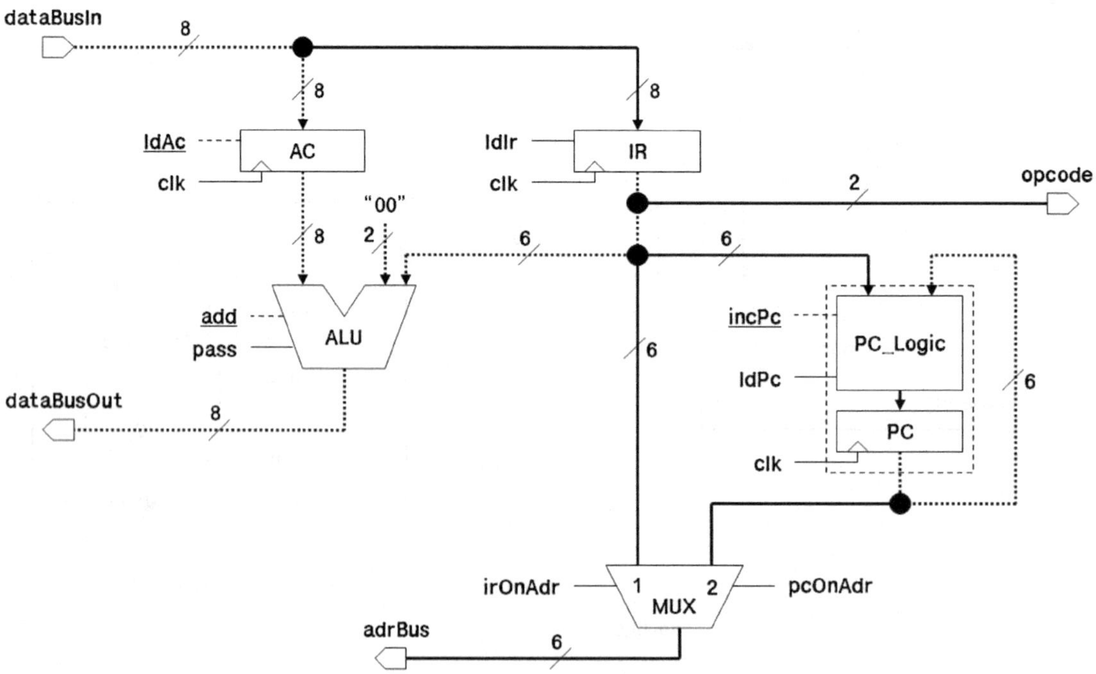

◇ Opcode="01" 인 경우 레지스터 IR 의 하위 6 비트가 가리키는 주소의 메모리 값을 읽어 레지스터 AC 에 저장 한다. 이와 같은 동작의 경로는 아래 그림과 같다.

- 모듈 MUX 의 irOnAdr='1' 을 가 하면 레지스터 IR 의 하위 6 비트가 주소 버스로 출력 된다.
- 메모리 해당 번지의 데이터는 데이터 버스에 실려 단자 dataBusIn 으로 입력되고 레지스터 AC 에 저장하기 위하여 신호 ldAc='1' 가 가해진다.
- 다음 인스트럭션을 가져올 준비를 하기 위하여 신호 incPc='1' 을 입력하여 레지스터 PC 의 값을 증가시킨다.

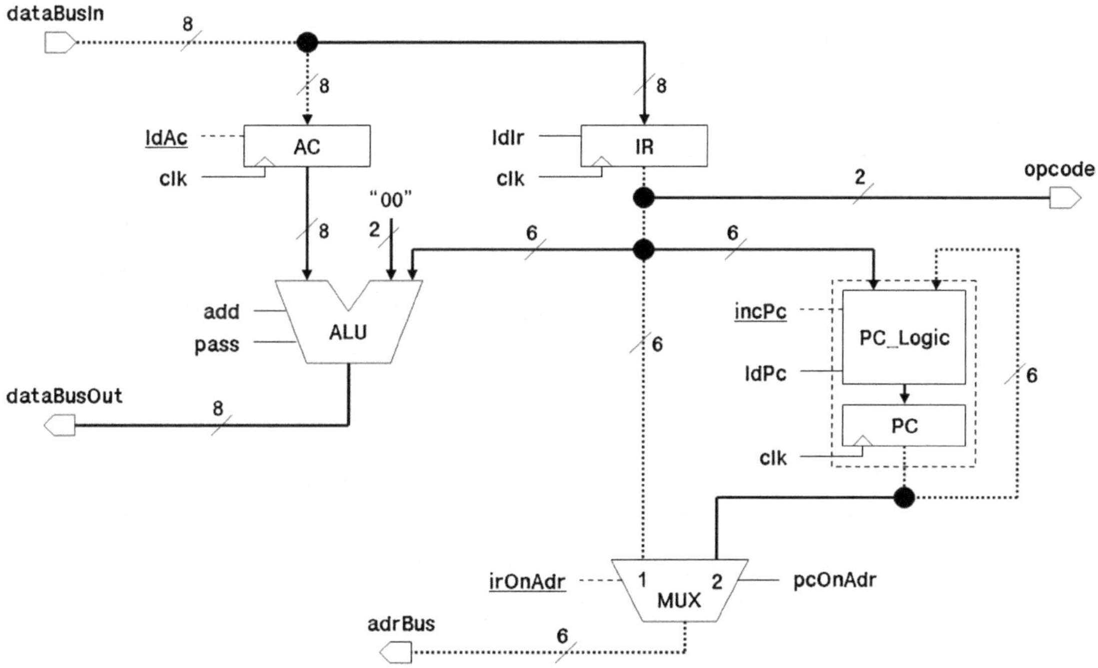

◇ Opcode="10" 인 경우 레지스터 AC 의 값을 레지스터 IR 의 하위 6 비트가 가리키는 주소의 메모리에 저장 한다. 이와 같은 동작의 경로는 아래 그림과 같다.

- 모듈 MUX 의 irOnAdr='1' 을 가 하면 레지스터 IR 의 하위 6 비트가 주소 버스로 출력 된다.
- 모듈 ALU 의 pass='1' 을 가하여 레지스터 AC 의 값을 변형 없이 단자 dataBusOut 로 출력시킨다. 출력된 데이터 값은 메모리에 저장 된다.

- 다음 인스트럭션을 가져올 준비를 하기 위하여 신호 incPc='1' 을 입력하여 레지스터 PC 의 값을 증가시킨다.

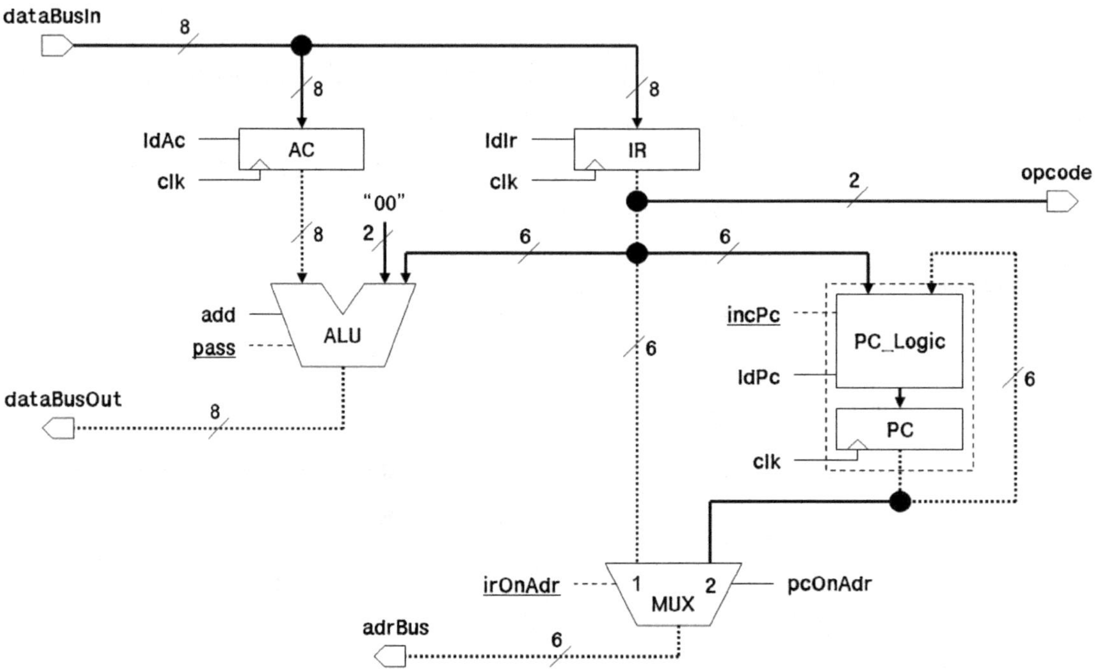

◇ Opcode="11" 인 경우 레지스터 IR 의 하위 6 비트를 레지스터 PC 에 저장함으로써 다음에 점프된 주소의 인스트럭션을 가져오도록 한다.

- 레지스터 IR 의 하위 6 비트 주소를 레지스터 PC 에 저장되도록 신호 ldPc='1' 을 가한다.

● Moore 타입 상태도

◇ 상태 SIDLE 는 시작 상태로서 신호 start='0' 이면 대기 상태로 머물러 있게 된다. 모든 제어 신호가 '0' 의 값을 출력하므로 데이터패스는 아무 동작도 하지 않는다. 신호 start='1' 이 되면 상태 S0 로 천이 한다.

◇ 상태 S0 는 메모리에서 인스트럭션을 가져오는 Fetch 기능을 수행 한다. 위에서 설명한 데이터패스가 Fetch 를 수행할 때 활성화 되는 경로에 제어 신호를 발생 시킨다.

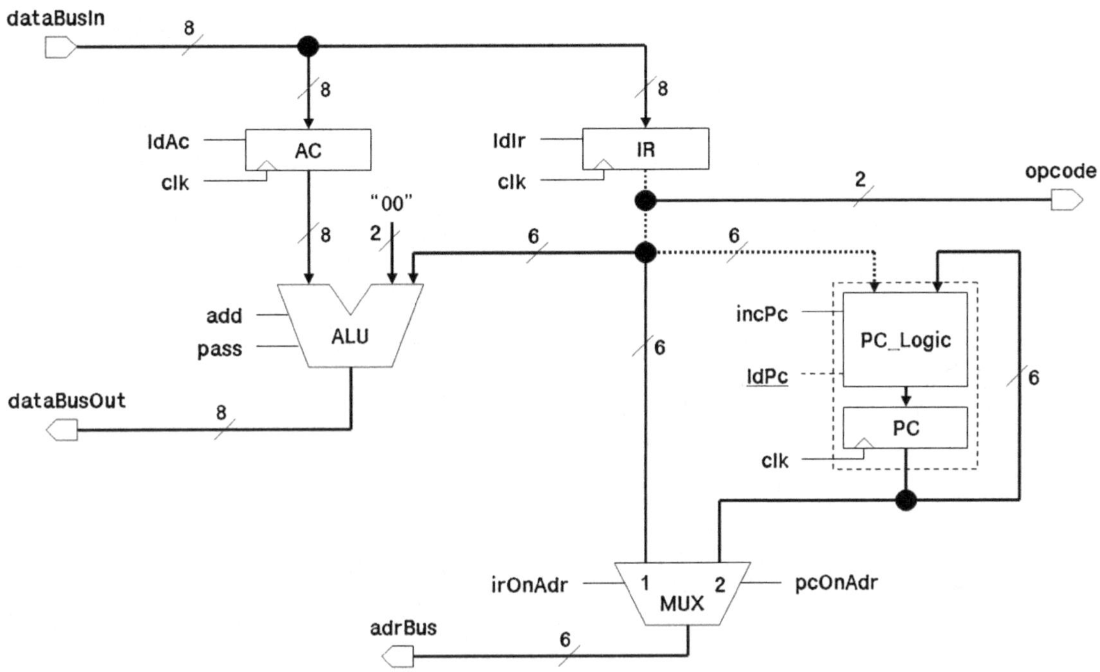

◇ 상태 S1 은 레지스터 IR 에 저장된 인스트럭션을 Decode 한다. Opcode 의 값이 "00", "01", "10", "11" 일 때 각각 상태 S00, S01, S10, S11 으로 천이 한다.

◇ 상태 S00 는 opcode="00" 인 경우로서 덧셈을 수행 한다. 위에서 설명한 데이터 패스가 덧셈을 수행할 때 활성화 되는 경로에 제어 신호를 발생시킨다.

◇ 상태 S01 는 opcode="01" 인 경우로서 메모리 읽기를 수행 한다. 위에서 설명한 데이터패스가 메모리 읽기를 수행할 때 활성화 되는 경로에 제어 신호를 발생시킨다.

◇ 상태 S10 는 opcode="10" 인 경우로서 메모리 쓰기를 수행 한다. 위에서 설명한 데이터패스가 메모리 쓰기를 수행할 때 활성화 되는 경로에 제어 신호를 발생시킨다.

◇ 상태 S11 는 opcode="11" 인 경우로서 점프를 수행 한다. 위에서 설명한 데이터 패스가 점프를 수행할 때 활성화 되는 경로에 제어 신호를 발생시킨다.`

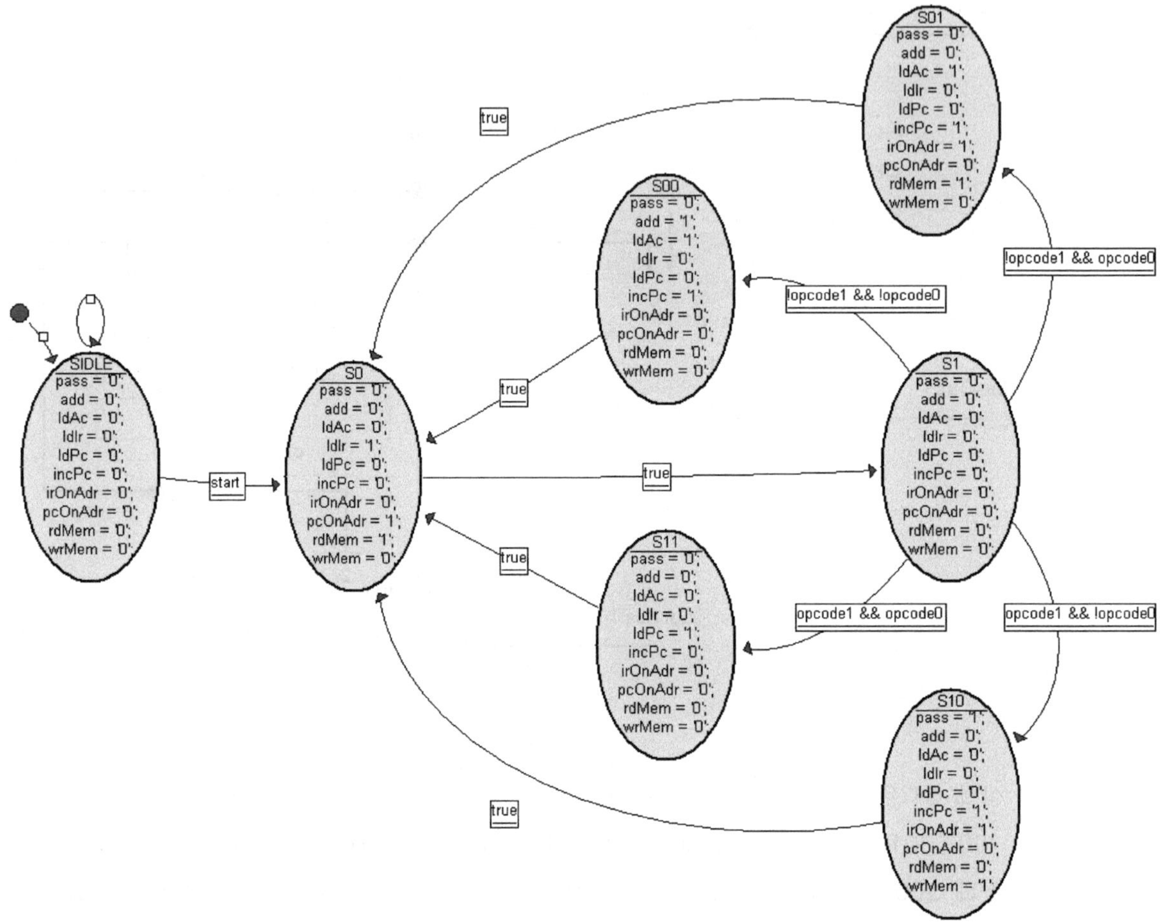

● 입출력 단자

이름	방향	비트수	기능
rst_n	In	1	리셋 (Active Low)
clk	In	1	클럭 (상승 에지 동기)
start	In	1	프로세서 동작 시작
opcode1	In	1	Opcode 상위 비트
opcode0	In	1	Opcode 하위 비트

이름	방향	비트수	기능
add	Out	1	ALU 덧셈 연산 (Active High)
pass	Out	1	ALU 의 왼쪽 연산자 통과 (Active High)
ldAc	Out	1	레지스터 AC 로드 (Active High)
ldIr	Out	1	레지스터 IR 로드 (Active High)
ldPc	Out	1	레지스터 PC 로드 (Active High)
incPc	Out	1	레지스터 PC 증가 (Active High)
irOnAdr	Out	1	레지스터 IR 값을 주소로 선택 (Active High)
pcOnAdr	Out	1	레지스터 PC 값을 주소로 선택 (Active High)
rdMem	Out	1	데이터 버스의 입력
wrMem	Out	1	데이터 버스로 출력

● 모듈의 Verilog 코드 설계

◇ 모듈 이름 : controller

```
module controller(rst_n, clk, start, opcode1, opcode0, add, pass,
        ldAc, ldIr, ldPc, incPc, irOnAdr, pcOnAdr, rdMem, wrMem);
  input rst_n;
  input clk;
  input start;
  input opcode1;
  input opcode0;
  output add;
  output pass;
  output ldAc;
  output ldIr;
  output ldPc;
```

```
output incPc;
output irOnAdr;
output pcOnAdr;
output rdMem;
output wrMem;

reg pass;
reg ldAc;
reg ldIr;
reg incPc;
reg ldPc;
reg irOnAdr;
reg pcOnAdr;
reg rdMem;
reg wrMem;
reg add;


parameter [2:0] SIDLE = 0, S00 = 1, S01 = 2, S10 = 3, S11 = 4,
                   S1 = 5, S0 = 6;
reg [2:0] current_state, next_state;

always @(posedge clk, negedge rst_n)
begin: SYNCH
  if (!rst_n) current_state <= SIDLE;
  else current_state <= next_state;
end

always @(current_state, start, opcode1, opcode0)
begin: COMBIN
```

```
case (current_state)
  SIDLE:
  begin
    if (start) next_state = S0;
    else next_state = SIDLE;
    pass = 1'b0;
    add = 1'b0;
    ldAc = 1'b0;
    ldIr = 1'b0;
    ldPc = 1'b0;
    incPc = 1'b0;
    irOnAdr = 1'b0;
    pcOnAdr = 1'b0;
    rdMem = 1'b0;
    wrMem = 1'b0;
  end

  S00:
  begin
    next_state = S0;
    pass = 1'b0;
    add = 1'b1;
    ldAc = 1'b1;
    ldIr = 1'b0;
    ldPc = 1'b0;
    incPc = 1'b1;
    irOnAdr = 1'b0;
    pcOnAdr = 1'b0;
    rdMem = 1'b0;
    wrMem = 1'b0;
  end
```

```
S01:
begin
  next_state = S0;
  pass = 1'b0;
  add = 1'b0;
  ldAc = 1'b1;
  ldIr = 1'b0;
  ldPc = 1'b0;
  incPc = 1'b1;
  irOnAdr = 1'b1;
  pcOnAdr = 1'b0;
  rdMem = 1'b1;
  wrMem = 1'b0;
end

S10:
begin
  next_state = S0;
  pass = 1'b1;
  add = 1'b0;
  ldAc = 1'b0;
  ldIr = 1'b0;
  ldPc = 1'b0;
  incPc = 1'b1;
  irOnAdr = 1'b1;
  pcOnAdr = 1'b0;
  rdMem = 1'b0;
  wrMem = 1'b1;
end
```

```
S11:
begin
  next_state = S0;
  pass = 1'b0;
  add = 1'b0;
  ldAc = 1'b0;
  ldIr = 1'b0;
  ldPc = 1'b1;
  incPc = 1'b0;
  irOnAdr = 1'b0;
  pcOnAdr = 1'b0;
  rdMem = 1'b0;
  wrMem = 1'b0;
end

S1:
begin
  if (!opcode1 && opcode0) next_state = S01;
  else if (!opcode1 && !opcode0) next_state = S00;
  else if (opcode1 && opcode0) next_state = S11;
  else if (opcode1 && !opcode0) next_state = S10;
  pass = 1'b0;
  add = 1'b0;
  ldAc = 1'b0;
  ldIr = 1'b0;
  ldPc = 1'b0;
  incPc = 1'b0;
  irOnAdr = 1'b0;
  pcOnAdr = 1'b0;
  rdMem = 1'b0;
```

```
        wrMem = 1'b0;
        end

        S0:
        begin
          next_state = S1;
          pass = 1'b0;
          add = 1'b0;
          ldAc = 1'b0;
          ldIr = 1'b1;
          ldPc = 1'b0;
          incPc = 1'b0;
          irOnAdr = 1'b0;
          pcOnAdr = 1'b1;
          rdMem = 1'b1;
          wrMem = 1'b0;
        end

        default:
          next_state = SIDLE;
     endcase
  end

endmodule
```

- 테스트벤치 모듈의 Verilog 코드 설계
  - ◇ 컨트롤러는 데이터패스와 연동되면서 제어신호를 발생하므로 수작업으로 테스트 벤치를 입력시키는 경우 타이밍을 올바로 입력해야만 의미 있는 결과를 얻을 수 있다. 그러므로 컨트롤러는 따로 시뮬레이션 검증을 하지 않고 전체 회로에서 동작을 검증 한다

5.5.6. 최상위 덧셈 전용 프로세서 설계

● 사양

◇ 최상위 모듈은 프로세서로서 데이터패스와 컨트롤러 그리고 메모리 모듈로 구성 된다. 프로세서가 수행할 인스트럭션은 메모리에 저장 되어 있기 때문에 하나씩 순차적으로 읽고, opcode 에 지정된 명령어에 따라 컨트롤러는 제어 신호를 발생 하여 데이터를 변형하거나 이동시키는 동작을 수행함으로써 인스트럭션에 구현된 알고리즘을 실행 한다.

◇ 프로세서의 전체 회로는 아래 그림과 같다.

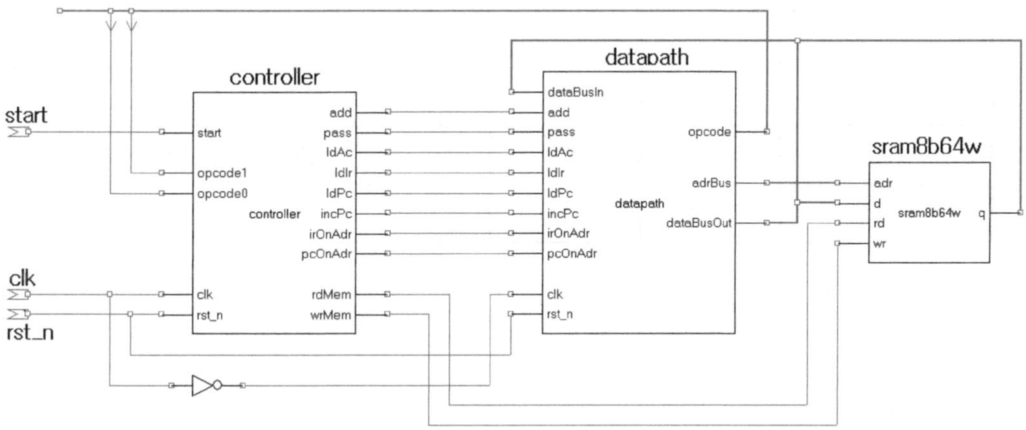

◇ 디지털 회로는 데이터 값을 처리 하는 데이터패스와 전체 동작을 제어 하는 컨트롤러로 구성 된다. 컨트롤러는 데이터패스로 제어신호 (controls)를 보내서 연산이나 데이터 전송 동작의 실행을 명령 한다. 반대로 데이터패스는 자신이 실행한 명령의 결과 플래그 신호(flags)를 컨트롤러에게 제공하여 다음 실행에 참조가 되도록 한다. 컨트롤러와 데이터패스가 하나의 클럭에 동기 되어 동작 하면 제어신호와 플래그 신호 간에 레이싱 문제가 발생할 수 있어 오동작이 된다.

◇ 본 설계에서는 컨트롤러와 데이터패스의 클럭이 서로 반전되도록 설계함으로써 반 클럭 위상차가 있도록 구현하였다. 컨트롤러가 상승 에지에 동기 되어 제어신호를 발생 하면 데이터패스는 반주기 후에 상승 에지에 동기 되어 플래그 신호를 발생하게 된다. 즉 컨트롤러와 데이터패스가 대화 하듯이 번갈아 가면서 동작하기 때문에 전체 동작이 안정화 된다.

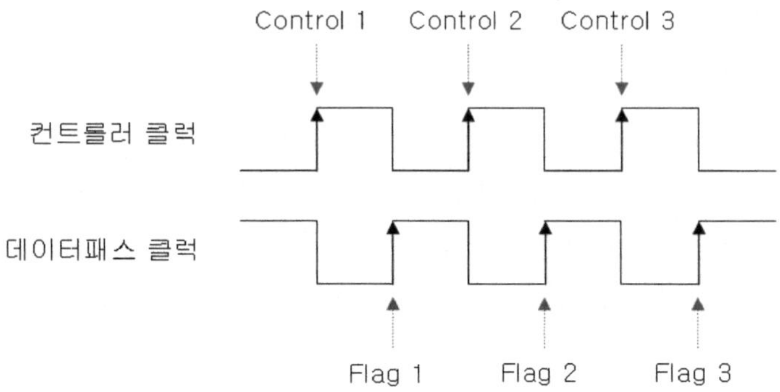

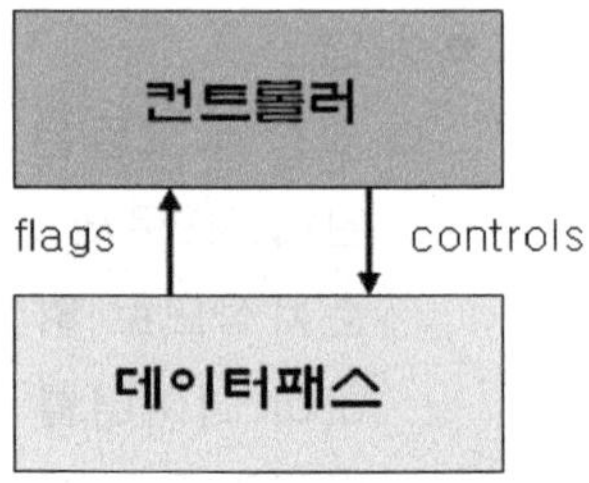

● 입출력 단자

이름	방향	비트수	기능
rst_n	In	1	리셋 (Active Low)
clk	In	1	클럭 (상승 에지 동기)
start	Out	1	시작 신호 (Active High)

● 모듈의 Verilog 코드 설계

◇ 모듈 이름 : proc

```
module proc (rst_n, clk, start);

input rst_n;
input clk;
input start;

wire  wadd;
wire  wpass;
wire  wldAc;
wire  wldIr;
```

```
wire  wldPc;
wire  wincPc;
wire  wirOnAdr;
wire  wpcOnAdr;
wire  wMemrd;
wire  wMemwr;
wire  clkb;
wire [1:0] b18;
wire [7:0] b15;
wire [5:0] b16;

not (clkb, clk);

sram8b64w
     MEM (
      .d(b15),
      .adr(b16),
      .wr(wMemwr),
      .rd(wMemrd),
      .q(b15));

datapath
     DP (
      .rst_n(rst_n),
      .clk(clkb),
      .add(wadd),
      .pass(wpass),
      .ldAc(wldAc),
      .ldIr(wldIr),
```

```
        .ldPc(wldPc),
        .incPc(wincPc),
        .irOnAdr(wirOnAdr),
        .pcOnAdr(wpcOnAdr),
        .opcode(b18),
        .dataBusIn(b15),
        .dataBusOut(b15),
        .adrBus(b16));

controller
      CTR (
        .rst_n(rst_n),
        .clk(clk),
        .add(wadd),
        .pass(wpass),
        .ldAc(wldAc),
        .ldIr(wldIr),
        .ldPc(wldPc),
        .incPc(wincPc),
        .irOnAdr(wirOnAdr),
        .pcOnAdr(wpcOnAdr),
        .start(start),
        .opcode1(b18[1]),
        .opcode0(b18[0]),
        .wrMem(wMemwr),
        .rdMem(wMemrd));

endmodule
```

● 테스트벤치 모듈의 Verilog 코드 설계

◇ 모듈 이름 : proc_tb

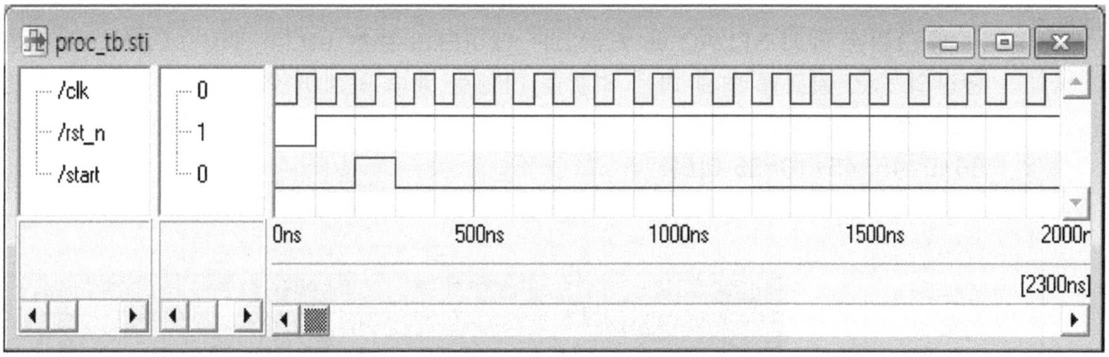

● 시뮬레이션 결과 파형

◇ 리셋 신호 rst_n='0' 으로 초기화 한 후에 신호 start='1' 이 되면 프로세서는 동작을 시작 한다.

◇ 메모리 주소 신호 adr=0 부터 adr=9 까지는 1~10 정수를 계속 더 하는 연산 이다.

◇ 메모리 주소 신호 adr=10 의 인스트럭션은 덧셈 결과를 메모리 62 번지에 저장 하는 것 이다. 메모리 쓰기 신호 wr='1' 이 되었을 때 메모리 입력 데이터 신호 d=55 가 되었음을 확인할 수 있다. 이는 1~10 까지의 합산 결과가 55 임을 의미하므로 올바로 연산이 이루어 졌다.

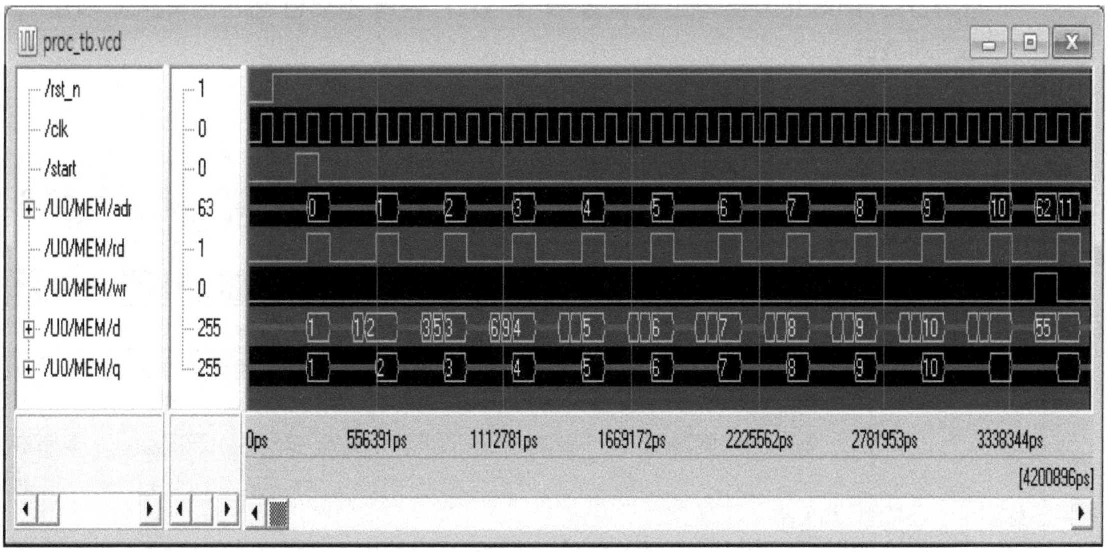

◇ 그 이후는 메모리 63 번지로 계속 점프를 하기 때문에 무한 루프에 빠지게 된다. 프로세서의 연산을 정지시키는 역할 이다.

◇ 아래 그림은 레지스터 AC 에 저장되는 데이터의 변화 이다. 레지스터 AC 는 덧셈 연산의 중간 결과를 보관 하는 역할을 하므로 계속 덧셈이 축적 되어 감을 알 수 있다. 즉, 0+1=1, 1+2=3, 3+3=6, 6+4=10, 10+5=15, 15+6=21, 21+7=28, 28+8=36, 36+9=45, 45+10=55 이다.

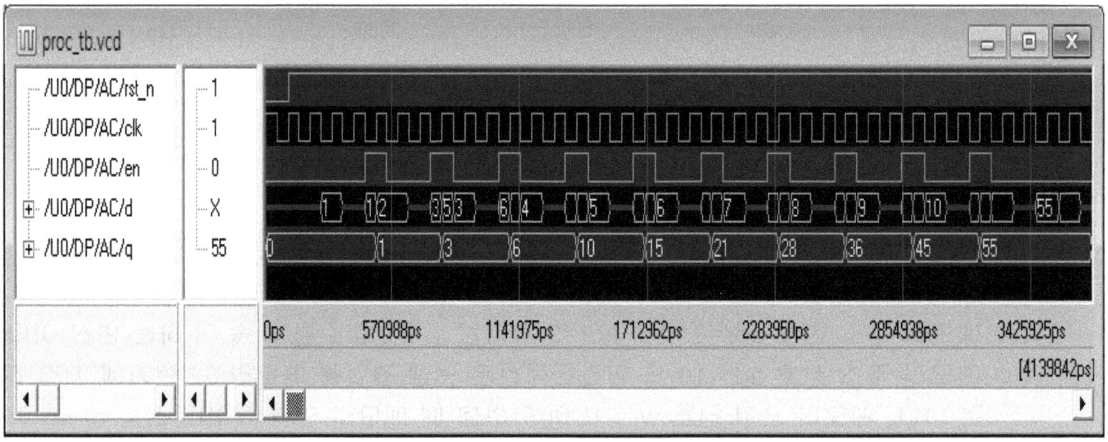

◇ 아래 그림은 레지스터 PC의 변화를 나타낸다. 0 번지부터 11번지까지는 순차적으로 증가하다가 63 번지로 점프했음을 알 수 있다. 본래 정의된 인스트럭션의 의도 대로 동작하였다.

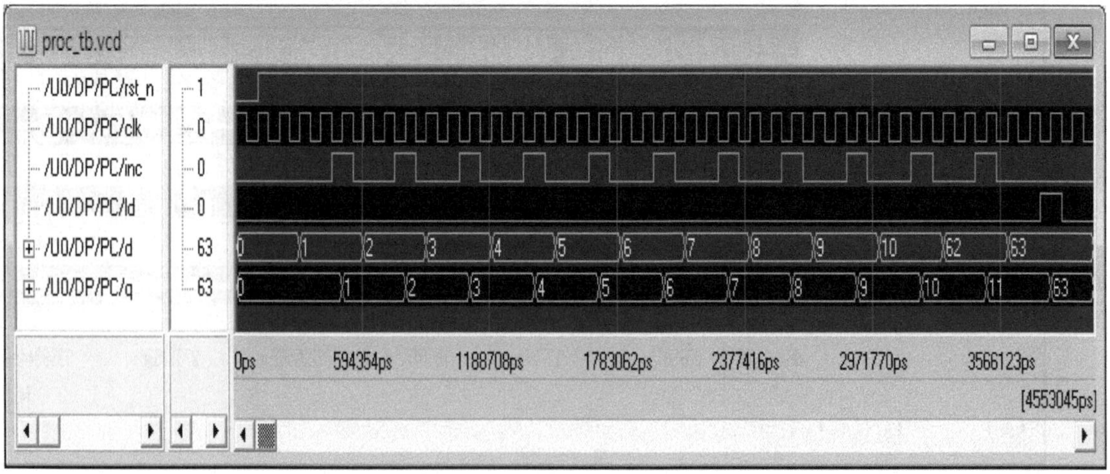

부록 1
웹 기반 IP 재사용 설계 및 검증 CAD 시스템, Flowrian

부록 1.1. Flowrian의 독창성

부록 1.2. 웹 기반 CAD 시스템

부록 1.3. Flowrian의 설치

부록 1.4. Verilog 설계 및 시뮬레이션 검증 흐름

부록 1.1. Flowrian의 독창성

- Flowrian 은 클라이언트와 서버가 인터넷을 통하여 연동 하는 CAD 시스템 이다. 원격 서버에 구축된 주요 설계자원을 바탕으로 온라인 서비스를 지원하기 때문에 설계자는 클라이언트 프로그램만 설치 하면 즉시 Verilog 설계 및 검증이 가능하다.
- Verilog 코드 분석기가 내장 되어 있어 Syntax 오류 추출, 기본 객체들의 추출, 하드웨어 신호 흐름의 관계도 생성, 인스턴스의 계층 구조 추출 및 동일 객체의 자동 찾기 등의 편리한 디버깅 기능을 제공 한다. 즉, Verilog 코드에 구현된 하드웨어의 분석 및 디버깅이 매우 효율적으로 진행될 수 있도록 구현 되었다.
- Verilog 시뮬레이터가 클라이언트에 필요 없다. 설계자는 프로젝트를 설정 하고 작성된 Verilog 코드를 작성하기만 하면 컴파일과 시뮬레이션에 필요한 모든 기능은 Flowrian 의 서버에서 처리 한다. 설계자는 Verilog 코드 작성에만 집중하여 작업할 수 있다.
- 논리회로도 편집기, 상태도 편집기, 테스트 파형 편집기 등의 다양한 그래픽 툴들을 이용하여 설계를 할 수 있으며, 설계된 내용을 모델링 하는 Verilog 코드를 자동으로 생성 한다.
- 디버깅을 돕는 그래픽 도우미로서 인스턴스의 계층구조를 나타내는 Instance Tree, 시그널간의 상관 관계를 나타내는 SPD (Signal Propagation Diagram), Verilog 코드에 구현된 아키텍처 구조를 자동으로 생성 하는 기능 등 이 있다.
- 서로 다른 설계 표현에 존재 하는 단자나 신호를 더블 클릭 하면 동일한 신호를 모두 자동으로 찾아 하이라이트 시켜준다. 동일 신호를 아주 쉽게 찾을 수 있도록 돕니다.
- 시뮬레이션 파형분석용 그래픽 툴이 내장 되어 있어 파형분석을 돕는다. 또한 파형 값을 Instance Tree 나 SPD 그래픽에 나타낼 수 있다.
- Verilog 코드를 원격 서버에 라이브러리로 자동 등록하여 다른 설계자와 공유하여 재사용하여 설계할 수 있다. 설계자의 전문지식이 축적된 Verilog 코드를 서버에 라이브러리로 구축하여 보호 하면서 인터넷을 통하여 여러 설계자와 재사용 하고 검증할 수 있는 환경을 지원 한다.

부록 1.2. 웹 기반 CAD 시스템

- Flowrian은 웹 기반 CAD 시스템으로서 클라이언트 소프트웨어와 서버 소프트웨어가 인터넷으로 통신 하면서 사용자에게 설계 서비스를 제공 한다 (그림 1). 클라이언트 소프트웨어는 Verilog 코드의 입력과 디버깅 및 검증결과의 분석을 지원 하는 그래픽 툴들을 제공 한다. 서버 소프트웨어는 Verilog 시뮬레이터, IP 라이브러리, 설계 데이터 및 사용자 멤버쉽 정보 등을 관리 한다.
- 서버의 설계자원들은 즉시 서비스가 가능하도록 설치 되어 있으며 외부에 기술이 노출되지 않도록 보호 되어 있다. 사용자는 클라이언트에서 설계 작업을 진행하지만 원격 서버가 지원 하는 서비스를 인터넷을 통해 받으면서 일련의 설계흐름을 완성하게 된다. 사용자 컴퓨터와 원격 서버간의 시공간 괴리를 설계자가 느끼지 못할 정도로 실시간으로 통신 하면서 편리한 설계환경을 제공 한다.
- ㈜시스템 센트로이드가 제공 하는 Flowrian 소프트웨어의 이름은 다음과 같다.
  클라이언트 소프트웨어 : Flowrian Professinoal
  서버 소프트웨어 : Flowrian.Net Server

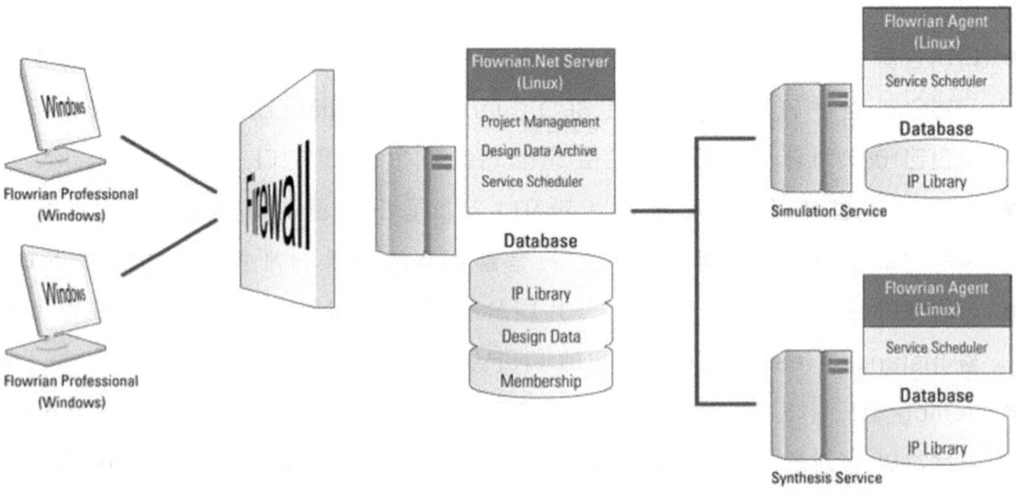

그림 1. 인터넷 CAD 시스템의 구성

부록 1.3. Flowrian의 설치 안내

- Flowrian 클라이언트 프로그램인 Flowrian Professional 설치 프로그램은 ㈜시스템 센트로이드 사의 홈페이지 (www.syscen.com)에서 찾을 수 있다 (그림 2). 홈페이지 위쪽의 '다운로드' 메뉴를 클릭하여 나타나는 페이지의 왼쪽에 있는 Flowrian 항목을 클릭 하면 Flowrian 설치 프로그램 다운로드 문장을 찾을 수 있다. 클라이언트로 사용되는 Flowrian Professional 프로그램은 일반에게 공개 되어 있으므로 자유롭게 사용할 수 있다.

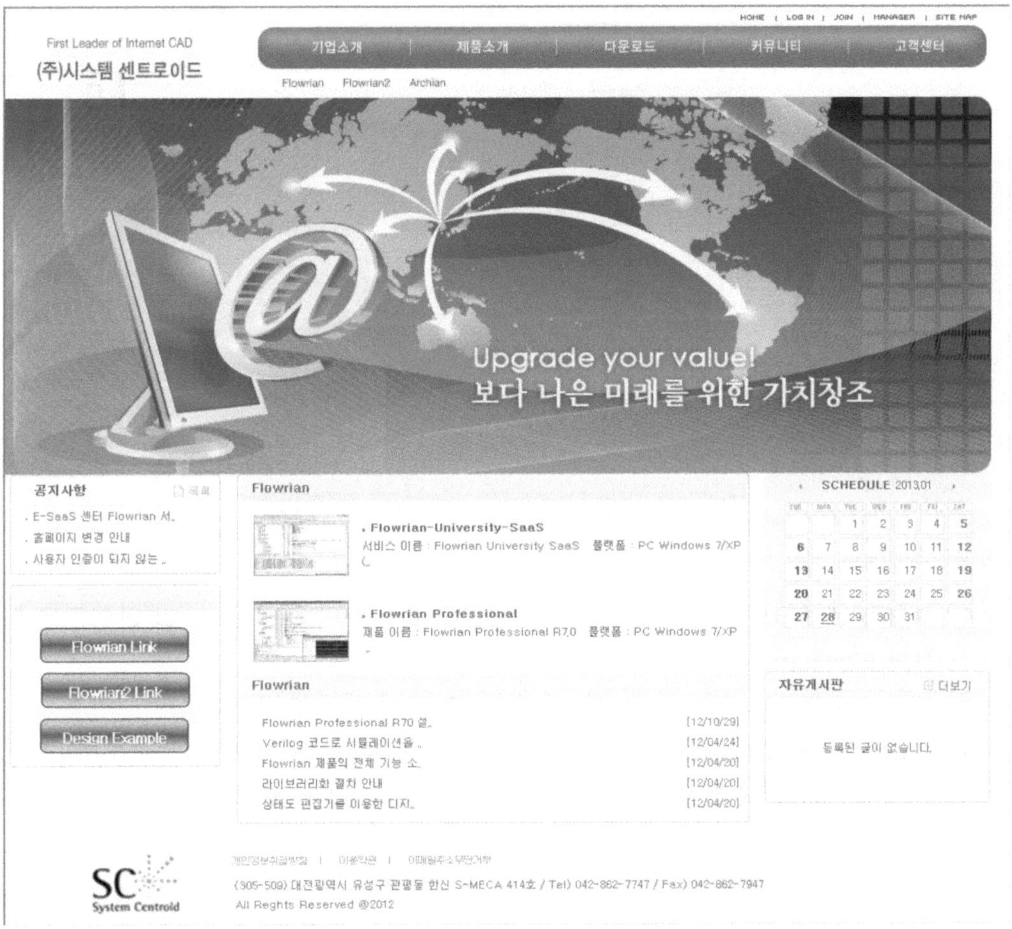

그림 2. ㈜시스템 센트로이드의 홈페이지 (www.syscen.com)

- Flowrian 설치 프로그램을 임의의 폴더에 다운로드 받은 후 실행시키면 된다. 설치 과정은 일반 설치 프로그램과 동일한 프로세스를 따른다 (그림 3).

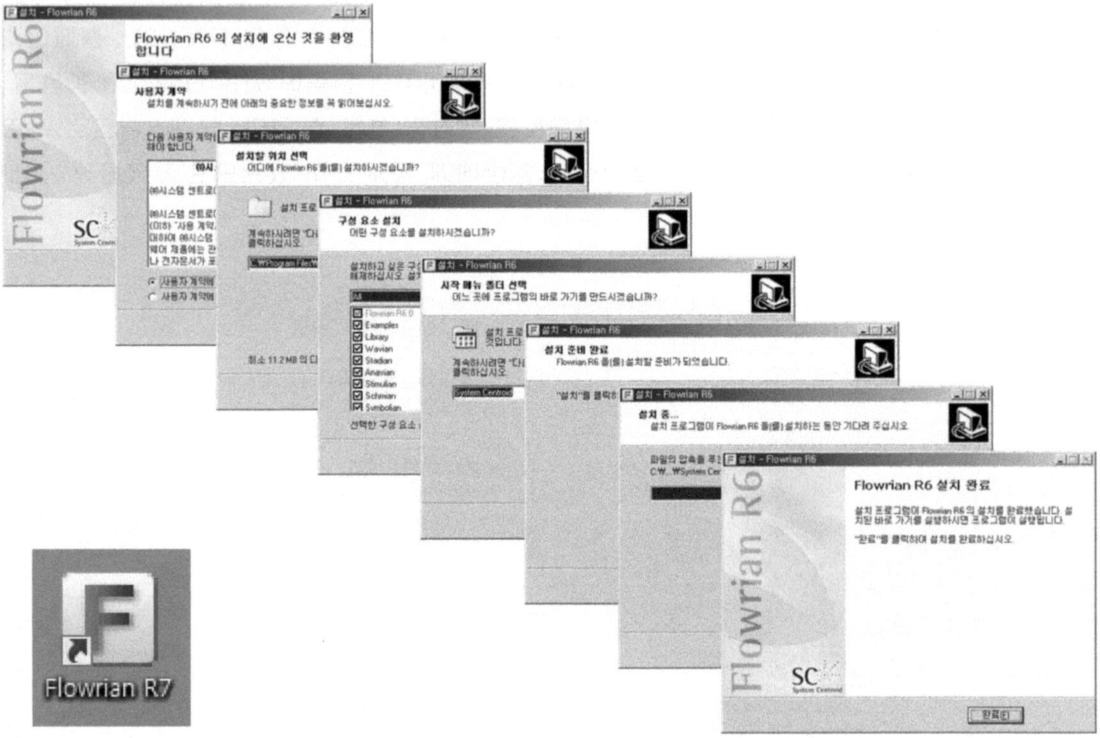

그림 3. Flowrian 설치 프로세스

- 설치가 완료되면 바탕화면에 'F' 자 모양의 아이콘이 나타난다. 이 아이콘을 더블 클릭하여 Flowrian 을 실행 한다.
- Flowrian 을 실행시켜 나타나는 첫 화면은 로긴 창 이다 (그림 4).
- Flowrian 을 최초로 사용 하는 경우 로긴 창의 Register 버튼을 클릭하여 나타나는 창에서 사용자 등록을 해야 한다 (그림 5). Flowrian 서버를 운영 하는 기관의 서버 관리자가 인증을 할 때까지 기다려야 한다.
- 로긴 창에서 로긴을 하기 전에 반드시 접속하려는 Flowrian 서버의 IP 주소가 올바로 지정되었는지를 확인해야 한다. 다음 실행부터는 저장된 로긴 정보가 기억 된다.

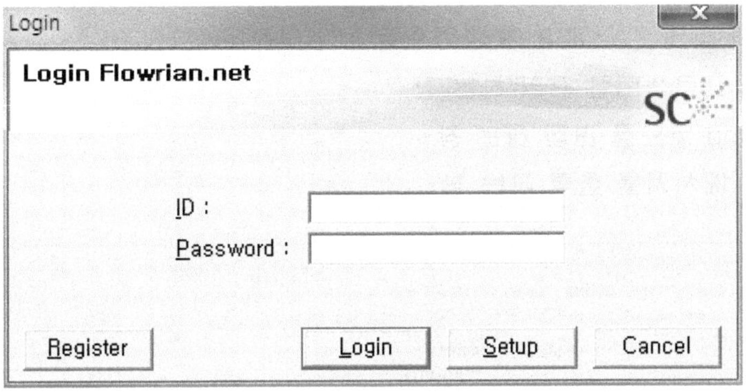

그림 4. Flowrian 로긴창

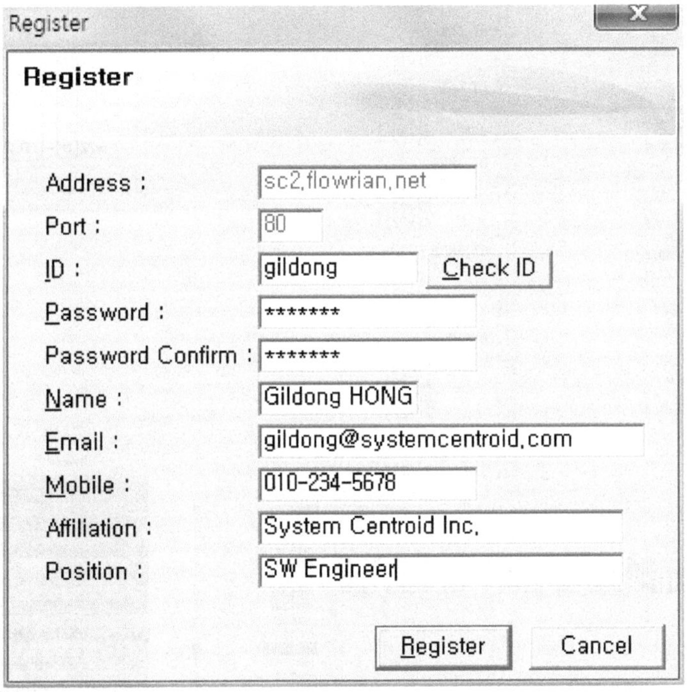

그림 5. 사용자 등록창

- Flowrian 은 사용자가 Verilog 언어를 이용하여 하드웨어를 설계 하고 검증 하는데 필요한 다양한 기능을 제공 하는 그래픽 창들로 구성 된다. 예를 들면 프로젝트를 설정하는 창, Verilog 코드를 입력 하는 전용 텍스트 편집 창, 원격 서버에서의 수행되는 로그를 실시간으로 전달 하는 Output 창, 하드웨어 계층구조를 나타내는 창 등이 있다.

- Flowrian 의 화면은 크게 3 개 영역으로 나누어진다 (그림 6).
  - ✓ 설계 프로젝트를 관리 하는 창
  - ✓ Verilog 코드를 편집 하는 창
  - ✓ 각종 메시지를 출력 하는 창

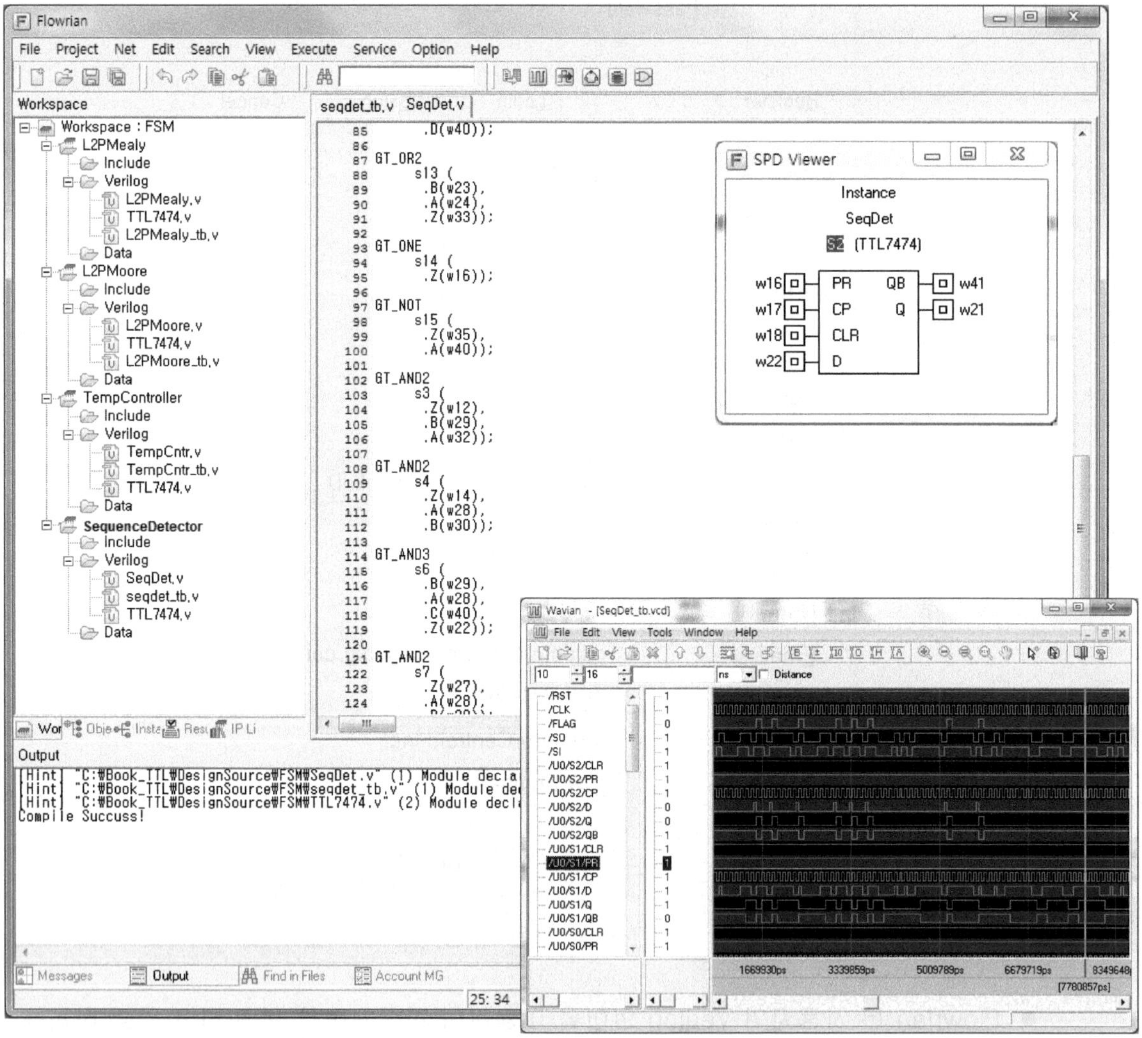

그림 6. Flowrian 메인 화면

부록 1.4. Verilog 설계 및 시뮬레이션 검증 흐름

- Flowrian에서 프로젝트를 설정하여 Verilog 코드와 테스트벤치를 설계한 후 시뮬레이션 검증을 하는 일련의 흐름을 2 입력 AND 게이트, and2 예제로 설명을 진행 한다.

- Flowrian 메뉴의 File => New Workspace 명령을 실행하여 새로운 Workspace 를 생성 한다 (그림 7). Workspace 는 설계하려는 회로의 모든 설계 데이터를 포함 하는 최상위 개념으로서 최초에 한 번만 설정 한다.

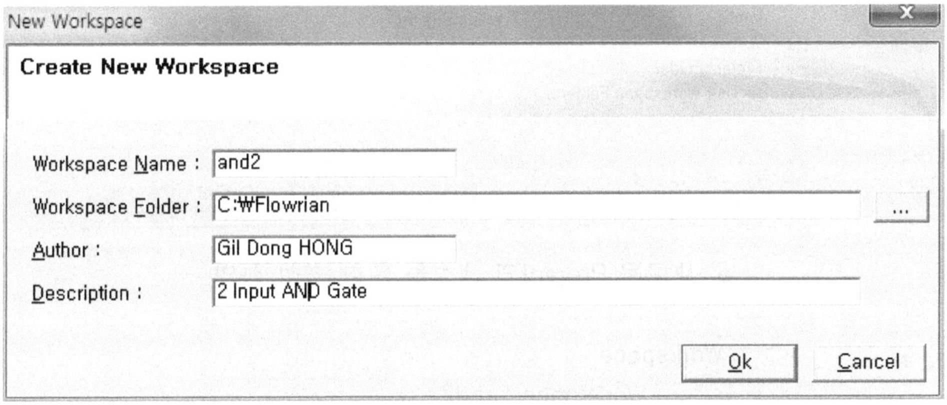

a. 새로운 Workspace의 생성을 위한 속성 정의

b. 새로 생성된 Workspace 표시

그림 7. 새 Workspace 생성

- Flowrian 메뉴의 Project => New Project 명령을 실행하여 새로운 Project를 생성 한다 (그림 8). Workspace는 하나만 정의되지만 Project는 여러 개 생성될 수 있다. Project에는 회로를 구성 하는 모듈들의 Verilog 코드가 등록 된다.

- 본 예제에서는 Verilog 설계를 진행하므로 Project Type 은 Verilog Design 으로 선택 한다.
- AND2 Project에는 Include, Verilog, Data의 3 개 가지가 있는데 각각은 Include 파일, Verilog 파일, 그리고 설계에 사용되는 데이터 파일들을 등록 하는데 사용 된다.
- Verilog 파일은 *.v 의 확장자를 갖는다.

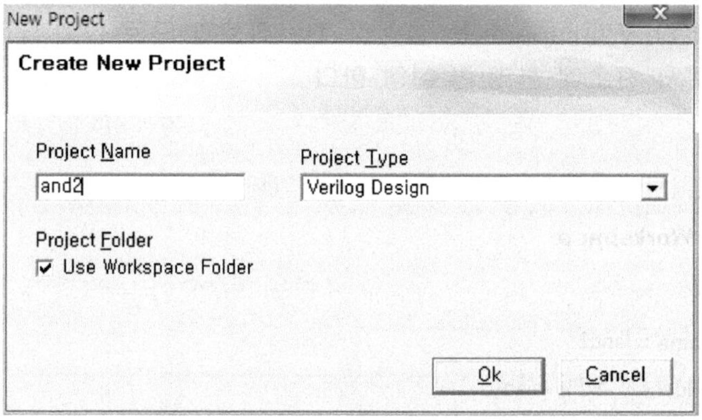

a. 새로운 Project의 생성을 위한 속성 정의

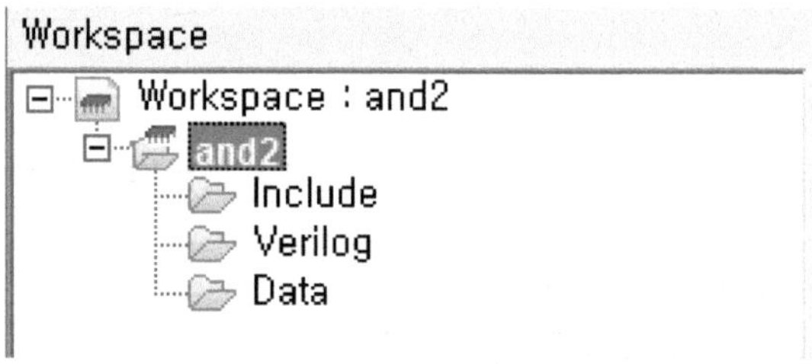

b. 새로 생성된 Project 표시

그림 8. 새 Project 생성

- 새로운 Verilog 코드는 AND2 프로젝트의 Verilog 가지를 선택 하고 오른쪽 버튼을 클릭하여 나타나는 pop-up 메뉴에서 'Add New File' 명령을 실행 하면 나타나는 창에서 파일 이름을 'and2.v' 로 지정 하면 백지 문서가 편집 창에 나타난다. 파일 이름은 모듈 이름과 동일하게 사용 한다.
- 편집 창은 Verilog 코드의 키워드 하이라이팅과 같은 도움을 제공 한다.
- 백지의 'and2.v' 파일까지 정의된 Flowrian 의 화면이 (그림 9)에 나타나 있다.

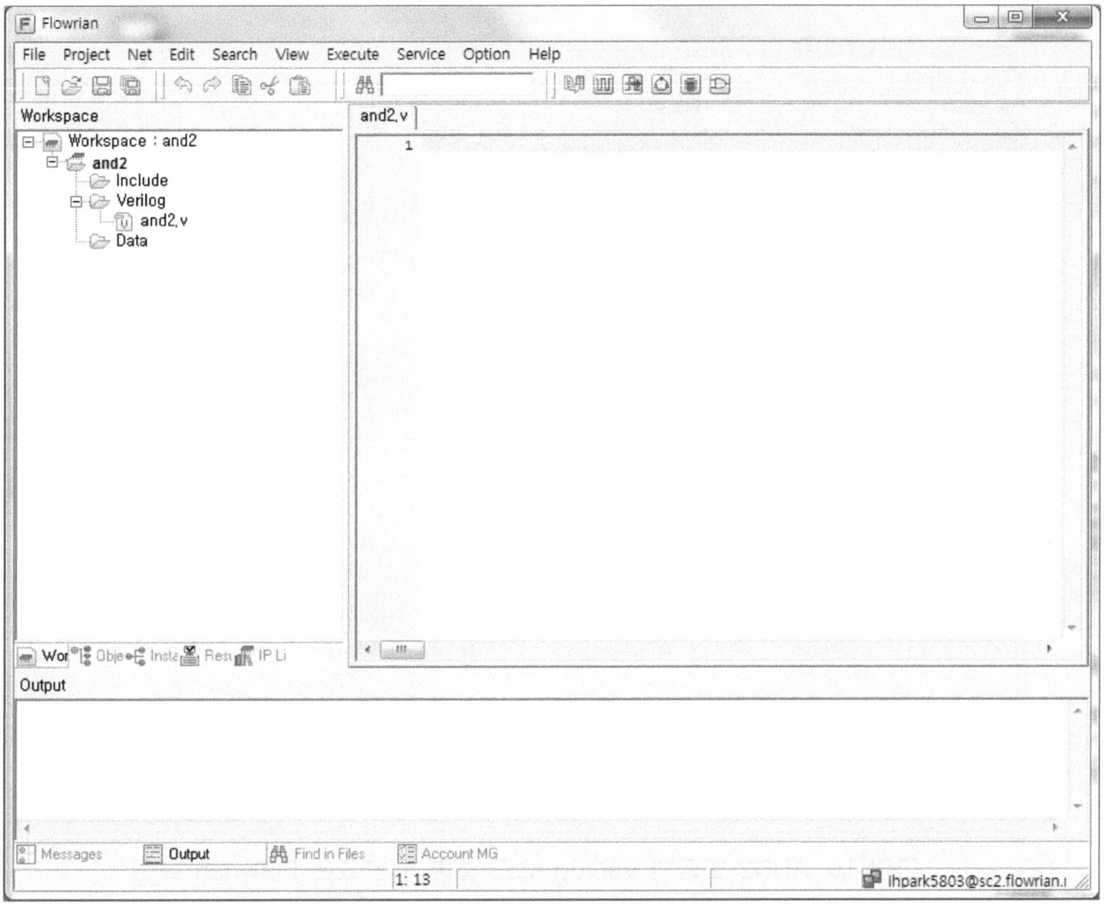

그림 9. Verilog 설계가 준비된 Flowrian 화면

- 2 입력 AND 게이트의 동작을 모델링 하는 Verilog 코드를 작성 한다. 완성된 코드는 File 메뉴의 Save 명령으로 저장 한다 (그림 10).
- Project 를 선택 하고 오른쪽 버튼을 클릭하여 나타나는 메뉴에서 Analyze All 명령을 수행하여 등록된 사용자의 Verilog 코드를 분석 한다. Output 창에 분석한 메시지가 나타나는데 정상 메시지는 [Hint] 로 시작되지만 오류는 [Error] 로 시작 된다. 오류로 보고된 코드는 반드시 수정해야 한다.
- Analyze All 명령은 Flowrian 이 사용자의 코드를 분석하기 위한 용도로서 오류도 찾지만 설계 하는 모듈의 기본 정보를 파악하여 다음 단계의 작업을 자동화 한다.

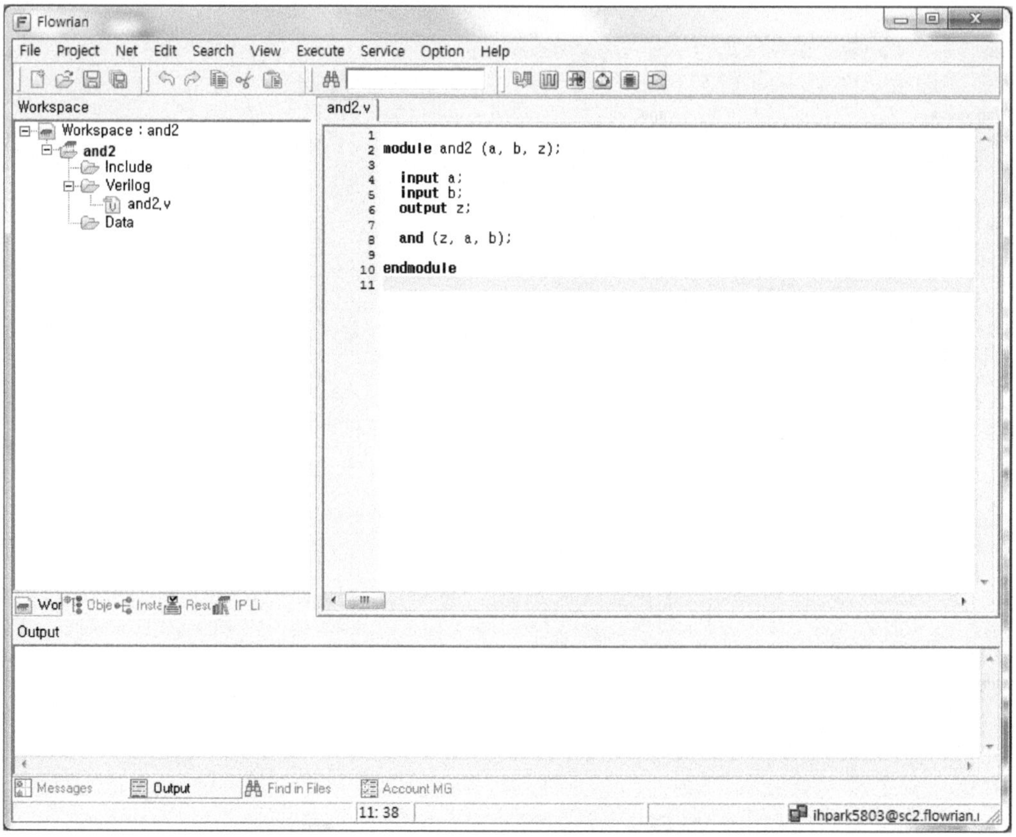

그림 10. AND2 모듈의 Verilog 코드 설계가 완료된 Flowrian 화면

- 다음 단계는 AND2 모듈에 가할 파형을 정의 하는 테스트벤치 코드의 설계 이다.
- 테스트벤치 Verilog 코드는 and2 모듈과 같이 텍스트 파일을 열어서 Verilog 코드를 직접 설계해도 되고, Flowrian 에 내장된 그래픽 툴인 Stimulus Editor (Stimulian) 을 이용하여 테스트 파형을 정의한 후 Verilog 코드를 자동 생성시킬 수 있다.
- Flowrian의 Execute 메뉴에서 Stimulus Editor (Stimulian) 명령을 실행 하면 (그림 11) 과 같은 화면의 Stimulian 이 나타난다.
- Stimulian 은 테스트벤치를 가할 DUT (Design Under Test) 모듈의 단자를 자동을 입력 하는 명령을 제공 한다. File 메뉴의 Synchronize 명령을 수행하여 앞서 설계된 AND2 모듈을 분석한 파싱 정보가 저장된 'and2.psr' 파일을 읽는다. Stimulian 은 테스트 파형을 가할 단자들의 목록을 자동으로 찾아 화면에 나타낸다.

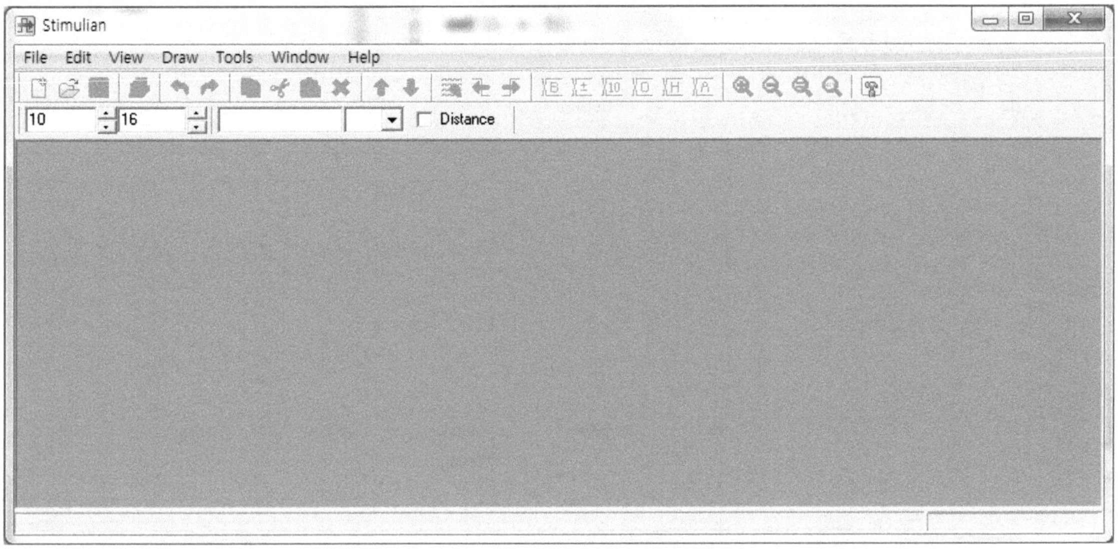

그림 11. Stimulian의 초기 화면

- AND2 모듈은 a 와 b 가 입력 단자이면서 1 비트 이므로 (그림 12)와 같이 파형이 나타난다. 사용자는 파형을 클릭함으로써 DUT 에 가할 파형을 정의 한다.

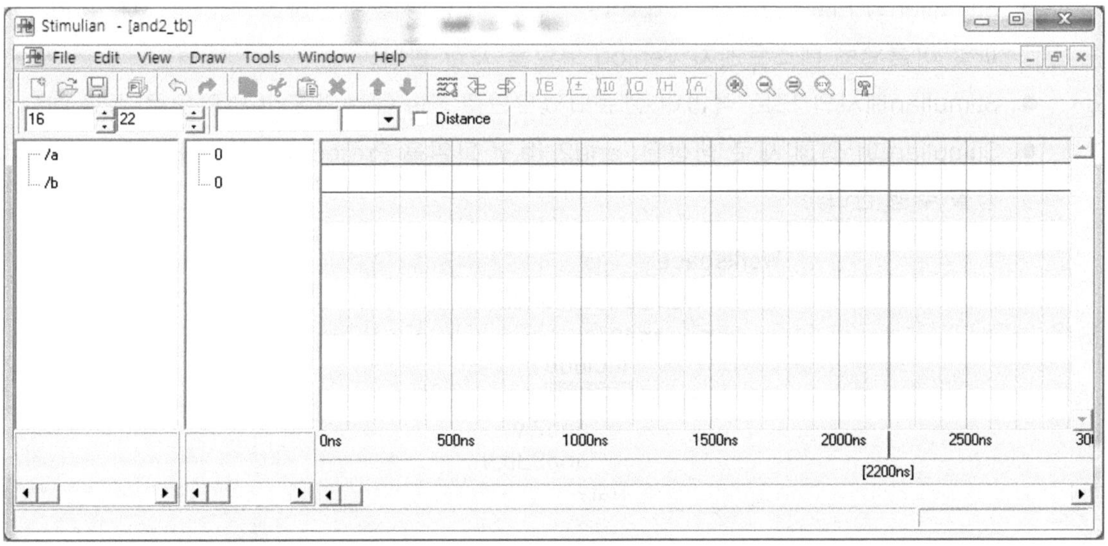

그림 12. AND2 모듈에 Synchronize 된 Stimulian 화면

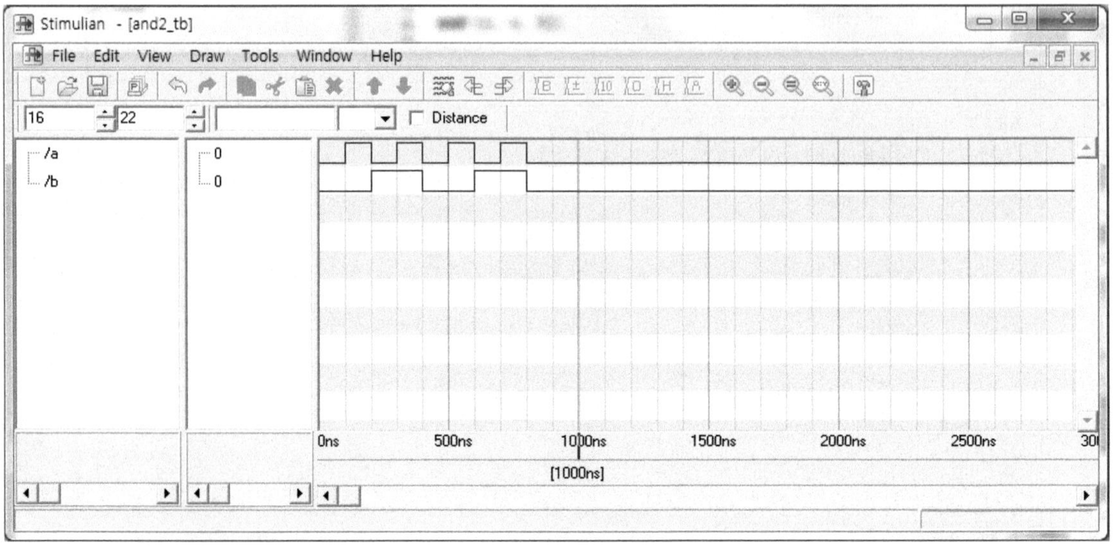

그림 13. AND2 모듈에 가할 파형이 완료된 Stimulian 화면

- Stimulian 에 정의된 파형으로부터 테스트벤치 Verilog 코드를 자동으로 생성할 수 있다. 테스트벤치 모듈은 '_tb' 가 접미사로 붙어 'and2_tb' 이라 명명 된다.
- Stimulian에서 정의된 그림 정보는 'and2_tb.sti' 이름으로 저장 된다.
- Stimulian의 File 메뉴에서 Export => Verilog 명령을 수행하여 작업폴더에 'and2_tb.v' 파일 이름으로 테스트벤치 Verilog 코드를 저장 한다.
- Stimulian에서의 모든 작업이 완료되었으므로 File 메뉴의 Exit 명령으로 종료 한다.
- Stimulian 에 의해 새로 생성된 'and2_tb.v' 파일을 Project에 등록 하고 Analyze All 명령을 수행 한다.

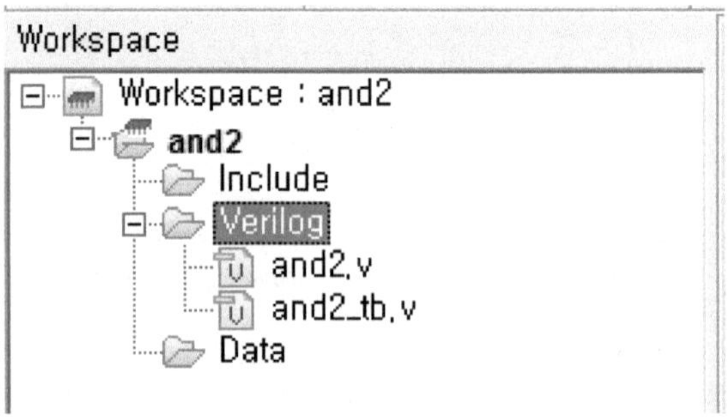

그림 14. 테스트벤치 파일이 등록된 Project

- 시뮬레이션 검증은 Flowrian 의 원격 서버에서 수행 되므로 Service 를 요청해야 한다.
- Flowrian의 Service 메뉴에서 Simulate - ISim 명령을 수행 하면 시뮬레이션 서비스를 준비하기 위한 마법사 창이 나타난다.
- 마법사 창에서는 시뮬레이션 시간과 단위를 지정 하고, Instance Tree 의 항목을 선택 하고 오른쪽 버튼을 클릭 하면 나타나는 Add to Probe 명령으로 오른쪽 창에 탐침 단자를 등록 한다. 등록된 탐침 단자들은 시뮬레이션에 의해 파형이 나타나게 된다.
- 시뮬레이션 준비가 끝나면 Execute 버튼을 클릭 하면 시뮬레이션을 수행 한다.
- 시뮬레이션이 진행되는 모든 과정은 Output 창에 나타나는 로그로 관찰 할 수 있다.

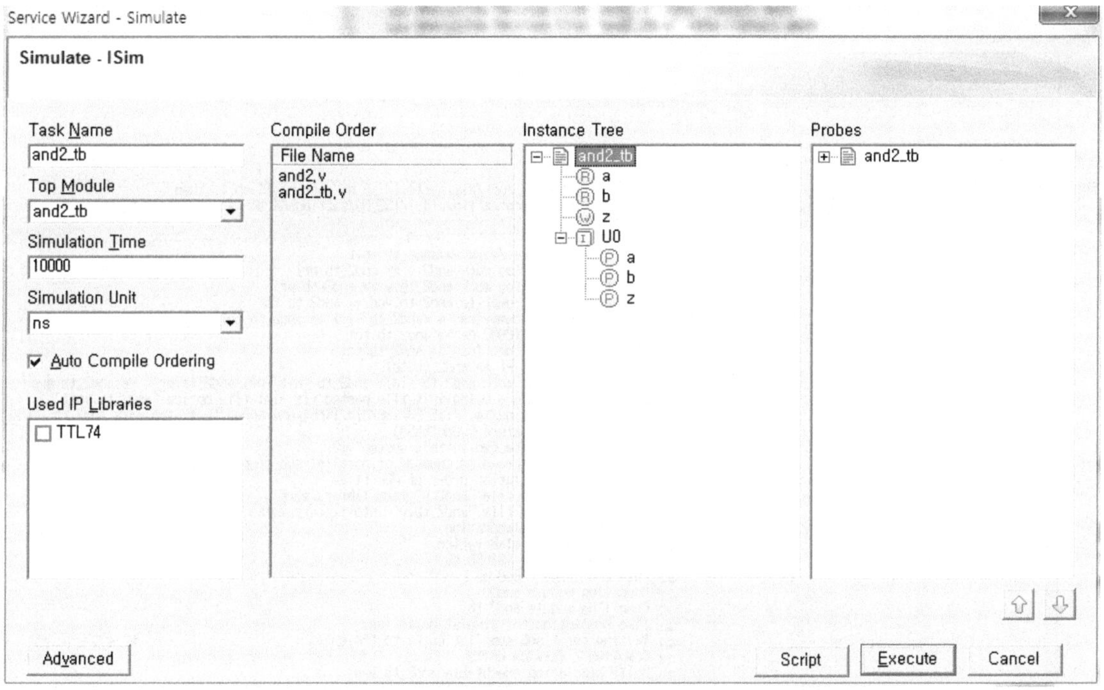

그림 15. 시뮬레이션 마법사 화면

- 시뮬레이션이 완료되면 결과 파일들이 Result 창에 나타난다. 'log.txt' 파일은 시뮬레이션 중에 발생한 로그를 저장한 파일이고, 'and2_tb.vcd' 파일은 시뮬레이션 결과 파형을 저장 한다. 이 파일을 더블 클릭 하면 파형분석기 창이 나타나 파형을 그래프로 나타낸다.
- 설계자는 파형을 보고 and2 모듈의 정상 동작 여부를 판단 한다.

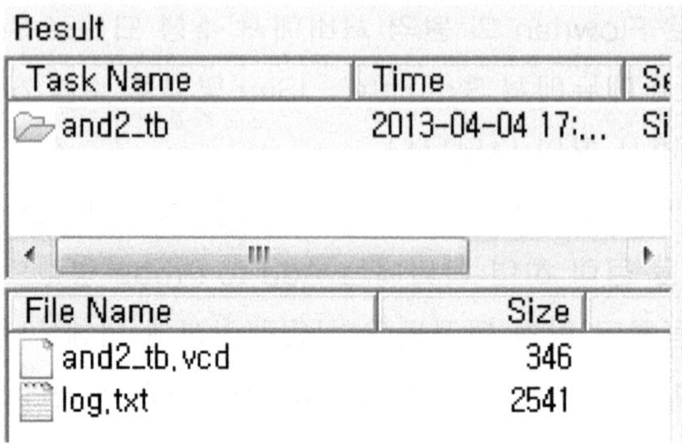

그림 16. 시뮬레이션 서비스 및 파일 목록이 나타난 Result 창

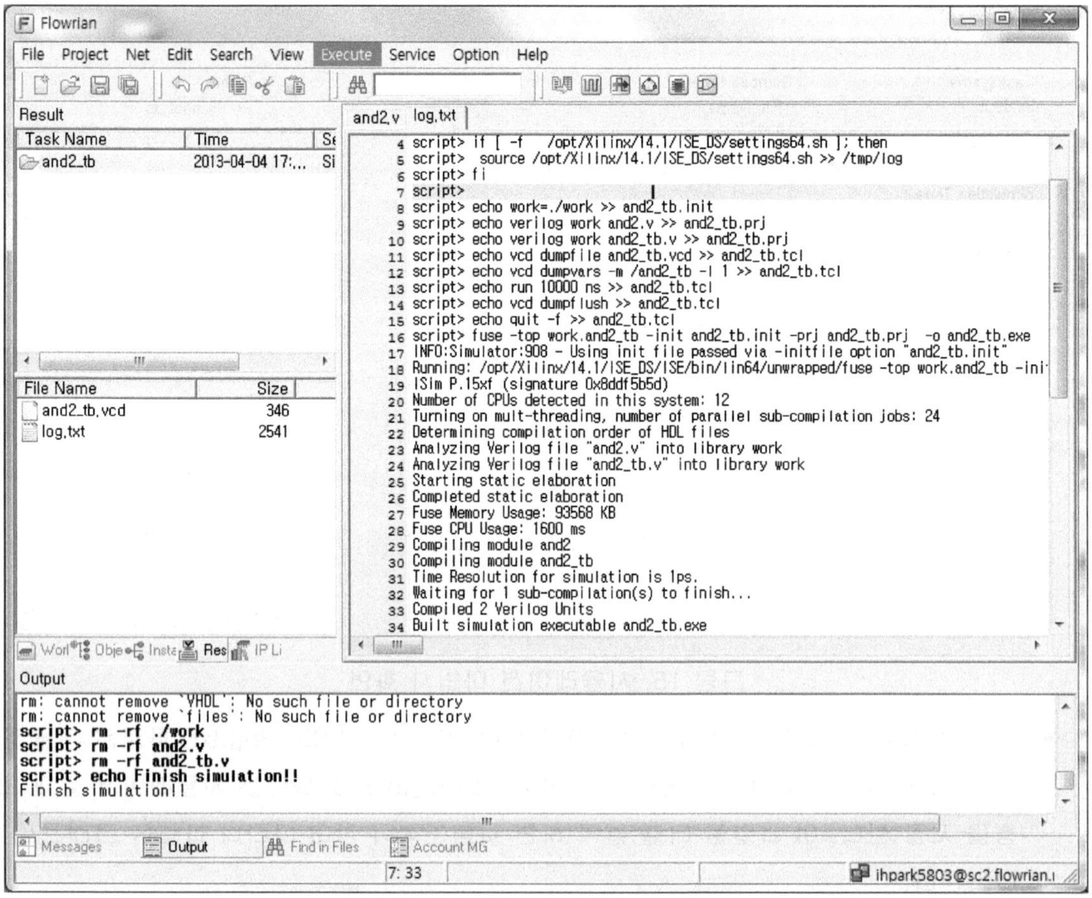

그림 17. 시뮬레이션 서비스가 완료된 Flowrian 화면

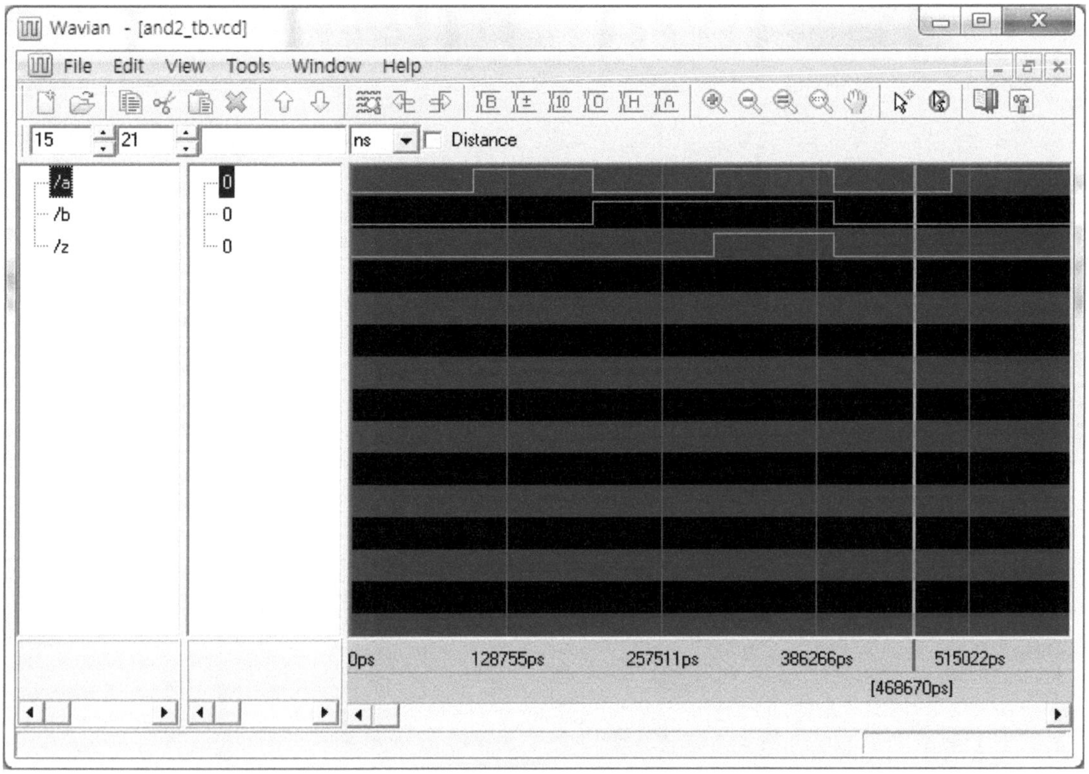

그림 18. AND2 모듈의 시뮬레이션 결과 파형분석기 화면

- Wavian 은 파형분석기로서 시뮬레이션 결과 파형을 나타낸다. 신호 a 와 b 의 파형이 모두 '1' 이 되었을 때 신호 z='1' 이 됨을 확인할 수 있다. 즉, 2 입력 AND 게이트의 동작을 올바르게 실행하므로 Verilog 설계가 올바름을 확인할 수 있다.

- Flowrian 에서 설계 작업을 종료하기 전에 지금까지 Workspace 에 정의된 내용들을 저장해야만 다음 Flowrian 사용시 원래 상태를 복원할 수 있다. File 메뉴의 Save Workspace 명령을 수행하여 설계정보를 저장 한다.

- Flowrian 에서의 모든 작업을 종료하려면 File 메뉴의 Logout & Exit 명령을 수행 한다.

ㄱ

감응목록(sensitivity list) 85

객체 23, 49, 415

게이트 14,19,21,24,28

게이트 딜레이 22,23,72

계층구조 14,17,18,23,24

고급 언어 20

곱셈기 77

곱셈회로 설계 252

교통 신호등 제어기 설계 210

구동(Driven) 44,45

구조적 표현 28

그레이 코드 134,135,136

ㄴ

네트리스트(Netilst) 14

논리값 14,20,21,33,34

논리연산 55,57

논리회로 14,15,17,19,21

ㄷ

단자(Port) 17,18,20,21,24

덧셈기 43,77,78,265,267

데이터 버스 388,389,394,396,397

데이터 플로우 모델링 65

동기 리셋 레지스터 설계 311

동기회로 23,92,95

디바이스 드라이버(Device Driver) 13

디코더 129,134

딜레이 18,19,20,22,23

ㄹ

램(RAM)설계 169

레이싱 문제 407

레이아웃 22

레지스터 23,43,47,152,154

레지스터 설계 152

레지스터 전송 수준 23,297,298

롬(ROM)설계 165

리셋 143,145,146,148,149

링 카운터 164

ㅁ

마스터(Master) 244

마이크로 시퀀서 구조 설계 202

마이크로 시퀀서 회로 202,203

매개변수 24,38,43,74,75

매핑(Mapping) 74

머신 코드 20,377

멀티플렉서 123,170,231,232,236

메모리 49,95,102,143,146

메모리 설계 384

명령어(Instruction) 20,377,378,407

모델링 17,19,20,21,22

모듈 17,20,21,23,24

ㅂ

바이너리 디코딩 방식 129

반가산기 113,121

반도체 IP(Intellectual Property) 27

배열 49,50,265

버스 241,244,245,248,249

벡터 43,48,49,50,65

변수 24,31,38,47,48

병렬 동작 21,87

병렬 실행 블록 87

비교기 304

비교기 설계 328

비동기 146,149,152,155,308

비동기 레지스터 모듈 314

비동기 리셋 레지스터 설계 308

비트 레지스터 169,170,244,252,253

비트 스트림 195,202

뺄셈기 303 304

뺄셈기 설계 338

ㅅ

상수 43,210,212

상승 에지 97,146,148,149,151

상위수준의 언어 15

상태천이표 297,355

상향식(Bottom-Up) 14

서버 415,416,418,419,427

서브루틴(Subroutine) 23

설계 데이터 14,15,22,416,421

셋(Set) 143,

소프트웨어 13,17,20,21,23

순서결합방식 74

순서논리회로 86,92,95,106

순차적 동작 20,21,87

쉬프트 레지스터 155,285,292

슬레이브(Slave) 244

시뮬레이션 14,17,18,19,22

시뮬레이터 26,62,66,73,86

신호(flags) 407

십진수 덧셈기 설계 274

ㅇ

아키텍처 350,415

알고리즘 17,21,22,104,106

암묵적인(Implicit) Continuous 65

어드레스 165

언더스코어(Underscore) 33

연산식(Expression) 51

연산자(Operator) 51

예약어(Reserved Word) 31

용량(Capacitive) 45

우선순위 54

운영체제(OS,Operating System) 13

원격 서버 415

유한상태머신 97,179,195,210,212

이름결합방식 74,75

이벤트 20,21,22,65,66

인덱스 41,48,49,50,76

인스턴스 21,24,25,38,43

인스트럭션 378,381,384,387,388

인스트럭션 세트384

인코더 126,129

인터넷 415,416

인터페이스 24,38,41

임베디드 시스템(Embedded System) 13

ㅈ

자료 흐름적 표현 28

전가산기 115,116,117,119,121

전역 상수 설계 212

절차적 (Procedural) 89

제어 모듈 설계 217,363

제어신호(controls) 407

조합논리회로 23,86,89,95,104

주석(Comment) 31

지시어(Directive) 61

지연 딜레이 265

직렬통신 132

ㅊ

초고속 곱셈기 252,258

최대공약수(GCD)연산 회로 296

최상위 모듈 21,25,210,224,252

추상화 15,21,22,65

ㅋ

카운터 모듈 159,162,381

캐리 입력(cin) 265

캐리 출력(cout) 265

컨트롤러 224,297,303,349,350

컨트롤러 모듈 363,377

컨트롤러 설계 354,395

컴파일 20,104,106,377,415

컴파일러 61

콜론 73

클라이언트 415,416,417

클럭 22,23,84,85,86

키워드 38,39,40,41,65

ㅌ

타이머 모듈 설계 214

타이밍 시뮬레이션 19 오타 고쳐요

태스크 103,104,106,107,

테스트벤치 421

트랜지스터 14,34

ㅍ

파형(Waveform) 18,62,85,87,88

패리티 132,133

패턴 감지 회로 설계 195,196,197

프로세서 13,20,24,202,297

프로시져(Procedure) 23

플립플롭 14,91,94,97,146

피연산자 51,52,53,55,57

ㅎ

하강 에지 97,146,149,183,186

하드웨어 모듈 47

하이 임피던스 33,46,70,72

하향식(Top-Down) 14,25

함수(Function) 20,23,38,65,103

합성(Synthesis) 15,18,19,22,26

행위적 동작 17,84,103

화이트 스페이스(White Space) 31

A

AC 378,384,389,393,394

ADC(Analog Digital Converter) 13

Add-Shift 방식 곱셈기 284,285,292

alternative 98,99

ALU 231,232,240,389,397

always 26,59,62,77

Analyze All 423,426

AND 39,43,45,54,55

Arithmetic 연산자 52

arithmetic shift 57

assign 17,28,34,66

Asynchronous Register 308

ALU 회로설계 231

automatic 106

B

BCD(Binary Coded Decimal) 159,272,274

begin 85,87

Behavior 115,119

Binary to Gray 134,135

Bitwise 연산 55

Blocking 86,89,90,91,92

bufif0 70

C

C++고급 언어 377

CAD 14,15,26,27,415

Carry Lookahead Adder 322,323

Case Equality 53

case 구문 78,98,99,119

casex 구문 99

casez 구문 98

comparator 328

component 121

concatenation 65

Conditional 연산자 58

Continuous 대입문 63,66,76

C언어 76

D

DAC(Digital Analog Converter) 13

Dataflow 115,117

Decode 388,395,399

don't-care 98,99,126

D형 래치(Latch) 143

D형 플립플롭(FlipFlop) 146,152

E

EDA 시장 26

EDIF 14

end 85

endgenerate 76

endmodule 38,39

Equality 연산 53

Exclusive OR 135

Execute 388,395

F

Fall 딜레이 672

Fetch 388,395,398

Flowrian 클라이언트 프로그램 417

for 76,101

fork 87

fork-join 블록 87

for구문 76

FSM 180,187

FSM 논리회로도 179,184,191

FSMD 방식 356,363

FU(Functional) 350

function 23

G

GCD 75,296,303,342

generate 76

Generate Case 76

Generate Conditional 76

Generate Loop 76

generate-conditional 77

Generated 인스턴스 76

generate-loop 76

genertate-case

genver

GOD 최상위 모듈 설계

H

halfadd 114,121

Hardwired 201

HDL 15,16,17

High Impedance 137,139,242,288

I

if-else구문 77,96,98

include 104,106

initial 62,66,76,83

inout 41,42

input 39,41

Instance Tree 415,427

integer 47,89

IP 라이브러리 416

IR 389,394,396,397,398

J

JK형 플립플롭(Flip Flop) 149

join 87

L

Level to pulse 변환기

Logical Equality 53

logical shift 연산자 57

Logical 연산자 54

Look-up Table 설계 254

loop-generate 77

LSB 41,48,128,158

M

Mealy 타입 179,180,183

module 24,38,39

Moore 타입 179,187,190

MSB 36,48,49,65

MUX 389,396,397

N

nand 69

negedge 86,106

Net 데이터 타입 44

Non-Blocking 89,92

nor 69

NOT 24,39

notif0 70

O

opcode 99,231,232

OR 39,45,54,55

P

PC 381,389,394

PCB 13

posedge 106

Procedural 대입문 66

pulldown 46

pullup 46

R

RAM 49,169,170

Real 32,47,48

Reduction 연산자 57

reg 32,41,42,43,47,48

Register File 49

Relational 연산자 53

repeat 구문 102

Ripple Carry Adder 265,276,318

Rise 딜레이 72

ROM 49,165,201,203,206

ROM 모델 254

RTL 설계 179,180,186,187

RTL 22,23,179,180,186

S

Shift 연산자 57

signed 33,265

SPD 그래픽 415

Stimulian 424,425,426

Stimulus Editor 424

strong 32,34,46

Structure 14,115,121

supply0 32,34,44,46

supply1 32,34,44,46

Synchronize 424,425

Syntax 오류 추출 415

SystemVerilog 27

T

task 32,76,106

time 32,47,48,89

timescale 구문 61

toggle 62

tri 32,44

tri0 32,44,46

tri1 32,44,46

triand 32,44,45

trior 32,44,45

trireg 32,34,44,45,46

Tri-state 69,70,71,241

Tri-State Buffer 242,244,250

Turn-off 딜레이 72

two's complement 35

U

unsigned 33,47,58,265

V

Variable 44,47,76

Vector 표현 48

Verilog HDL 13,14,16,23,26

Verilog 시뮬레이터 26,415,416

VHDL 언어 16,26,27

VHSIC 16,26

W

wand 32,44,45

Wavian 429

weak 34,46

While 구문 100,101

wire 31,32,40,41,44

wor 32,44,45

Workspace 421,429

WriteBack 388

X

xnor 32,55

XOR 32,55,107

저자 약력

박인학

1980 : 고려대학교 전자공학과 학사
1983 : 고려대학교 전자공학과 대학원 공학석사
1992 : 프랑스 INPG Microelectronics 공학박사
1982~2000 : 한국전자통신연구원(ETRI) 반도체연구소 책임연구원
2000~현재 : ㈜시스템 센트로이드 대표이사

문대철

1987 : 고려대학교 전자공학과 공학박사
1994~1995 : North Carolina State Univ. 연구교수
2005~2006 : Univ. of Minnesota(Duluth) 객원교수
1984~현재 : 호서대학교 정보통신공학과 교수

Verilog HDL을 이용한
디지털 논리회로 설계 및 응용

인　　　쇄 :	2016년 1월 15일
발　　　행 :	2016년 1월 20일
저　　　자 :	문대철 · 박인학
발 행 처 :	도서출판 한산 서울시 서대문구 수색로 6길 43번지 105동 602호 TEL : 02) 304-3504　　FAX : 02) 304-3505
발 행 인 :	김 기 영
등 록 번 호 :	제 10-1745 호
I S B N :	978-89-89215-64-6(93560)

가　　　격 : 23,000 원　　　잘못된 책은 교환해 드립니다.